手持激光焊机及其应用

中国焊接协会焊接设备分会　编著

本书是中国焊接协会焊接设备分会根据手持激光焊接技术的发展需要，组织业内专家撰写的，内容系统全面，涵盖手持激光焊机技术、部件构成、选型与应用等方面。详细介绍了手持激光焊机各组成部件的功能与原理，同时分享了大量的应用案例，将理论与实践相结合，致力于为读者解决手持激光焊机应用过程中的实际问题。

本书可作为行业相关人员在产品研发、生产制造工作中的参考资料，也可作为手持激光焊机和配套零部件选型、实际工程应用的焊接工艺指导书，以及职业院校和相关培训基地的教材。

图书在版编目（CIP）数据

手持激光焊机及其应用 / 中国焊接协会焊接设备分会编著. --北京：机械工业出版社，2024.8

ISBN 978-7-111-75805-1

Ⅰ. ①手… Ⅱ. ①中… Ⅲ. ①激光焊机 Ⅳ. ①TG439.4

中国国家版本馆 CIP 数据核字(2024)第096017 号

机械工业出版社（北京市百万庄大街 22 号　邮政编码 100037）

策划编辑：张维官　　责任编辑：张维官　王　颖

责任校对：梁　园　宋　安　李　婷　　责任印制：张　博

北京联兴盛业印刷股份有限公司印刷

2025 年 5 月第 1 版第 1 次印刷

184mm×260mm · 12 印张 · 4 插页 · 303 千字

标准书号：ISBN 978-7-111-75805-1

定价：79.00 元

电话服务	网络服务
客服电话：010-88361066	机　工　官　网：www.cmpbook.com
010-88379833	机　工　官　博：weibo.com/cmp1952
010-68326294	金　　书　　网：www.golden-book.com
封底无防伪标均为盗版	机工教育服务网：www.cmpedu.com

编著组织机构

指导委员会

主　任　柳　铮

副主任　陈彦宾　陈树君

委　员　吴九澎　罗　锦　陈振刚　赵　鹏　汤子康　张光先　侯润石
　　　　魏占静　乔俊杰　周荣庆一　张通淼　钟光紫　韩沛文　罗卫红
　　　　杨庆轩　林　涛

编著人员

主　编　李宪政

副主编　朱加雷　焦向东　蒋　峰

参　编（排名不分先后）

　　　　张先明　曹柏林　柴勇凯　陈　虹　陈晓磊　韩晓辉　黄钰珊
　　　　李新松　李咏梅　刘　江　刘　俊　刘明峰　雷洪波　沈国新
　　　　汤莹莹　余惠春　张鹏程　王　洋　王靖雯　王科海　邓金荣
　　　　晋俊超　陈　尚　张心贵　张　衎　周文峰

前　言

自 1960 年研制出全球第一台激光器以来，经过半个多世纪的发展，激光加工技术已在打标、切割、焊接及通信等领域得到广泛应用，并对人类产生重要影响，是 20 世纪继核能、计算机、半导体之后的又一项重大发明。激光焊接是利用激光束作为热源的一种优质、高效、高能束精密焊接方法，是 21 世纪最有发展前途的焊接技术之一。

手持激光焊机虽然诞生时间不长，但因其具有操作简单、焊接速度快、变形小、焊缝美观、焊缝空间位置适应性强和操作培训时间短等优势，而在不锈钢、碳素钢、镀锌板和铝合金等金属中薄板焊接领域有广泛的应用前景。

随着激光器小型化、成本大幅降低及激光焊接技术不断创新，手持激光焊机产品和技术发展快速迭代，从事手持激光焊机研制生产和配套的企业呈爆发式增长，手持激光焊机将大量替代目前在薄板以及部分中板领域应用的手工 TIG 焊机、焊条电弧焊机和半自动 MIG/MAG/CO_2 气体保护焊机。

为推动并引导手持激光焊机行业健康发展，规范手持激光焊机产业与市场，中国焊接协会焊接设备分会专家工作委员会组织编制了首个手持激光焊机团体标准 T/CWAN 0064—2022||T/CEEIA 585—2022《手持激光焊机》。

本书内容涵盖手持激光焊机技术、选型与应用，主要介绍了激光焊接综述、手持激光焊机原理及分类、手持激光焊机关键零部件（激光器、冷却设备、控制系统、焊枪）和其他配套部件、手持激光焊接安全要求、手持激光焊接工艺和应用案例、手持激光焊接相关专利、生产制造企业信息等，总结了手持激光焊机技术与产品及应用现状，帮助解决产品设计、制造、销售、购买和使用过程中的问题，协助手持激光焊机用户合理选用、正确使用和安全操作，同时还发布了产品制造企业及产品信息，助力手持激光焊接技术的发展。

本书的编写与出版，得到诸多单位和行业专家的鼎力支持，在此一并致谢！书中如有不足之处，恳请广大读者批评指正！

编著者

2025 年 2 月

目　录

第1章 激光焊接综述

1.1 概述

激光是一种受激辐射的相干光，具有高亮度、高方向性、高单色性和高相干性，由于激光束的这些特性，单位照射面积能量能够达到 10^7W/cm^2 以上，因此其在各个领域获得广泛应用。

激光器是一种能产生并放大激光光束的装置，按照工作介质可分为：固体激光器、液体激光器、气体激光器、半导体激光器。按照激励方式不同可分为：光泵式激光器、电激励式激光器、化学激光器、核泵浦激光器。按照运转方式不同可分为：连续激光器、单次脉冲激光器、重复脉冲激光器。按照波长可分为紫外光激光器、红光激光器、蓝光激光器、绿光激光器、紫光激光器、红外光激光器等种类。

1.2 激光焊接原理及优势

1.2.1 激光焊接基本原理

激光焊接是以激光束作为热源的金属及非金属材料连接技术，将高能密度激光束照射到焊接接头上产生高温区域，通过控制激光的能量和聚焦区域使接头被局部加热到熔点以上，待激光束移走后冷凝形成焊缝，从而实现焊接的目的。激光焊接技术是目前诸多激光加工技术中应用较多的一种技术，被广泛应用于汽车、轨道交通、航空航天、船舶、石油石化及民用产品制造等领域。

1.2.2 激光焊接优点

激光焊接技术的迅速发展和应用，与激光焊接本身所具有的独特优点是分不开的，概括说来，激光焊接主要有以下几个方面的优点。

1）激光能量密度高，穿透力大，焊接移动速度快，热输入量小，因此焊缝深宽比大，热影响区小，工件收缩和变形较小。

2）与电弧焊相比，激光束挺度好，光斑稳定，激光焊接过程中参数稳定，焊接具有连续性和可重复性。

3）与电子束焊相比，虽然都属高能束焊接，但激光焊接可以在空气中进行，不受电磁干扰，工艺简便，性能良好。

4）与不连续电阻点焊相比，激光焊在刚度增加的同时焊缝尺寸减小，具有较高的静载强度和疲劳强度，且激光焊缝窄，表面质量好，焊缝强度高。

5）激光焊接速度通常比其他焊接工艺快，生产效率高，无噪声。

6）激光不但可以焊接金属，也可以焊接工程塑料乃至人体组织，还可以焊接以往传统焊接方法无法焊接的高熔点材料，或实现某些异种材料的焊接。

7）激光的空间和时间控制性好，激光束易于导向和聚焦，其能量、功率、光束的移动速度及光斑大小等都可以调节和控制，因此可与机器人、计算机、数控机床、自动检测等技术和设备相结合，实现各种灵活的自动控制，特别是对于准确定位的焊缝较易于实现自动化焊接。

8）激光束可以通过分束或光束切换装置进行分束或分时控制，实现一机多用，即用一台激光器完成多个工位的焊接，甚至完成诸如打孔、切割等不同功能的激光加工，从而提高激光器的利用效率。

9）利用 YAG 激光可透过玻璃的特性，可通过光导纤维对激光束进行导向控制，柔性大，灵活方便，使激光束能够焊接其他焊接方法无法达到的位置，也可以透过透明体表面在工件内部进行焊接。

10）激光焊缝在某些情况下可减少后处理工序（如焊缝的清理），而且激光焊缝的强度往往高于母材的强度，这是由于焊缝中的非金属杂质元素及其氧化物对激光的吸收率一般大于金属，所以在某些条件下激光可以对焊缝金属中的有害杂质，如 P、S 等通过汽化蒸发使焊缝得到净化。

11）激光焊接无须开坡口或开小坡口，耗材成本低，变形小。

1.3　激光焊接技术分类

根据激光焊接的工艺方式不同，激光焊接可以分为激光自熔焊、激光复合焊、激光-场耦合焊、激光填丝焊、激光填粉焊、激光双光束焊、负压激光焊、活性剂激光焊及激光点焊等。按照执行装置的不同，激光焊接又分自动专机激光焊、机器人激光焊和手持激光焊。

1.3.1　激光自熔焊接技术

激光自熔焊接是激光焊接的基础工艺，其以高能量密度的激光束作为热源，作用于待焊材料并引发其产生固液相变从而实现待焊材料的原位连接。

1. 激光热传导焊接

当激光的入射功率密度较低（10^4～10^5W/cm^2 量级）时，工件表面温度不超过材料的沸点，工件吸收的能量不足以使金属产生汽化，只通过热传导将工件熔化，无小孔效应发生，此时金属的熔化是通过对激光辐射的吸收及热量传导进行的，被焊工件结合部位的金属因升温达到熔点而熔化成液体，然后快速凝固，连接在一起形成焊接接头，这种焊接机制称为激光热传导焊接。激光热传导焊接过程与非熔化极电弧焊相似，熔池形状近似为半球形。激光热传导焊接时由于没有蒸汽压力作用，也不产生非线性效应和小孔效应，所以其熔深一般较浅，如图 1-1 所示。

2. 激光深熔焊接

当激光的入射功率密度极高，达到 10^7W/cm^2 以上数量级时，在光束作用下，金属表面温度迅速上升到沸点，入射激光可以在极短的时间内使加热区的金属汽化蒸发，形成的蒸汽压力、反冲力等能克服熔融金属的表面张力以及液体的静压力等而形成小孔，激光束可直接深入材料内部，通过小孔的传热，获得较大的焊接熔深，形成深宽比大的焊缝，如图 1-2 所示，因此激光深熔焊接也称小孔焊，其机制与电子束焊接的机理相近，是激光焊接中最常用的焊接模式，激光焊接的效果以及所需激光参数的大小，与被焊材料的物理特性也有很大关系，主要是金属的热导率、熔点、沸点、金属表面状态、涂层、表面粗糙度，以及对激光的反射特性等。

图 1-1　激光热传导焊接

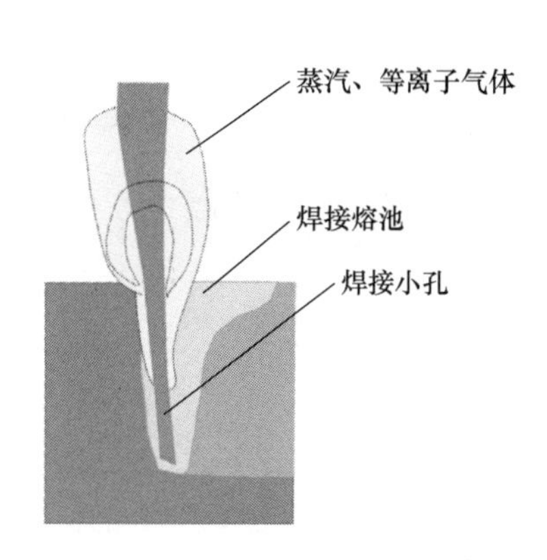

图 1-2　激光深熔焊接

激光深熔焊接形成焊缝的过程与热传导型的激光焊接明显不同。在热传导型激光焊接时激光能量只被金属表面吸收，然后通过热传导向材料内部扩散。激光深熔焊接依靠小孔效应，使激光束的光能传向材料深部，当激光功率足够大时，小孔深度加大，焊缝窄而深。

激光深熔焊接的焊接速度与激光功率成正比，熔深与速度成反比，欲使焊接速度增加、熔深加大，就必须选用大功率激光器。为获得高速度、高质量的焊接效果，需要足够高的激光功率。一般来讲，根据板材的厚度选择功率适当大些的激光源，会得到更好的深熔焊接效果。

1.3.2　激光复合焊接技术

虽然激光焊接具有焊缝深宽比大、热影响区窄、焊接速度快、焊接热输入低、焊接变形小，以及聚焦后的光斑直径小和能量密度高等特点，但对焊接接头装配精度和间隙要求高，焊缝易出现气孔、裂缝和咬边等缺陷。同时，由于激光器能量转换效率低，焊接较厚的金属板时需要较大的功率激光器，这不仅造成成本很高，而且体积也很大，设备投资大。而常规的熔化极电弧焊虽然焊接速度慢、焊接热输入大、熔深小、热影响区大、焊接变形大，但是设备投资小，对间隙不敏感，便于填充金属。因此，近年来激光焊接的发展趋势之一就是采用“激光+电弧”的联合焊接方法，将激光和电弧两种热源的优点结合起来，以弥补单一热源焊接工艺的不足。激光-电弧复合焊也称电弧辅助激光焊接技术，其主要目的是有效利用激光和电弧热源，充分发挥两种热源各自的优势，取长补短，以较小的激光功率获得较大的熔深，稳定焊接过程，提高焊接效率，降低激光焊接的装配精度和应用成本。

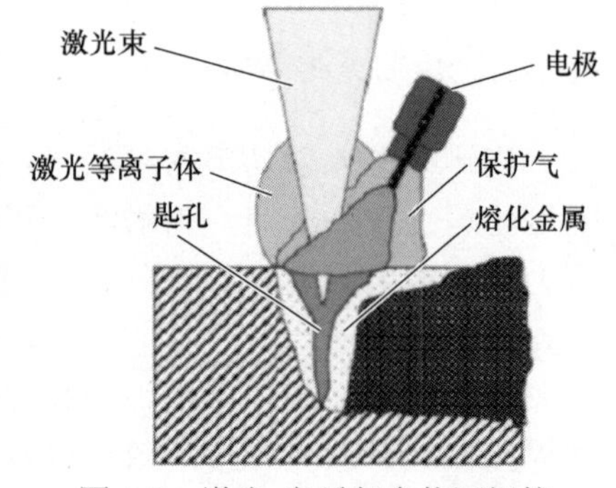

图 1-3 激光-电弧复合热源焊接

通过激光和电弧热源的协同作用，激光-电弧复合焊接（LAHW）技术可以提高焊接速度和熔深，增强间隙桥接能力。图 1-3 所示为激光-电弧复合热源的焊接示意图。图 1-4 所示为 3 种焊接条件下的焊缝熔深对比，其中，图 1-4a 所示为 MIG 电弧焊、图 1-4b 所示为激光自熔焊、图 1-4c 所示为激光-电弧复合焊。从图 1-4 可以看出，复合热源的焊缝具有很好的焊缝熔深和深宽比。

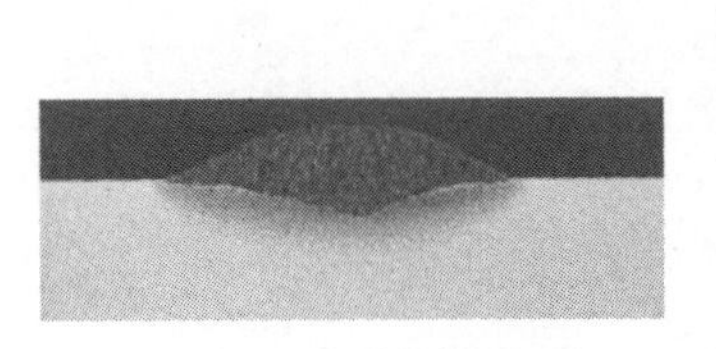

a) MIG电弧焊

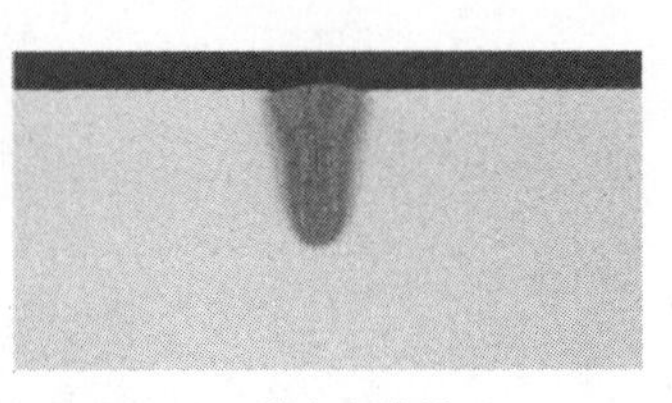

b) 激光自熔焊

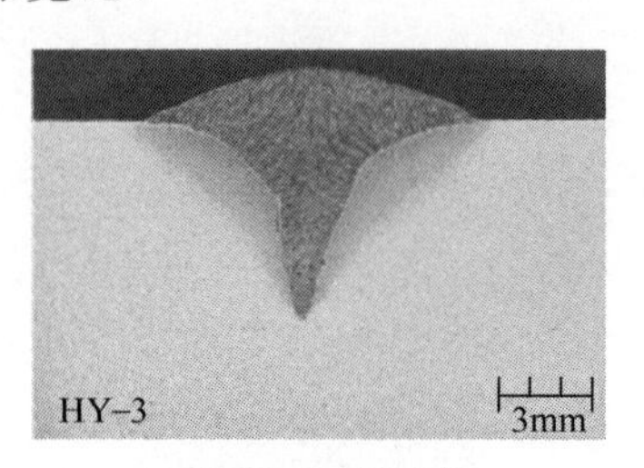

c) 激光-电弧复合焊

图 1-4 电弧焊、激光焊和激光-电弧复合焊焊缝熔深对比

（1）按功率分类　根据激光-电弧复合焊中激光的功率大小，可将复合焊分为如下三类。

1）百瓦级激光-电弧复合。热源显示为电弧的特性，激光功率较小（≤500W），激光主要起稳定和压缩电弧、提高电弧能量利用率的作用，多用于激光+TIG 复合焊接，比较适合薄板焊接。

2）千瓦级激光-电弧复合。热源兼有激光和电弧的特性，能够充分利用二者的优点，多用于激光-MIG/MAG 复合焊，适用于铝合金、镁合金、碳素钢、低合金高强度钢、超高强度钢等材料的焊接。

3）万瓦级激光-电弧复合。热源显示激光的特点，具有较大的焊缝深宽比，多用于大功率激光-MAG 复合焊，主要用于船板等大厚板的焊接，设备投资较大。

（2）按工艺分类　根据激光-电弧复合焊采用的电弧种类不同，可将复合焊分为以下四类。

1）激光-TIG 复合焊。激光-TIG 复合焊接如图 1-5 所示，该复合焊接方式较为简单，也是最早实现复合的焊接方式，可采用同轴或旁轴方式。激光-TIG 电弧复合焊接时激光在熔池中形成的小孔对电弧具有吸引和压缩作用，增强了电弧的电流密度和稳定性；即使在高速焊接条件下，仍可以保证电弧稳定，焊缝成形良好，气孔、咬边等缺陷大大减轻。激光-TIG 复合焊接速度是激光焊接速度的 2 倍以上，更是远远大于 TIG 焊。激光-TIG 复合焊主要用于薄板和不等板厚材料的高速焊接，当焊缝间隙较大时也可添加填丝。影响其焊接效果的工艺参数主要有电弧电流、激光功率、激光与电弧夹角、距离和高度等因素。

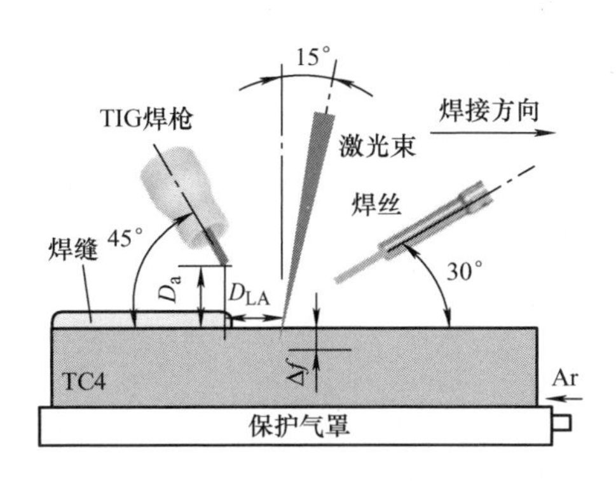

图 1-5　激光-TIG 复合焊接

注：D_a 为电极与工件的距离，D_{LA} 为电极与激光束在工件表面的投射距离，Δf 为热影响区深度。

2）激光-MIG 复合焊。激光-MIG 复合焊接如图 1-6 所示，是目前应用最为广泛的一种复合热源焊接方式，由于 MIG 焊具有送丝和熔滴过渡过程，一般采用旁轴复合方式，利用 MIG 焊填丝的优点，在提高焊接熔深、增加适应性的同时，还可以改善焊缝冶金性能和微观组织结构。激光-MIG 复合焊比激光-TIG 复合焊可焊接更大板厚的板材，焊接适应性更强。

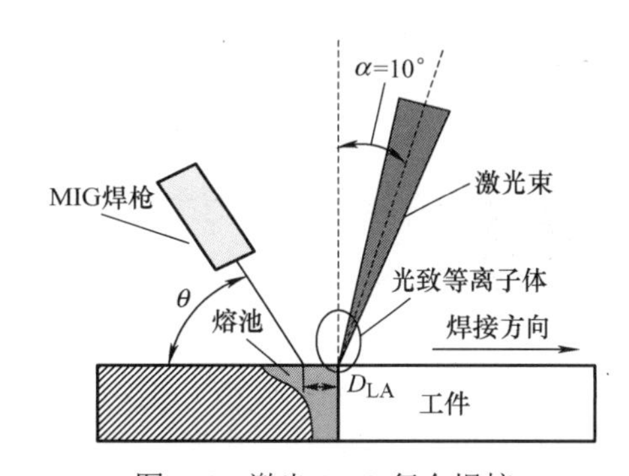

图 1-6　激光-MIG 复合焊接

注：θ 为焊枪与工件的夹角，D_{LA} 为焊缝熔合区宽度。

3）激光-等离子复合焊。激光-等离子复合焊接具有温度高、电弧引燃性好、加热区窄等优点，适用于薄板对接和不等厚板的焊接。

4）激光-双弧复合焊。激光-双弧复合焊是激光与两个 MIG 或 TIG 电弧同时复合进行焊接的工艺。两个电弧同时作用于熔池，可以大幅度提高焊接速度，减少单位时间内焊缝的热输入，可用于薄板焊接，且焊接过程非常稳定。

（3）按位置分类。根据激光与电弧的几何位置关系，可将激光-电弧复合焊分为如下两类。

1）旁轴复合。旁轴复合时激光束和电弧呈一定角度地作用在工件的同一位置。激光可以在电弧前方引入，也可以在电弧后方引入。旁轴复合容易实现，可以采用与 TIG 电弧、MIG 电弧或等离子弧复合形式。

2）同轴复合。同轴复合时激光穿过电弧中心或电弧穿过对称布置的环状光束或多光束几何中心到达工件表面。同轴复合具有对称性，焊接时焊枪行走没有方向性问题，非常适合三维结构的焊接，但设计比较复杂，实现难度较大，一般采用非熔化极 TIG 电弧或等离子弧。

图 1-7 所示为激光-电弧复合焊的两种复合原理。

除上述分类方式外，激光-电弧复合焊也具有深熔焊和热导焊两种机制。当电弧电流较小时，电弧等离子体对激光的屏蔽作用较弱，小孔可以稳定存在，有利于对电弧弧根的压缩与吸引，电弧电流密度较大，可获得较大的熔深，表现为深熔焊的特征。当电弧电流较大时，电弧等离子体对激光的屏蔽作用增强，穿过电弧后激光能量损失很大，小孔不能稳定存在，电弧弧根不能被压缩，电弧电流密度随之降低，因而熔深变浅，表现为热导焊特征。深熔焊转变为热导焊的电流称为临界电流，激光功率越大，对电弧的吸引和压缩能力越强，临界电流越大。

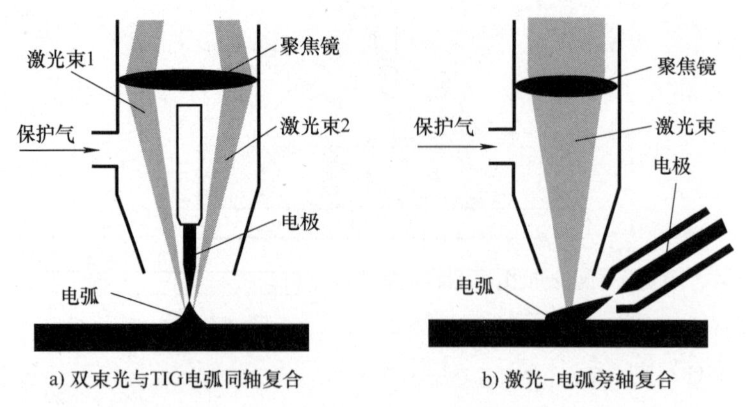

图 1-7　激光-电弧同轴复合和旁轴复合原理

1.3.3　激光-场耦合焊接技术

1）激光-感应加热耦合焊接不仅可以减缓焊缝冷却速度，抑制裂纹的出现，而且能够提高材料对激光的吸收率，从而增加焊接熔深，解决了普通激光焊接存在的接头硬度过高的问题，有效地降低了熔合区硬度，但随着板材厚度的增加，硬度降低，效率减弱。

2）激光-电磁场耦合焊接是通过外加电磁场来抑制激光等离子体的屏蔽效应并改善熔池的流场，从而增大焊接效率，提高焊接稳定性，改善焊接质量，该方法具有广阔的应用前景。

3）激光-振动场耦合焊接是基于振动时效发展起来的焊接工艺，可归类为振动焊接。该工艺的基本原理为利用振动场破坏熔池表面的等离子屏蔽，从而增大对激光的吸收率，达到用较小的功率焊接材料的目的。

4）激光-超声场耦合焊接工艺是在普通振动场（低频和高频）与激光耦合的基础上进行改进得来的一种新工艺，由于激光焊接熔池的存在时间极短（约 2ms），一般的机械振动频率远小于激光熔池的存在时间，因此对激光焊接熔池凝固行为的影响具有相当的局限性，而超声场的振动频率在 20kHz 以上，对激光焊接熔池凝固行为的影响更为有效。

1.3.4　激光填丝焊接技术

激光填丝焊接是指在焊缝中预先填入特定焊接材料后用激光照射熔化或在激光照射的同时填入焊接材料以形成焊接接头的方法（见图 1-8）。激光填丝焊接的研究主要是为了解决普通激光焊接方法中存在的一些困难和问题。采用填充焊丝具有降低激光焊接对工件预加工和装配的精度要求、改善焊缝组织及成形质量、扩宽激光焊接应用范围等优点。激光填丝焊接多用于较高精度焊接场合，因此对焊缝的成形质量要求较高。焊丝填充量对焊缝成形有着很大的影响，填充量过大时，焊缝凸起较大，反之则会出现填充不足、焊缝凹陷的现象。因此，在高精度焊接过程中，要求金属填充量能够根据焊缝坡口变化而进行实时调整，从而保证稳定精确的填充量，以

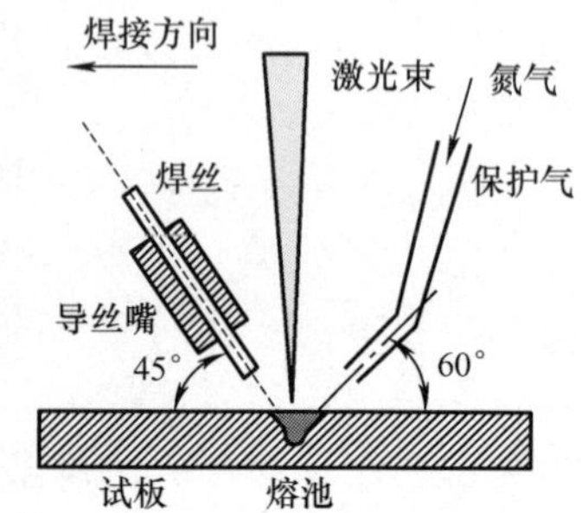

图 1-8　激光填丝焊接技术

获得良好的焊缝成形。激光填丝焊接解决了对工件加工装配要求严格的问题，可实现较小功率焊接较厚、较大零件，且通过调节填丝成分控制焊缝区域组织性能。

1.3.5 激光填粉焊接技术

激光填粉焊接是在焊接过程中将金属粉末作为额外的添加材料，抑制对接板材之间的间隙以及烧损的焊接方法（见图 1-9），相比传统的填丝焊接，激光填粉焊接具有更高的柔性化、激光能量吸收率和生产效率。填充的粉末材料不仅可有效抑制焊缝的塌陷、隆起，减少加工步骤，降低生产成本，而且可有效提高焊缝的力学性能。

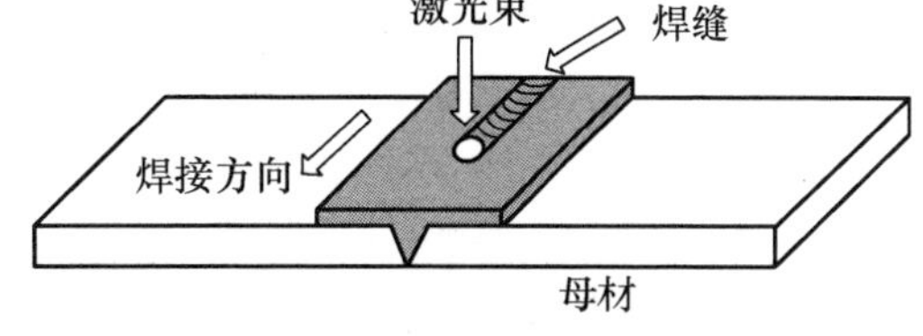

图 1-9 激光填粉焊接技术

从粉末颗粒的添加方式来讲，激光填粉焊接可分为两类：第一类是预置粉末法，通常采用手工涂敷，由于大多数板材焊接需要惰性气体的保护且保护气体形成的气流需要通过工件焊缝表面，所以此类方法仅适用于搭接焊接；第二类是同步送粉法，包括同轴送粉和侧轴送粉，在进行粉末输送的同时进行焊缝的气体保护。

1.3.6 激光双光束焊接技术

双束激光焊接的实现形式主要有两种：一是通过夹具将两个单独的激光头联合在一起；二是用分光装置将一束激光分成两束来实现。如图 1-10 所示，通过调节准直镜、棱镜、聚焦镜的位置和方向来调节两焦点的距离及光强比。

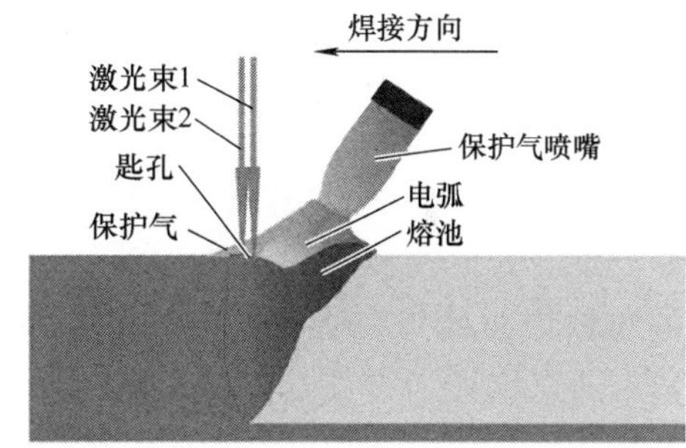

图 1-10 激光双光束焊接技术

在双束激光焊接工艺中，双束激光既可以串联布置，也可以并联布置。当焦点平行于焊接方向时，称两焦点为串联布置方式；当两焦点连线与焊接方向呈一定角度时，称两焦点为并联布置方式。根据束间距的不同，串联和并联布置方式的焊接机理并不相同。在串联方式下的双束激光焊接中，随着束间距的逐渐增大，两束激光束由在同一个匙孔内与材料相互反应变为在同一焊缝熔池内生成两个匙孔。当束间距增大到一定程度后，双束激光中的一束作为主要输出，生成匙孔，另一束则作为辅助，对工件进行预热或者焊后热处理。在并联方式下的双束激光焊接中，双束所产生的匙孔被放大，匙孔不会轻易崩溃。因此，并联方式下的双束（合理的束间距）能增强匙孔的稳定性。

1.3.7 负压激光焊接技术

在大气环境下，抑制激光焊接等离子蒸气羽烟的基本研究方法就是吹辅助气体，即在工件表面上方从侧面向激光焊接熔池吹送惰性气体，如 He、Ar 或它们的混合气体。其研究工作主要是在不同工艺参数条件下探寻不同侧吹气体对等离子蒸气羽烟的抑制效果，观察熔池小孔动态行为，通过计算等离子蒸气羽烟的电子密度及电子温度来分析激光与等离子蒸气羽烟的相互作用机理，或者通过建立高温气体动力学模型来研究侧吹气体的作用机理，从中找到一种合适的参数组合以保证焊接过程的稳定性并改善焊缝成形。在负压环境下，因为受限于真空室的尺寸和操作的不方便性以及作用机理的复杂性，目前发表的负压激光焊接相关文献相对比较少，主体内容集中于对不同材料的焊缝成形及焊接工艺研究，或者通过高速摄影观察等离子蒸气羽烟的动态行为以及熔池的形态和流动方式，并从中发现其对焊接结果的影响。

负压激光焊接方法有利于得到焊接熔深较大而焊接缺陷较少的焊缝，因而具有广阔的应用前景。首先，负压激光焊接在大厚度结构件的激光深熔焊接中具有很大的用武之地，可应用于建筑工程、造船、压力容器、桥梁等领域中厚度超过 20mm 的大厚度钢板或结构件的焊接。其次，焊接缺陷少的特点使得它也可以应用在一些易出现焊接缺陷的板材焊接中，如飞机的铝合金焊接等。但同时负压激光焊接方法也存在不少问题。首先，负压激光焊接可以认为是激光焊接与真空电子束焊接的结合，因而也导致焊接成本过高，这一问题严重阻碍了该焊接方法的发展和应用。其次，对较大厚度工件进行负压激光焊接时，需要将其承放在一个足够大空间的真空室中，这使得对不同尺寸构件的焊接会受限于真空室的尺寸，同时也使激光焊接丧失了不需要真空环境这一大优势。

针对上述问题，可以采用局部负压环境下的激光焊接方法，该方法的基本思路为：在工件表面焊接熔池区域上方 30mm 左右设置一个很小空间范围的局部“真空室”，且令“真空室”和激光焊枪相连，焊接过程中“真空室”随焊枪同步移动，并与工件表面紧密嵌合，其工作原理如图 1-11 所示。该方法在负压激光焊接方法的基础上进行了改进，可以有效解决大真空室抽气效率低、工件尺寸受限的问题。然而，该局部“真空室”在移动中密封性比较差，很难达到真正的真空，实际上只是通过快速抽气在其封闭腔内产生一定的局部负压环境，所以称其为“负压腔”。此外，由于负压腔空间较小，因此快速的抽气速度会在焊接过程中不断吸走产生的等离子蒸气羽烟，这在一定程度上也有助于减小等离子蒸气羽烟密度。

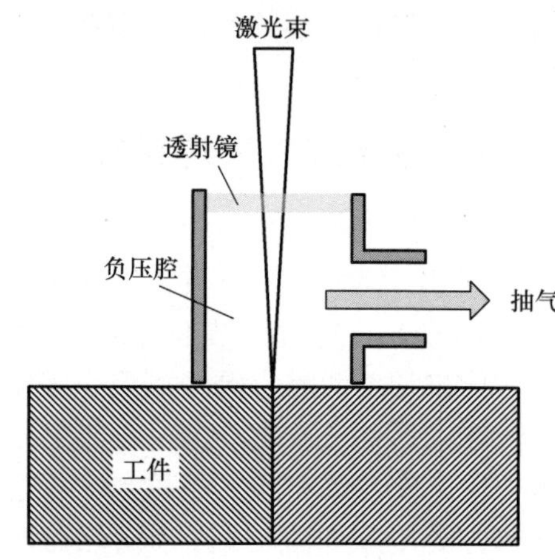

图 1-11　局部负压激光焊接原理

1.3.8　活性剂激光焊接技术

活性焊接技术是指在焊接材料表面涂覆一层活性剂，然后再进行各类焊接的技术。活性焊接技术能显著增加焊缝熔深，是一种实用、高效、节能的新型焊接方式。

目前，活性激光焊接在国内外均已初步取得一些进展，主要是特定条件下开展的一些初步理论探索和工艺试验研究。研究发现，活性剂会对激光能量的吸收、等离子体的密度、熔池的流动状态等产生一定的影响，而在焊接过程中激光能量、等离子体及熔池的变化均会影响到熔池温度场。

1.3.9　激光点焊技术

激光点焊是指在固定位置用脉冲激光对材料进行加热和熔化实现连接。它与一般激光焊接的主要区别在于激光束与工件之间没有相对运动，其他特点与激光焊接相同。激光点焊也分为热导焊和深熔焊。热导型点焊时激光仅使金属熔化、不产生汽化，较适合于焊接厚度＜0.5mm 的金属薄板；小孔型激光深熔点焊时，激光可以通过小孔直接入射到材料内部深处，激光能量的利用率增加，可产生较大熔深。

激光点焊在电子工业中得到大量应用。例如，玻璃与金属点焊、热敏半导体电路点焊、手机电池外壳点焊等。激光点焊在汽车和航空工业中也有广阔的应用前景。在汽车工业中代替电阻点焊，具有高效灵活的特点。在航空工业中代替铆接，可以减轻结构重量，提高焊接效率。

1.3.10　手持激光焊接

手持激光焊接是需要操作人员手持激光输出末端装置——手持激光焊枪来实施焊接作业的激光焊接设备，广泛应用于不锈钢、碳素钢、铝合金等多种金属材料的焊接，尤其适合精密零部件的焊接。其可以进行点焊、对接焊、重叠焊、密封焊等。

1.4　影响激光焊接质量的主要因素

1.4.1　激光功率

激光焊接是一个热过程，焊缝中输入的能量与激光器的输出功率有关。对于连续激光器来讲，通常用连续输出的激光功率；对脉冲激光器，可以用平均激光功率来表征。激光功率的大小是激光焊接工艺的首选参数，只有保证了足够的激光功率，才能得到好的焊接效果。与激光功率相关的另一个能量参数是激光的功率密度。事实上它比激光功率更关键，因为激光照射在材料表面，在焊接速度等其他条件相同的情况下，决定其能否产生小孔效应的关键因素是激光束的功率密度，而不是激光功率。只是通常情况下，对一台确定的激光器而言，总是用该激光器能够输出的最小光斑直径来进行焊接，除非工艺上特别要求需要用散焦来进行激光加工。因此，在光斑直径恒定的情况下，激光功率与激光功率密度具有同等意义。

1.4.2　焊接速度

焊接速度是激光焊接的主要参数之一，对熔池深度和焊缝形状有直接影响。焊接速度和熔池深度近似成反比关系。随着焊接速度的增加，能量输入减少，熔深变浅甚至无法焊透，熔池的液态流动性和润湿性差也不利于焊缝成形；适当降低焊接速度可以增大熔深，但焊接速度过慢可能导致焊缝金属过度熔化，使表面张力难以维持焊缝中的熔池，液态金属从焊缝中间滴落或下沉，在表面形成凹坑，甚至焊穿。高速焊接时，小孔尾部向焊缝中心强烈流动的液态金属由于来不及重新分布，便在焊缝两侧凝固，形成咬边缺陷。在大功率下形成较大熔池时，高速焊接同样容易在焊缝两侧留下轻微的咬边，有时还会在熔池波纹线的中心形成褶皱，凝固后形成大的凸起。如果激光焊接从深熔焊变为热传导焊，在熔池达到极限尺寸后，过多的能量输入还会引起熔宽和热影响区增大。

虽然焊接速度越快，熔池越短，但高温区的范围也越大，为避免空气对焊缝的污染，最好在高速焊接时增加尾部气体保护。在被焊材料和激光功率一定的条件下，为了保证焊接质量，存在一个允许的焊接速度范围，在这个范围内可根据板厚选择一个最合适的焊接速度。

1.4.3 离焦量

激光束焦点相对于工件表面的距离称为离焦量。焦点位于工件上方称为正离焦，焦点位于工件下方称为负离焦。激光束经过聚焦镜后形成的最小光斑即为焦点。离焦量直接影响激光功率密度，因此对焊缝尺寸和形状有很大影响。通过改变离焦量来控制激光功率密度非常方便。焦点处的激光功率密度最大，过高的功率密度会导致汽化、飞溅、打孔等问题，因此激光焊接时焦点位置一般不设置在工件表面，而是在其上方或下方一定距离。在一定的离焦量下焊接，焊缝尺寸要宽于在焦点位置焊接，但激光功率密度应在合理范围内，使焊缝金属充分熔化但又不至于过度汽化，有利于抑制焊接缺陷。虽然理论上正负离焦量相等时，对应焦平面的激光功率密度也相同，但实际熔池形状或焊缝形状不同。采用负离焦时，材料内部功率密度比表面高，熔化和汽化更强烈，促进能量向材料更深处传播，通常焦点位置在工件表面下方 1～2mm 可获得最大熔深。

当然，参数的正确选择是综合性的，最佳焦点位置的确定还与接头的几何形状、类型、方向、间隙、错位，以及所需的焊缝强度、熔深、焊道宽度和材料位置等各种因素相关。实际焊接过程中经常是激光器各项参数设置完毕后，最后通过微调离焦量来达到完美的焊接效果。

1.4.4 焊接角度

在焊接过程中，通常激光束总是按垂直于工件表面入射，但实际焊接时这种正常情况经常因为工件结构上的复杂性而被打破，即光束在射向焊缝位置进行焊接的过程中，很可能会被工件本身或邻近夹具挡住，此时必须调整激光束入射的角度。光束呈一定倾角入射时，会增大工件表面的光斑面积，降低功率密度，即使焊接速度不变，也会减小熔深，因此，焊接时应尽量避免使光束产生倾角；如果不能避免，也尽量使倾角最小。但在焊接铜、铝等某些反射率很高的材料时，为了避免强烈的反射光束重新进入激光焊枪而损坏其内部的零部件，通常采用一定的入射倾角来保证激光焊接设备本身的安全，同时也应顾及焊接现场其他物体，尤其是操作人员的安全。

1.4.5 接头形式

激光焊接时因光斑小、能量密度高，所形成的焊缝通常窄而深，所以激光焊接接头形式的设计应考虑有利于小孔的形成，同时也要体现激光优越的焊缝穿透能力和高效的焊接速度。例如，对于板厚较大的对接焊缝，通常采用 I 形坡口形式零间隙一次焊透；对于一些薄板的焊接，可采用端部折边并接接头或卷接接头；对于 T 形接头，可采用穿透型焊接或侧面焊接等，图 1-12 所示为一些典型的激光焊接接头形式。

1.4.6 送丝速度

送丝速度是填丝焊的一个关键参数，送丝速度合适与否将直接影响焊缝的成形。另外，值得注意的是，送丝速度的设置是否恰当虽然与焊接速度的大小有着直接关联，但是在不同

的焊接速度下，送丝速度对焊接的影响规律与传统弧焊是类似的。随着送丝速度的增加，激光能量更多用于熔化焊丝，从而作用在母材部分的能量逐渐减少，从焊缝横截面尺寸和形貌上反映为焊缝熔深和熔宽逐渐降低，焊缝熔深的降低程度远高于焊缝熔宽。

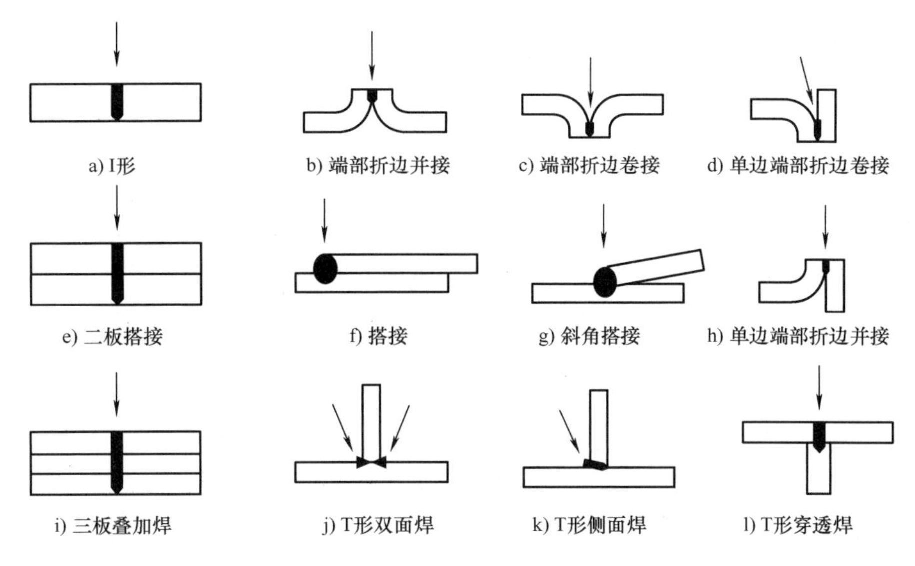

图 1-12　典型激光焊接接头形式

1.4.7　摆动幅度和摆动频率

激光摆动焊接作为一种新型的激光焊接技术，可以在焊接的同时利用激光光束扰动熔池，减少气孔，控制热源能场分布，细化晶粒。相比于常规激光焊接，激光摆动焊接可以提升异种金属之间的溶解度，使接头具备更好的连接质量。摆动激光过程中，由于加宽了激光光源的作用面积，熔化了更多的母材金属，因此更有利于大间隙和不等厚构件焊接中金属的桥接能力。

摆动幅度和摆动频率为激光摆动焊接中两个重要特征参数。摆动幅度根据光斑偏离焊缝中心的距离进行定义，反映了激光光斑覆盖范围大小，对焊接过程中熔池流动、匙孔行为均会产生影响，进而影响焊缝成形。摆动频率，即单位时间内摆动的次数，影响着摆动过程焊道的连续性。

1.4.8　保护气体

与电弧焊相同，激光焊通常需要保护气体来防止焊接熔池的氧化和空气污染。最常用的保护气是氦气和氩气，对某些特定的材料，也可采用氮气或某些混合气体。保护气的种类和纯度一般根据具体的激光焊接方法和保护对象而确定，确定的原则是在满足保护效果的要求下尽量选用低成本的保护气体。

施加保护气的方法通常有充气法和吹气法两种。其中，充气法是将保护气充入一个密闭的气室内，并将工件置于其中，激光透过气室的透明玻璃对工件进行焊接。这种方法保护效果好，但工艺过程烦琐，辅助时间多，限制了生产率的提高，而且焊接过程中要采取措施避免焊接过程中的等离子气污染透光玻璃。吹气法通常有同轴吹气和侧面吹气两种方式。同轴吹气是利用喷嘴结构吹出围绕激光束且与其同轴的保护气层流，保护气体以一定的压力、流速、流量作用于焊缝区域，使熔化的金属不与空气中的氧气接触，保证得到高质量的焊缝。同轴吹气可以形成稳定的保护罩，对于激光热传导型焊接，保护效果非常理想。

1.4.9 其他影响因素

1. 材料的表面状态

材料对激光的吸收率与其性质、温度和表面状态有关，同时也与激光的波长和偏振状态有关，不同的材料对激光的吸收率差异较大。

在其他条件相同时，由于改变材料的表面粗糙度对激光吸收率影响较大，所以材料表面预处理是提高激光吸收率的有效手段。采用表面涂层的方法可以较明显地提高材料对激光的吸收率。当保护气体中含有微量氧气时，可与工件表面发生轻微反应形成较薄的氧化层，从而使材料表面状态发生变化，增强激光与材料的耦合作用，使激光吸收率得到提高。增加保护气体中的氧虽然会使激光焊接的熔深增加，但对焊缝成形及其性能可能会带来一定的负面影响，因此实际应用时需谨慎考虑对焊缝的性能要求和使用场合。

2. 工件的焊前准备

与传统焊接方法相比，激光焊接对工件上焊接区域内存在的油、灰等污染物更敏感，这是因为激光焊接的热循环速度特别快，焊缝深宽比又大，一旦有氢或其他杂质溶入焊缝金属，在其快速冷却凝固过程中根本来不及逸出，会很容易在焊缝中形成气孔或夹杂，进而引起热裂纹或冷裂纹的产生，所以激光焊接对于气孔和裂纹的敏感性更大。因此，在激光焊接之前，必须采取有效措施对工件表面进行仔细的清洁处理。

3. 工件的定位与装夹

激光焊接的特点之一是光束的光斑尺寸小，能量密度高。光斑小意味着对工件的定位精度要求高，同时定位精度要求也与光束的焦深、激光功率、焊接速度和接头几何形状等有关。光斑越小，则要求光束对焊缝的横向对中偏差越小，或者要求坡口间隙的变化偏差越小。

第2章

手持激光焊机原理及分类

2.1 概述

按照团体标准 T/CWAN 0064—2022||T/CEEIA 585—2022《手持激光焊机》中的定义，手持激光焊机是指由自带激光器提供激光能量，并由人工手持操控激光焊枪实施焊接作业的设备。它具有操作简单、焊缝美观、热变形小、焊接速度快等优点，适用于不锈钢、碳素钢、镀锌钢、铝等多种金属材料的焊接，以其优良的性能和显著的特点得到行业的青睐。尤其是近几年受益于激光技术的进步和激光器价格大幅下降，手持激光焊机得到了快速发展和应用。

本章将主要介绍额定输出功率为 500～3000W，适用于工业与民用领域中薄板金属材料焊接的手持激光焊机基本组成、分类与型号规格、工作原理、主要技术参数等。

2.2 基本组成

手持激光焊机主要由激光器、冷却系统、控制系统、手持激光焊枪、送丝机、光路系统、气体输送和储存装置等组成，分为一体式结构和分体式结构，分别如图 2-1、图 2-2 所示。

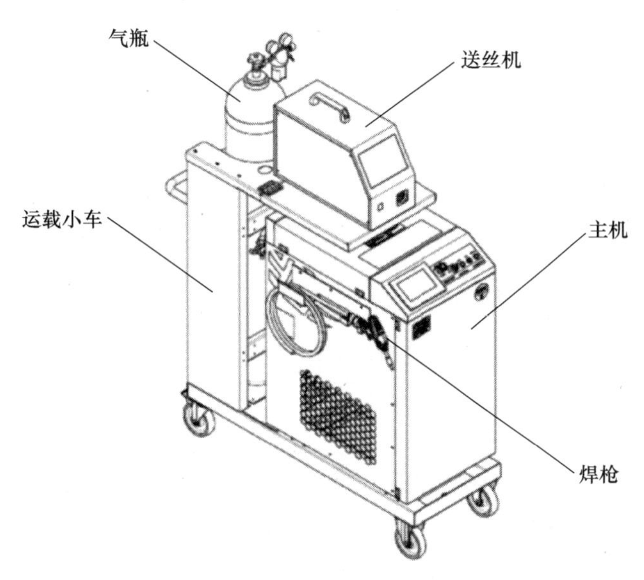

图 2-1 一体式手持激光焊机及其组成

手持激光焊机控制系统由硬件和软件组成，属设备中枢，主要负责完成对部件和整机的电气控制；激光器提供焊接所需的激光束热源；冷却系统实现对激光器和手持激光焊枪的冷却，主要有风冷和液冷两种方式；送丝机将填充焊丝通过导丝管按照设定的速度输送到焊枪导丝嘴；光路系统负责将激光束从激光器传输到焊枪内；手持激光焊枪是激光输出的终端设备，也是手持激光焊机的关键部件，完成激光束的整形、聚焦和光斑摆动，并将填充焊丝和保护气体持续输送到熔池部位；气体输送和储存装置，包括气瓶、送气管、流量计、减压阀及控制阀等，提供保护熔池和焊缝的气体，如果是气冷式焊枪则还兼具焊枪冷却作用。

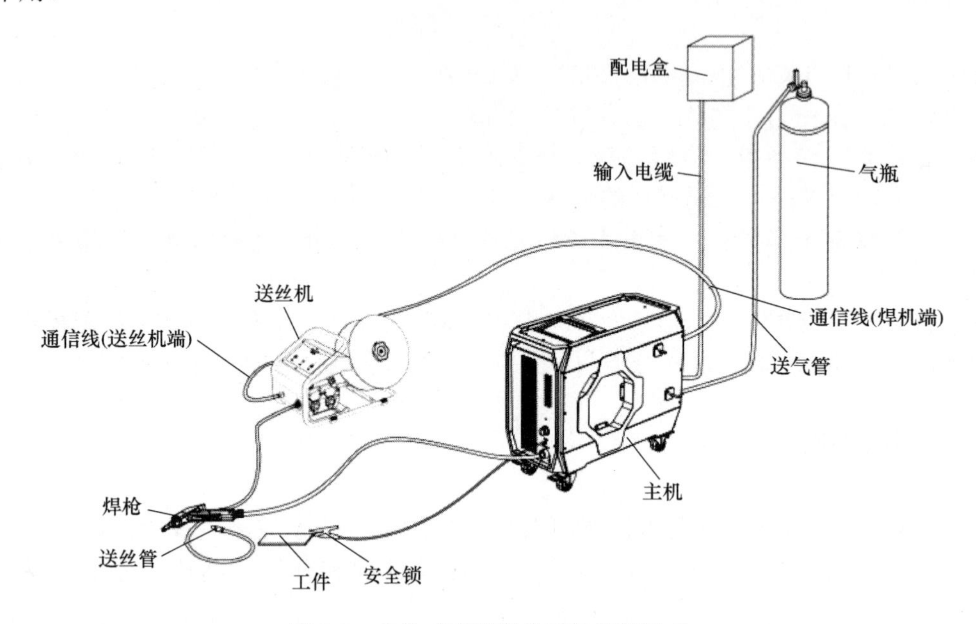

图 2-2　分体式手持激光焊机及其组成

2.3　分类与型号规格

按照团体标准 T/CWAN 0064—2022||T/CEEIA 585—2022《手持激光焊机》，手持激光焊机大类区分有两种方法：按激光器工作介质类型分类和按冷却方式分类。

1. 按激光器工作介质类型分类

通常用于手持激光焊机的激光器有 YAG 激光器、光纤激光器和半导体激光器，因此，根据激光器的工作介质类型分为以下 3 类。

1）YAG 激光器式手持激光焊机。它以脉冲氙灯作为泵浦源，以 Nd：YAG 作为产生激光的工作物质（见图 2-3），用高能脉冲激光对工件实施焊接。YAG 激光器寿命较短且需要定期维护，并且这种结构热透镜效应比较明显，限制了 YAG 激光器的输出功率通常在 500W 以下，因此其主要用于小功率手持激光焊机以脉冲方式工作，特别适用于微型、小型零件的精密焊接，如在模具修补、广告字、工艺品等行业。其特点是输入热量小，焊接薄板或微小型工件不变形、不变色。

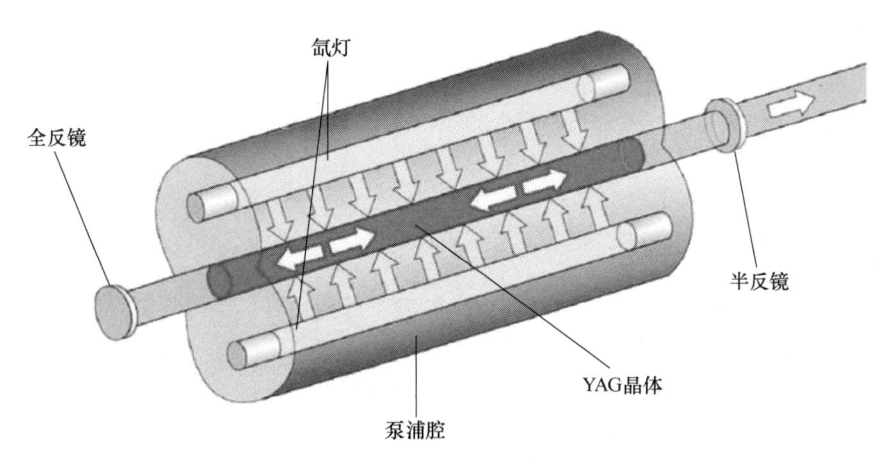

图 2-3 YAG 激光器组成及工作原理

2）光纤激光器式手持激光焊机。光纤激光器指谐振腔为双包层有源光纤结构的激光器。光纤激光器代表了高功率、高亮度激光器的发展方向，它巧妙地将波导光纤技术和半导体激光泵浦技术有机地结合在一起（见图 2-4）。其具有光束质量好、效率高、散热容易、结构紧凑、免维护等显著优势。光纤激光器可以产生极小的光斑，能量密度极高，在同功率下实现更大的熔深。目前，光纤激光器式手持激光焊机是主流品种，广泛应用于工业与民用薄板及中板焊接领域，如钣金、门窗、厨卫制品、家电、通风管道、汽车及轨道交通等金属加工与制造行业。1μm 波长的光纤激光器是当前手持激光焊机中最常用的光源解决方案。

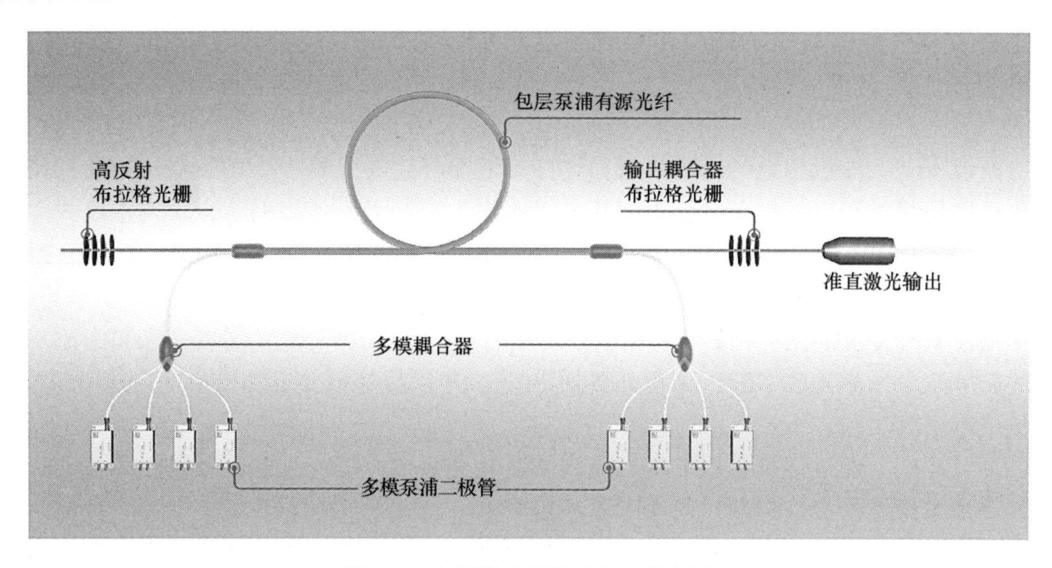

图 2-4 光纤激光器组成及工作原理

3）半导体激光器式手持激光焊机。半导体激光器主要由光纤耦合半导体激光器模块、合束器件、激光传能光缆、电源系统、控制系统及机械结构等构成，如图 2-5 所示。相比光纤激光器，半导体激光器能量更均匀，光斑更接近平顶分布而不是光纤激光器的高斯分布。半导体激光器式手持激光焊机具有光斑大、吸收率高（对于金属材料），在焊接过程中熔池稳定、无飞溅、焊缝表面光滑美观等优势，因此适用于金属薄板焊接，如生活类五金、机械制品及汽车零部件的焊接。

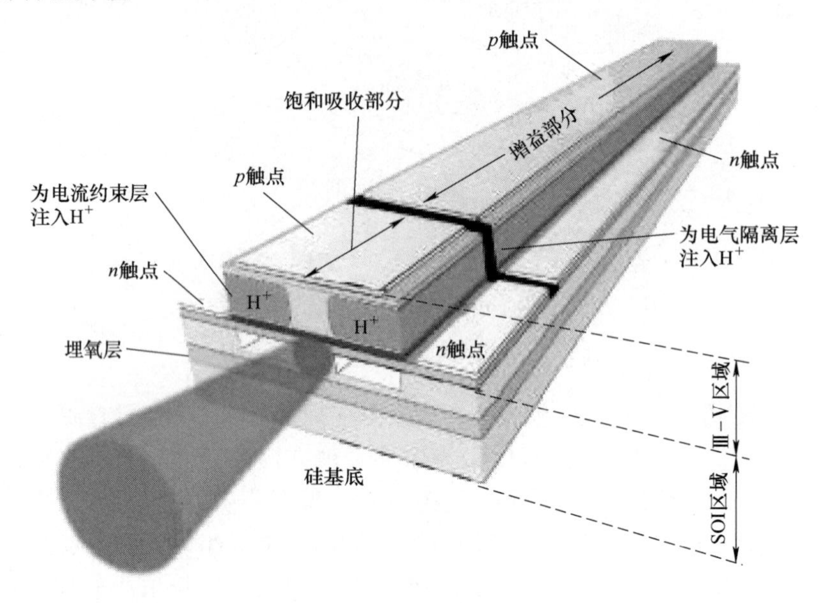

图 2-5　半导体激光器组成及工作原理

2. 按冷却方式分类

手持激光焊机的激光器在工作过程中会产生大量的热，需要进行冷却，以控制并稳定激光器的工作温度。按冷却方式，一般分为液冷式手持激光焊机和风冷式手持激光焊机两种。

（1）液冷式　焊机内置的冷却系统通过冷却液循环将激光器产生的热量通过压缩机热泵及散热风扇将热量排出焊机，目前大多数是以水作为冷却液，所以通常也称为水冷式手持激光焊机。水冷式散热能力强，焊机可轻松搭载 3000W 级别的激光器，对环境温度的适应性强，适合长时间连续的高负载率工作。但焊机体积较大、质量较重，且整体功耗高，夏季易结露，冬天还需注意冷却液的防冻问题。当环境温度接近 0℃或 0℃以下时，需要在水箱中添加一定比例的防冻液，通常为乙二醇，体积分数为 30%，并且冷却水要定期更换（3～6 个月），日常维护成本略高。

（2）风冷式　通过焊机内置的冷却风扇和散热器将激光器产生的热量排出焊机，焊机体积小，冷却系统维护少。但散热易受工作环境影响，特别是在高温环境下工作。目前，以中低功率机型为主（≤2000W）。由于风冷式通常使用小直径高转速的风扇，它的工作噪声比水冷式要大。风冷式可进一步细分为压缩机冷媒直冷、半导体制冷风冷和强制对流风冷等几种形式。

综上所述，选用焊机时，水冷式和风冷式两者的取舍主要是看使用场景。如户外、野外或者需要频繁移动、搬运焊机的使用场景，风冷式更方便一些。随着风冷式机型的技术迭代，免维护、工具化属性越发凸显，其应用量占比呈增长趋势。但如果是在固定机位且使用功率较高（≥1500W）、连续或高负载持续率焊接作业，则水冷式更为适合。

3. 产品型号规格

产品制造和使用选型还包含一些其他方面的内容，包括产品规格参数和扩展功能等。

额定输出功率是手持激光焊机的一项重要参数，目前规格一般为500W、800W、1000W、1200W、1500W、2000W、3000W。激光器功率存在缓慢的自然衰减现象，设计制造与产品选型时应充分考虑这一因素，预留一定冗余。通常板厚3mm以下的焊接作业选择1200W或1500W即可，板厚5mm以下选择2000W，而需要焊接5mm以上厚度的材料或需要双送丝、三送丝的场景则选用3000W为宜。

激光输出形式有连续激光、准连续激光、脉冲激光之分，适用于不同应用场景。通常脉冲激光用于 1mm 以下的薄板焊接，热变形小，但连续激光也有一定的脉冲输出能力，可满足绝大部分场景的需求。

早期的手持激光焊机不具有光斑摆动功能，这类焊机已基本不再生产。激光光斑摆动功能是手持激光焊走向成熟的关键技术，极大改善了手持激光焊对焊接接头组对缝隙大小敏感的问题，提高了焊接质量，可实现不同的焊接效果（见图 2-6），满足不同用户需求。激光光斑摆动分为单轴摆动和双轴摆动两种形式。单轴摆动即光束沿着一条垂直光轴的直线在预设范围内（通常是 8mm 以内）往复摆动，焊缝为线性。单摆焊枪结构简单、体积小、

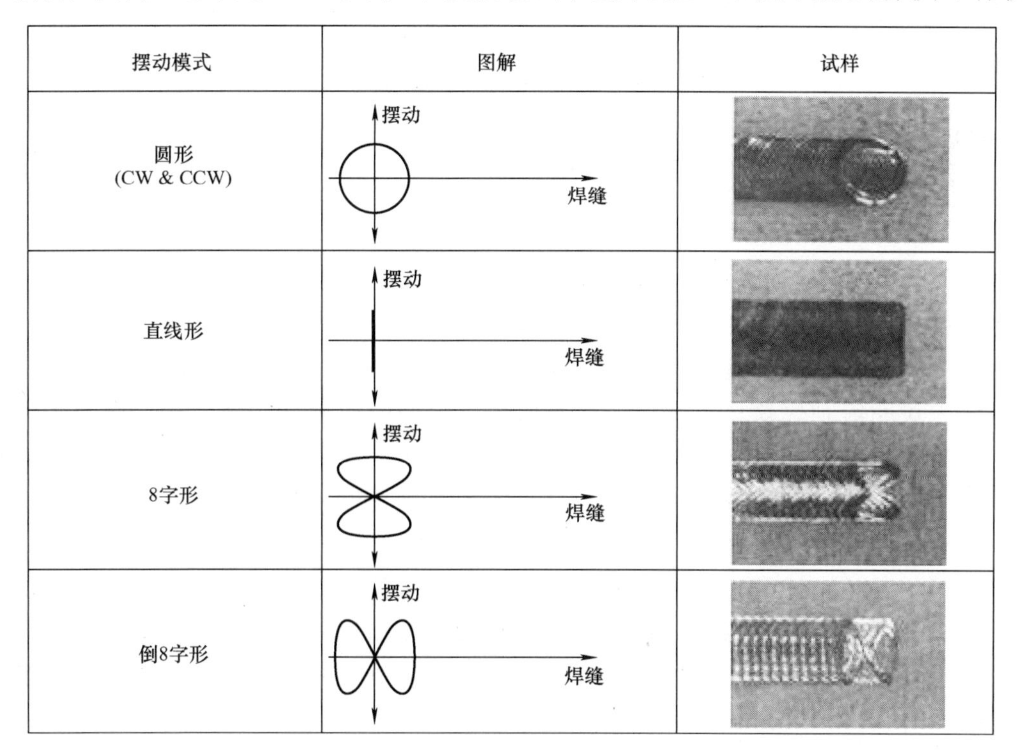

摆动模式	图解	试样
圆形 (CW & CCW)	摆动 焊缝	
直线形	摆动 焊缝	
8字形	摆动 焊缝	
倒8字形	摆动 焊缝	

图 2-6　不同摆动模式及焊接效果

质量轻、维修方便，是目前市场上的主流产品。双轴摆动是将机器人焊接头小型化，光束在二维平面上两个方向摆动，可以按预设轨迹进行高速摆动，实现一些特殊的焊接效果，适合对焊接效果有明确目标要求并且焊缝可达性好的用户，枪体结构复杂、体积大、质量重、成本高。

激光自动填丝焊用于焊缝需要增加填充材料，满足焊缝成形要求，同时对焊缝间隙的桥接能力大大提高。目前，手持激光焊填丝方式有单丝、双丝和三丝模式。单丝模式操作简便，焊接效果可以满足大部分场景需求。双丝或三丝模式适用于工件拼接缝隙较大，或焊脚尺寸大，或要求熔敷效率高，或焊道更加“饱满”等应用场景，焊接时两根（三根）焊丝同时进给（也可以只启用其中一根焊丝），由于多了一根（二根）送丝通道，送丝嘴也相应较大，因此其操作便利性不如单丝模式。双丝填充与单丝填充焊接效果对比结果如图 2-7 所示。

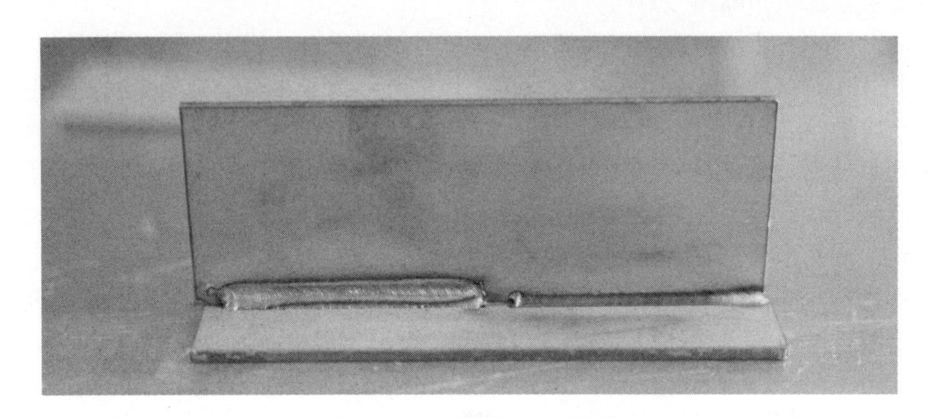

图 2-7　双丝填充与单丝填充焊接效果对比结果

2.4　工作原理

目前，手持激光焊机普遍采用激光自动填丝焊接技术，其基本工作原理如下。

送丝机将填充焊丝通过导丝管、焊枪上的导丝嘴和铜嘴卡槽送到工件待焊位置。激光器产生的激光，由光路系统传输至手持激光焊枪，经整形聚焦后形成高能量密度的激光束。激光束照射到焊丝与工件上形成光斑，焊枪的内部振镜高速摆动，激光束熔化焊丝和一定宽度范围内的母材，并弥补母材拼缝及光束对中造成的偏差。在焊接过程中，操作人员只需用一只手握持手持激光焊枪，控制焊枪角度和移动方向，并对焊枪轻施一定的压力以保持焊丝始终与工件接触，确保焊机安全回路导通，使设备正常工作。持续送入的焊丝对焊枪形成反向推力，使焊枪自行向熔池的前方缓慢移动。随焊枪移动，焊丝和母材熔化后形成的液态金属在熔池后部快速冷却凝固，形成连续焊缝。保护气体通过枪管喷出，形成保护气罩，将熔池与空气隔离，避免焊缝氧化。手持激光焊机工作原理如图 2-8 所示。

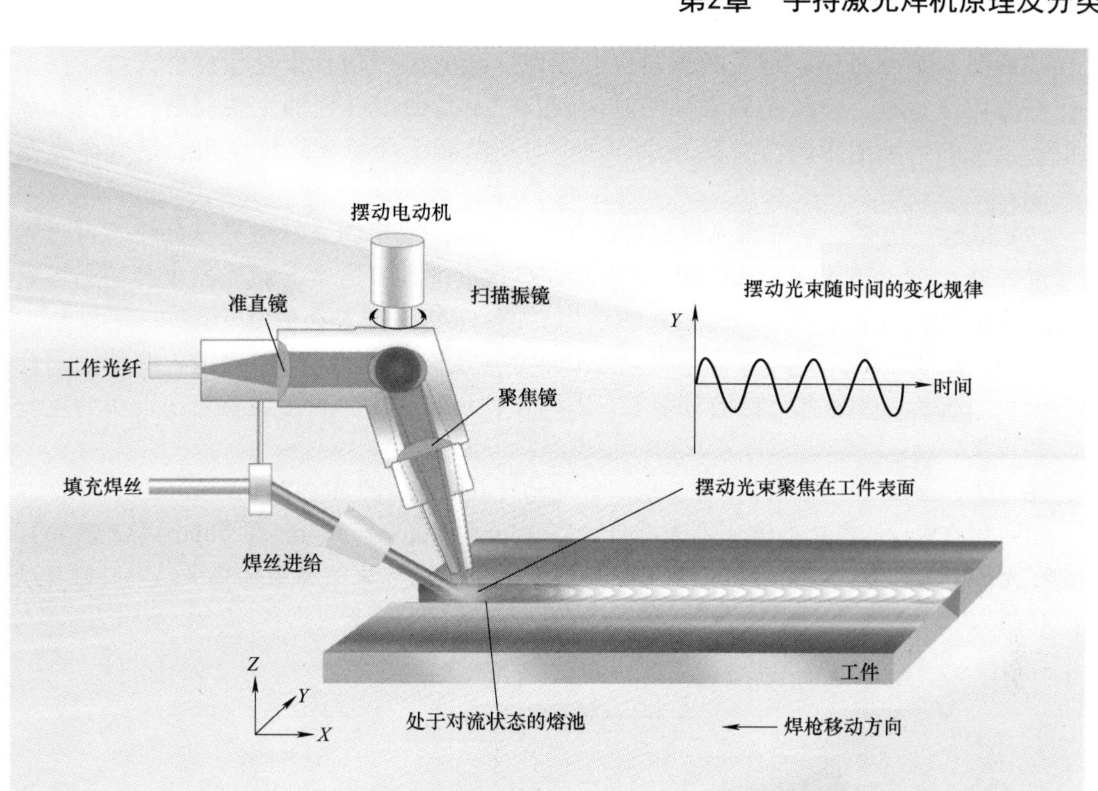

图 2-8　手持激光焊机工作原理示意图

2.5　主要技术参数

手持激光焊机的主要技术参数包括设备基本参数、主要工艺参数和其他重要参数。

1. 设备基本参数

（1）额定输出功率　指设备能输出的最大激光功率，主要影响焊缝熔深和焊接速度。

（2）中心波长　指激光器在正常工作状态下，其输出光谱中光功率分布的中心位置所对应的波长。由于目前手持激光焊主要使用 Nd：YAG（钕掺杂氧化铝钇）晶体作为增益介质，其中心波长通常为 1060～1090nm 区间内的某一个数值。

（3）激光平均输出功率不稳定度　指激光器在长时间运行过程中，其输出功率围绕某一平均值上下波动的程度，如果在加工过程中，功率出现较大的不受控波动，会影响焊接效果的一致性。功率不稳定度的测量方法是在数小时的时长内，使激光器满功率输出，并用功率计检测实际激光功率的波动，通常性能较好的激光器可以将功率波动范围控制在 2%以内，甚至 1%以内。

（4）激光功率衰减　指激光器在宏观尺度上长时间运行后由于元器件老化，泵浦功率损失或光学耦合效率降低，其输出功率随时间逐渐降低的现象，衰减后会造成工艺参数失效、加工效率降低等问题，突然剧烈的衰减通常也往往是更大故障的前兆。功率自然衰减的现象不可避免，通常激光器也会预留一定的冗余功率来补偿自然衰减。在温湿度良好的运行状态下，激光器衰减的时间较长，不是使用过程的主要问题，在设备选型时根据工况的实际需求预留一定冗余即可。而高温高湿环境高强度使用会造成激光器提前衰减。

（5）指示光功率　手持激光焊目前使用中心波长 1μm 的光纤激光器处于不可见光范围（近红外）。为了能够对光束进行预校准、对焦点进行粗定位，激光器本身还会发射一束处于可见波长的引导光束。通常其功率为 0.2～1mW、波长在 630～680nm 为红色。虽然它的功率远小于激光器能量光束的功率，不会对皮肤造成伤害，但直射人眼特别是经过光学聚焦系统后，仍具有一定的危险性，因此在使用过程中，一定要避免在设备通电状态下直视枪头。

（6）纤芯直径　一根光纤由保护层、包层和纤芯组成（见图 2-9）。纤芯直径是指圆柱形纤芯切面圆的直径。常用的激光器光纤直径有 14μm、20μm、30μm 和 50μm 等。其中，纤芯是在光纤中大部分光功率通过的中心区；纤芯越细，激光束的能量越集中，中心激光功率密度也越大。

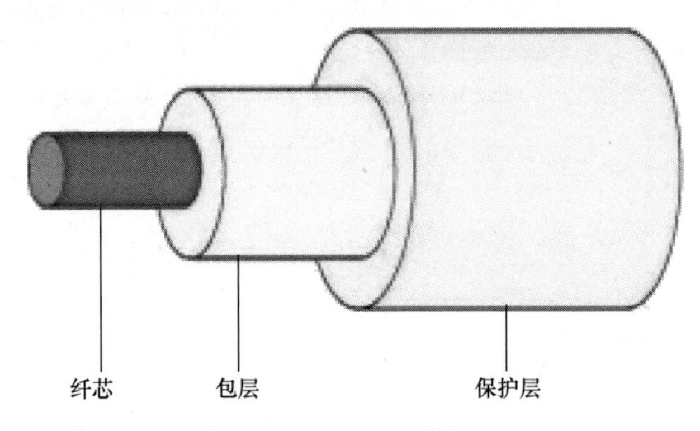

图 2-9　传导光纤组成

大光斑可兼容的工件拼装间隙越大，但同时由于能量密度变小，若达到相同熔深时，要比小纤芯需要更大的功率。随着摆动激光焊接头的出现，很大程度上弥补了小光斑在焊接组件上对间隙的苛刻要求，因此在激光器选型上可以更灵活。

（7）聚焦焦距　焦距是光学系统中衡量光的聚集或发散的度量方式，指平行光入射时从透镜光心到光聚集之焦点的距离。简单地说就是焦点到面镜中心点之间的距离（见图 2-10）。

聚焦镜通过表面曲率变化使入射光线发生折射，具有端面聚焦和成像的特性，并具有圆柱状的外形特点，因而可以应用于多种不同的微型光学系统中。聚焦镜的作用就是将激光束聚焦到点，使能量集中；焦点光斑直径 d 数值可以由式（2-1）粗略计算，即

$$d = 2f\frac{\lambda}{D} \tag{2-1}$$

式中　d——焦点光斑直径（mm）；

　　　f——聚焦镜的焦距（mm）；

λ——入射光束的波长（nm）；

D——入射光束的直径（mm），与经过准直镜的光斑直径 L 对应。

聚焦镜的焦距还影响焦深，焦深越大，焊接的熔深越大，有效的工作范围就越大。另外，长焦距可以增加工作距离，不仅适用于更多的应用场景，而且飞溅也更不容易污染镜片。

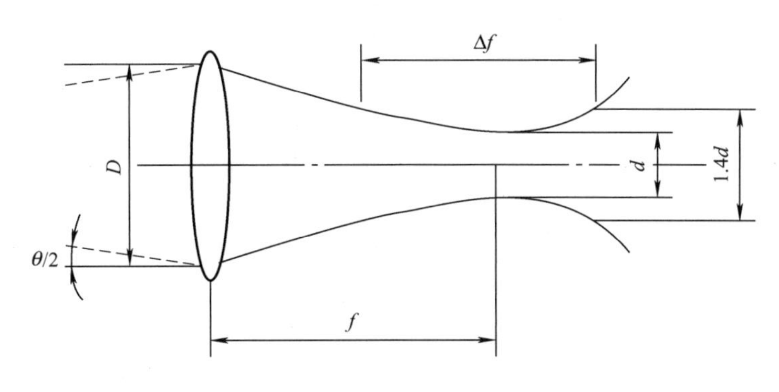

a) 凸透镜焦距示意图

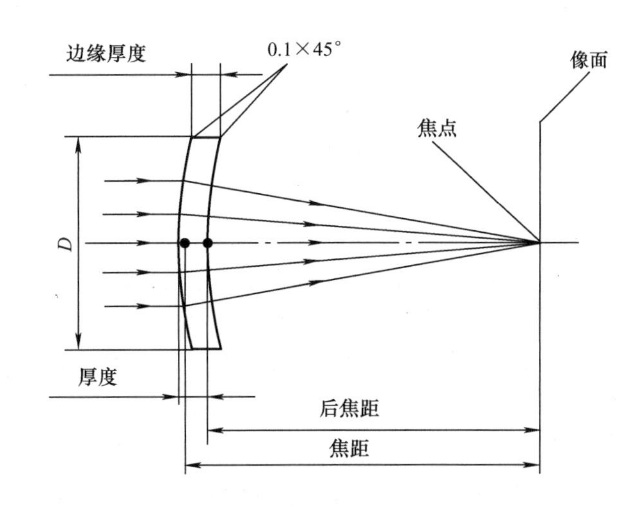

b) 聚焦镜焦距示意图

图 2-10　不同透镜光路示意

（8）聚焦直径　聚焦直径就是常说的最小光斑直径，是由手持激光焊枪准直焦距、聚焦焦距和光纤直径一起决定的。聚焦直径越小，光束会聚的越强烈，焦点处的功率密度也越高；聚焦直径越小，材料加工越精细，焊接时穿透力也越高。

聚焦光斑直径的简略计算公式为

$$L=\frac{dF}{f} \tag{2-2}$$

式中　L——聚焦光斑直径（mm）；

d ——光纤直径（mm）；

F ——聚焦镜焦距（mm）；

f ——准直镜焦距（mm）。

（9）光斑调节范围　激光束在工件表面进行焊接时能够横向/纵向移动的范围。这个范围是通过激光焊枪内部的控制系统来调整的，通常可以通过设置摆动幅度来实现。摆动范围的具体数值会根据不同的手持激光焊枪型号和品牌而有所差异，通常在 0～8mm 之间。

（10）垂直调焦范围　与通常具备自动焦点功能的切割头不同，手持激光焊枪通常使用手动调节刻度管伸缩的形式来调节喷嘴与焦点的相对位置，可调节行程一般为焦点位置±10mm 范围内。

（11）输出功率调节范围　通常手持激光焊机输出功率的设定范围为其额定功率的 10%～100%。

2. 主要工艺参数

（1）激光功率　指激光器在单位时间内输出的激光能量。对连续激光器来说，通常指连续输出的激光功率；对脉冲激光器来说，可以用平均激光功率来表征。激光功率的大小是激光焊接工艺的首选参数，只有保证了足够的激光功率，才能得到良好的焊接效果。激光功率是决定熔深和焊接效率的关键参数，主要根据工件材料厚度、接头形式、焊接位置等进行选择。激光功率过大时，易导致焊缝表面凹陷和焊穿；激光功率过小时，则导致焊接熔深和强度不足。

激光功率常用单位为瓦（W）和千瓦（kW）；功率可调节范围一般为 10%～100%额定功率，在其他参数相同的情况下，激光功率越大，焊缝熔深和熔宽越大，焊接速度越快。

（2）焊接速度　指焊接过程中手持焊枪的移动速度。焊接速度对焊缝成形有直接影响，如对熔池温度、焊缝组织转变、应力应变和熔池中金属流动等有极大影响。当焊接速度过快时，不仅易造成熔深浅和未焊透，而且熔池的液态流动性和润湿性较差，不利于焊缝成形；当焊接速度过慢时，将导致焊缝金属过度熔化，表面张力不足，熔池从焊缝中间滴落或下沉，焊缝表面形成凹陷甚至焊穿。

手持激光焊接速度由送丝速度与焊接角度共同决定，简单表示为焊接速度≈送丝速度×cosθ（θ 代表填丝进给方向与工件平面的夹角）。

（3）焊接角度　指激光束与焊接面的夹角，最佳值为 45°～60°。

在实际焊接过程中，还需考虑工件和附近工装夹具，适当调整焊接角度。而铜、铝等高反射材料，除了防止因反射光束重新进入焊枪内部而损坏其部件外，还应顾及焊接现场其他物体，尤其是操作人员的安全。

（4）离焦量　指激光焦点距工件表面的距离，焦点位于工件上方为正离焦，位于工件表面以下为负离焦。

通常对要求熔深较大的焊接宜采用负离焦，而对于熔深较浅的焊接宜采用正离焦。

（5）扫描宽度　常规扫描宽度为 0～6mm，扫描宽度是决定焊缝宽度的主要参数，在填丝焊接时受到焊丝直径的限制，该限制关系一般概括为1≤扫描宽度/（焊丝直径）≤3。

（6）扫描速度　其值为 2～600mm/s，受到扫描宽度的限制，该限制关系为 10≤扫描速度/（扫描宽度×2）≤1000。扫描速度是影响熔池状态与焊缝外观的主要参数，与焊接速度成正比；当扫描速度偏小时，激光光束对熔池的扰动频率不足，易造成熔池不连续和焊缝表面成形较差，只有扫描速度与焊接速度相匹配，才能得到表面平直且光滑的焊缝。

（7）保护气种类和流量大小　保护气是指焊接过程中用于保护金属熔滴、熔池及焊缝的气体，它使高温金属免受外界气体的侵害。保护气一般采用氩气、氦气、氮气或某些混合气体，气体流量一般为 5～25L/min。在隔绝空气的同时，为防止飞溅物进入枪管内部损伤镜片，一般采用保护气流量为 15L/min。

（8）开/关光功率　为使焊缝平整光滑，激光功率在开始和结束时都设计有渐变过程，实际焊接过程中，尤其是在焊接快结束时，调整能量下降时间和下降速度是一种非常好的控制方法，避免焊缝在头尾两处出现凹坑或斑痕。

（9）开/关光渐进时间　从开光激光功率增大到设定功率的时间，数值为 0～5s；结合开光功率使用，让初始出光过程平滑稳定。

从设定激光功率减小到关光功率的时间，数值为 0～5s；结合关光功率使用，让关光过程平滑稳定，可以减小收弧坑。

（10）开气/关气延时　指出激光时提前出气和关光时延时出气的时间，用以保护焊缝和防止飞溅污染镜片。

（11）送丝速度　指单位时间内焊丝导出的长度。

（12）手动送丝速度　指控制手动送丝的速度大小，方便日常设备调试。

（13）送丝起动延时　指按下焊枪扳机后送丝机延时起动的时间。

（14）回抽速度　指焊接结束回抽焊丝时的速度，焊接结束时可使焊丝与熔池快速分离，提高回抽速度可以防止焊接结束时出现粘丝现象。

（15）回抽长度　指控制断丝时送丝机回抽断丝的长度，可防止焊接结束时出现粘丝现象。

（16）补丝长度　指控制断丝时送丝机进行回抽后补偿送丝的长度，用于补偿焊丝回抽的影响，保持下一次焊接时接头的一致性。

（17）补丝延时　指断丝后送丝机在补偿送丝与回抽断丝之间的间隔时间，防止因补偿送丝过早而导致焊丝第二次粘连在焊缝上。

3. 其他重要参数

（1）光束质量　激光光束质量是激光器的一个重要技术指标，是从质的方面来评价激光束的特性。但是，在较长时间以来，光束质量一直没有确切的定义，也未建立标准的测量方法。常用方法有：远场光斑半径、衍射极限倍数 U、斯特列尔比、环围能量比、m^2 因子或其

倒数 K 因子（光束传输因子）等；各种光束质量的定义对应于不同的应用目的，所反映光束质量的侧重点也不同。光束质量的好坏，应视具体应用目的做出评价。

其中，m^2 因子是一种较为完善、合理的光束质量评价标准，并且得到了国际标准化组织（ISO）的认可。m^2 因子被称为激光束质量因子或衍射极限因子，其定义为：实际光束束腰宽度和远场束散角的乘积比上基模高斯光束的束腰宽度和远场束散角的乘积。对于基模高斯光束，光束质量因子为 1，光束质量最好，而实际中均大于 1，表征实际光束相对于衍射极限的倍数，即 Times-diffraction-limited。光束质量因子可以表示为

$$m^2 = \frac{\pi d\theta}{4\lambda} \tag{2-3}$$

式中　d——光斑直径（nm）；

θ——发散角（rad）；

λ——入射光束的波长（nm）。

光束质量因子的参数同时包含了远场和近场特性，能够综合描述光束的品质，且具有通过理想介质传输变换时不变的重要性质。而由式（2-3）可知，对光束质量因子的测量，归结为光束束腰宽度和光束远场发散角的测量。越接近于理想的基模高斯光束，光束在焊接区的加热速度越快，效果也越好。但实际焊接光束不可能是理想的基模光束，通常用光束的参数积（BPP）区分光束的好坏，即光束的束腰半径和远场发散角的乘积（mm·mrad）来表征激光的光束质量，这个数值越小越好。研究表明，在获得同样熔透效果的情况下，当光束质量从 50mm·mrad 变化到 30mm·mrad 时，焊接速度可变化 2 倍。

（2）功率稳定性　激光输出功率在一定时间内的不稳定度，一般分为 RMS 稳定性和峰峰值稳定性。

1）RMS 稳定性：测试时间内所有采样功率值的均方根与功率平均值的比值，描述输出功率偏离功率平均值的分散程度。

2）峰峰值稳定性：输出功率的最大值和最小值之差与功率平均值的百分比，表示的是一定时间内的输出功率的变化范围。

（3）发散度　激光束的发散度影响像距。随着发散角度的增加，像距相比于焦距越来越大。当发散角为负数时，像距小于焦距。

对于发散角，以下两种情况值得注意。

1）有些发散角调制不好的激光器安装进同一个焊接头时，会有不同的像距（焦点位置）。

2）如果 QBH 松动，光纤头往外脱开一点，像距（焦点位置）会小于焦距，这种情况就是发散角为负。

（4）像距　指从透镜中心到焦点的距离。它大致相对应于焦点。随着像距的增加，工件距离也随之增加，即透镜和工件之间的距离增加（见图 2-11）。

需注意的是，平常使用时常说的“焦距”其实指的是像距，只有当平行光入射时的像距才与聚焦镜的原有焦距相同，而影响这个差异的原因主要就是入射激光的发散角。

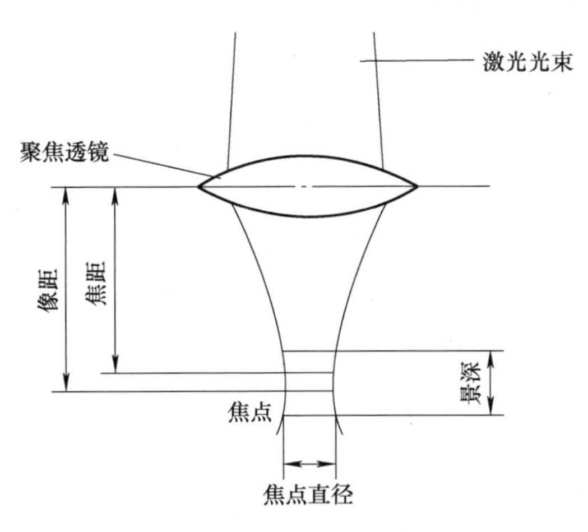

图 2-11　激光聚焦示意图

（5）瑞利长度　通过焦点之后光束开始发散。瑞利长度是指焦点到横截面积为焦点处 2 倍位置的距离。瑞利长度与焦点大小的平方成正比。瑞利长度越长，意味着发散度越小。2 倍瑞利长度通常被称作景深，优先应用长的瑞利长度来提高焊接熔深。

第3章

手持激光焊机常用激光器

3.1 概述

由于光纤的柔性传输特点，目前手持激光焊机配置的激光器以光纤激光器或半导体光纤激光器为主。手持激光焊的持续进步也在不断提升手持激光焊机的性能、品质，扩大应用领域。光纤激光器按照工作方式可以分为脉冲光纤激光器、准连续光纤激光器及连续光纤激光器。实现脉冲光纤激光器的技术途径主要有调Q技术、锁模技术和种子源主振荡功率放大（MOPA）技术。锁模技术可以实现飞秒或皮秒量级的脉冲输出，且脉冲的峰值功率较高，一般在百万瓦量级，但是其输出的脉冲平均功率较低。调Q光纤激光器可以获得脉宽为纳秒量级、峰值功率为千瓦量级、脉冲能量可达毫焦量级的脉冲激光。准连续激光器的脉冲宽度为微秒到毫秒级，而连续激光由泵浦源持续提供能量，可长时间地连续产生激光输出。

本章节主要介绍额定输出功率500～3000W，适用于工业与民用领域中薄板金属件焊接的手持激光焊机常用激光器。

3.2 常用激光器分类

3.2.1 半导体激光器

半导体激光器又称激光二极管（LD），是以半导体材料作为工作物质的激光器，是最实用也是最重要的一类激光器。其工作原理为采用电注入激励，实现在半导体物质能带之间非平衡载流子的粒子数反转，大量电子与空穴复合便产生受激发射作用。电注入式半导体激光器一般是由锑化铟（InSb）、砷化镓（GaAs）、砷化铟（InAs）等材料制成的半导体面结型二极管，沿正向偏压注入电流进行激励，在结平面区域产生受激发射。

大功率半导体激光器主要分为单管与Bar条两种耦合结构，单管结构多采用宽条大光腔的设计，并增加了增益区域，以实现高功率输出，减少腔面灾变损伤；Bar条结构为多个单管激光器的并联线阵，多个激光器同时工作，再经过合束等手段实现高功率激光输出。

目前，工业用大功率半导体光纤激光器多采用单管半导体激光整形合束方法获得。常规合束技术基于标准的半导体激光芯片，在合束过程中，不影响激光单元腔内谐振，仅通过外部光学元件对激光芯片输出光束进行整形、空间合束、偏振合束和波长合束，来提升整体功率、改善整体光束质量，是当前实现大功率半导体激光器的主要方式。其中，空间合束是利用折射或反射，将多束光在空间上进行一维或二维堆叠，增加功率的同时光束质量变差；偏振合束利用半导体激光的线偏振特性，将振动方向相互垂直的两束线偏振光通过偏振合束元件，其中 P 偏振光透射、S 偏振光反射，光场实现近场和远场重叠，功率提升近 2 倍的同时光束质量不变；波长合束是利用激光波长特性，通过波长合束元件，其中波长 λ_1 的光透过（反射），波长 λ_2 光反射（透过），两束光实现近场和远场重叠，功率提升的同时光束质量不变，通过采用不同的波长合束元件，可以实现多束不同波长（λ_1，λ_2，…，λ_n）的激光合束，考虑到半导体激光器自身谱宽、光谱受温度及电流影响等因素，常规波长合束的相邻波长间隔一般不低于 25nm。根据不同封装形式，基于常规合束技术，目前已发展出激光单管合束光源、线阵合束光源和叠阵合束光源，实现了几十瓦至数万瓦级的直接输出或光纤耦合输出。由于手持激光焊机的柔性传输特性要求，半导体激光器整形合束后光纤输出，再通过光纤合束提升功率，与驱动、控制等部分组成半导体光纤激光器应用于手持激光焊机。由于多芯片的空间耦合和光纤合束特性，半导体光纤激光器的输出光纤芯径通常在 200～1000μm，因此功率密度低，但半导体光纤激光器也具有以下特点。

1）半导体激光直接电光转换，具有高光电转换效率≥50%。

2）半导体可输出短波长激光，金属对其吸收率高等优点，更容易实现有色金属（对激光束高反射材料）的激光焊接，如图 3-1 所示为不同金属材料对不同波长激光的吸收特性。

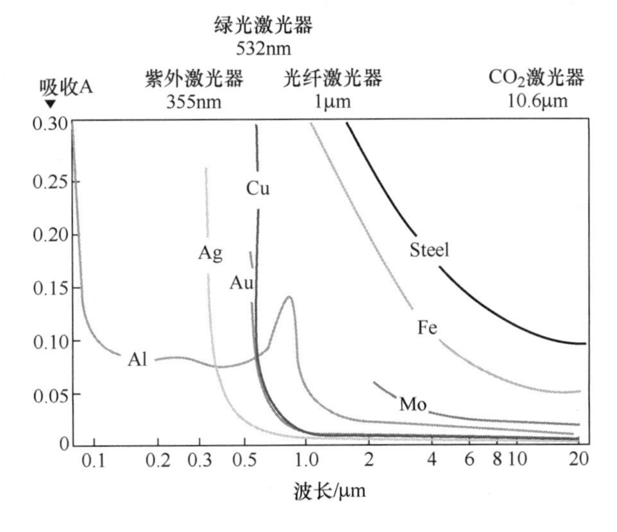

图 3-1　不同金属材料对不同波长激光的吸收特性

3）光纤耦合半导体激光的焊接熔深浅而熔宽大。

4）焊缝成形更加美观，焊接过程更加稳定，飞溅量更小。

5）无光学增益腔转换，成本低。

半导体光纤激光器的缺点是功率密度低，光束质量差，光束发散角大，回反光导致功率衰减，因此在手持激光焊接中仅适用于厚度＜0.5mm 的低反射材料的薄板焊接，极大地限制了半导体激光器在手持激光焊接中的应用范围。

3.2.2　光纤激光器

1. 连续光纤激光器

连续光纤激光器一般由连续运行的半导体激光泵浦源泵浦掺杂光纤与光栅共同组成的

增益谐振腔来获得连续激光输出，连续泵浦光纤激光器工作原理如图 3-2 所示。

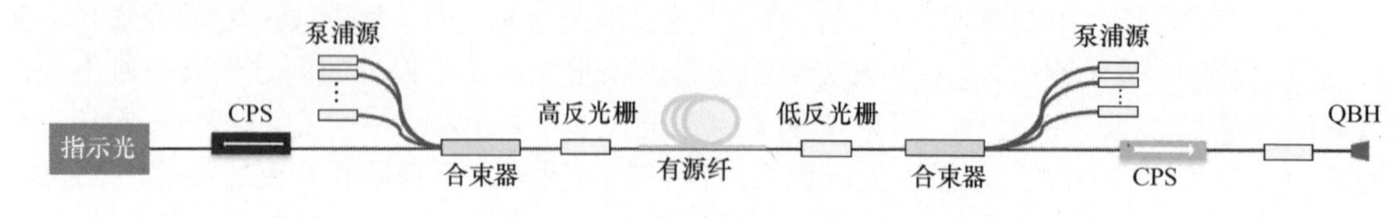

图 3-2　连续泵浦光纤激光器工作原理

连续光纤激光器通过增益介质和谐振腔将低能量密度的泵浦源，转化为小纤芯传输、高能量密度的高能激光，实现千瓦的连续光纤激光器能量密度比半导体光纤激光器能量密度提升 2～3 个数量级。连续激光器输出的激光强度在时域上持续稳定，在焊接过程中，工件作用面所受到的加热能量稳定、一致性高，连续光纤激光器能量密度大，功率持续稳定，可以实现激光焊接较大的熔深，适用于厚度＜4mm 的金属板焊接，是手持激光焊机光源的主要选择。

2. 准连续光纤激光器

准连续（QCW）光纤激光器是在近年来迅速崛起的一种特殊形式的激光器。一方面该激光器既兼顾了连续光纤激光器电光转换效率高、可靠性好、稳定性强、结构紧凑等优点，又具有脉冲激光器平均功耗低、时域可控性强、峰值功率高等特点。它在激光精细焊接、打孔、特殊材料切割等领域具有广泛的应用场景，QCW 光纤激光器工作原理如图 3-3 所示。QCW 光纤激光器通常采用脉冲信号控制泵浦源驱动电流的方式获得不同时域特性的激光输出，同时输出脉冲的重复频率和脉宽可以根据应用需求调整。另一方面，QCW 光纤激光器可以在相同的峰值功率下，通过在一定程度上调节占空比来控制平均功率，从而有效控制激光器的产热，抑制高功率光纤激光器一个重要的限制因素——模式不稳定。由于模式不稳定不再成为 QCW 光纤激光器的主要限制因素，可以在结构设计上采用大吸收系数的 976nm 波长激光进行泵浦，以有效缩短增益光纤长度，从而可在大程度地抑制受激拉曼散射等非线性效应。因此，QCW 光纤激光器是实现高峰值功率、大脉冲能量激光的理想方式。未来，随着手持激光焊接工艺的发展、特殊材料的应用拓展，以及手持激光焊接稳定性和质量要求的提升，QCW 光纤激光器的高峰值功率、低热量的平均功率、脉宽和重频可控等特点的优势会被充分利用，更多地应用于手持激光焊机上。

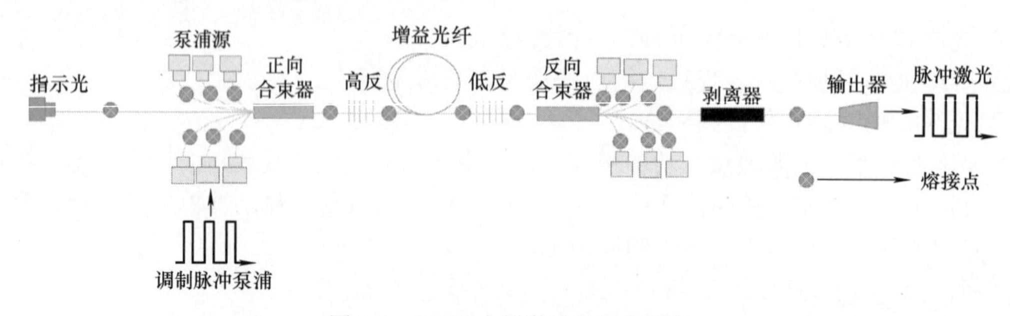

图 3-3　QCW 光纤激光器工作原理

3. 脉冲光纤激光器

脉冲光纤激光器从工作原理上可分为：①调 Q 脉冲光纤激光，如图 3-4 所示；②直接半导体增益调制脉冲放大激光（MOPA），如图 3-5 所示；③锁模脉冲激光。调 Q 脉冲激光与直接半导体增益调制脉冲激光一般大于纳秒量级，难以实现更短脉冲的输出。而锁模脉冲激光脉冲宽度一般在皮秒至飞秒范围，锁模激光多用于材料切割，较少应用于焊接领域。近些年，随着新能源以及 3C 电子的快速发展，对于该类产品的精密焊接，传统连续光纤激光器和 QCW 光纤激光器很难满足使用要求，而纳秒脉冲光纤激光在精密焊接方面凸显出巨大的优势，已被广泛应用于电池生产过程中的电芯、极柱、注液孔、防爆阀、极耳及电路连接片等部位连接。对于特殊材料和工艺的焊接，脉冲光纤激光器在提高效率、节省能耗、提高焊接质量等方面均有明显优势。然而，对于脉冲激光焊接，脉冲能量决定了加热工件的能量大小，主要影响金属熔化量。脉冲宽度决定了焊接加热时间，影响熔深和热影响区的大小。对于一固定的焊接材料，随着激光脉冲宽度的增加，熔深逐渐增加，当脉冲宽度超过一临界值时，脉冲宽度增加后熔深反而下降，因此每种材料一般会有一个最佳的脉冲宽度，在此最佳脉冲宽度下焊接熔深最大。

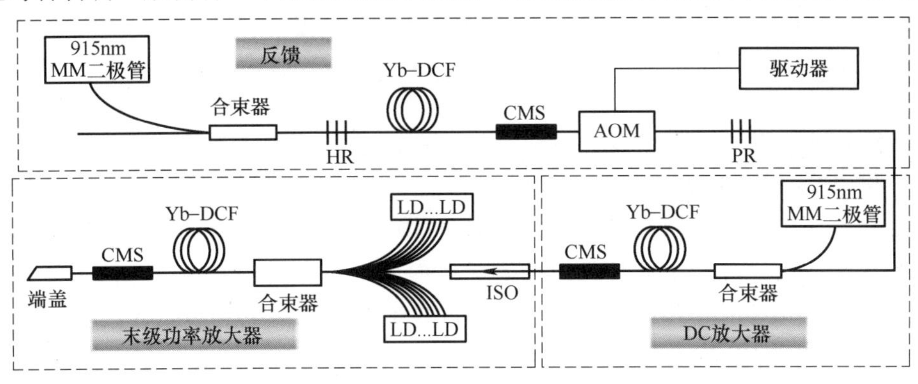

图 3-4 调 Q 脉冲光纤激光工作原理

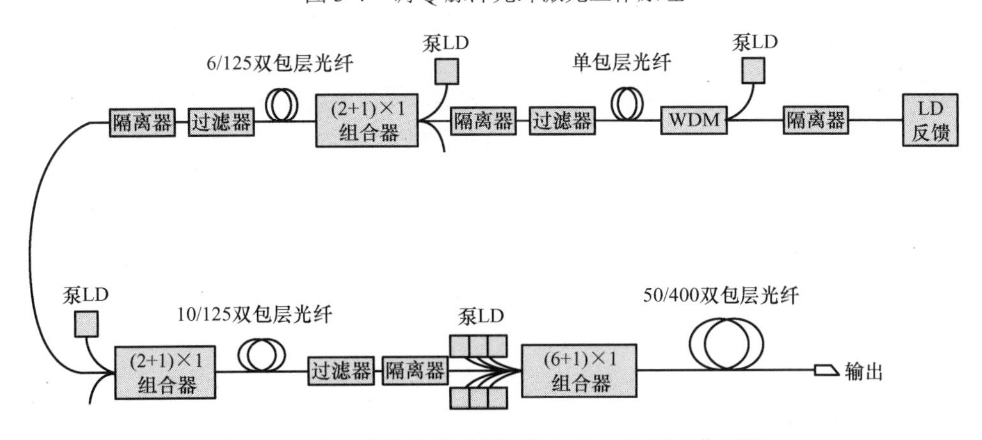

图 3-5 直接半导体增益调制脉冲放大激光工作原理

3.3 光纤激光器原理及特点

3.3.1 光纤激光器原理简介

激光器是由增益介质、泵浦源和谐振腔三部分组成，由泵浦源发出的泵浦光通过泵浦合束器耦合进入增益介质中，由于增益介质为掺稀土元素光纤，因此泵浦光被吸收，吸收了光子能量的稀土离子发生能级跃迁并实现粒子数反转，反转后的粒子会发生自发辐射，由谐振腔筛选出来的模式会在谐振腔来回震荡放大，增益介质产生受激辐射，并形成稳定的激光输出。具体作用如下：

1）泵浦源：它的作用是给工作物质进行泵浦，将原子由低能级激发到高能级。

2）增益介质：可实现粒子数反转并为腔内激光提供增益的工作物质。目前激光焊接行业内的光纤激光器普遍采用光纤中掺入稀土镱离子（Yb^{3+}）的方式制作增益光纤。

3）谐振腔：它的作用一是筛选输出激光的波长；二是限制激光输出的方向；三是使增益介质的受激辐射连续进行；四是提高光能密度，保障受激辐射与受激吸收达到高效平衡态，有持续稳定功率的激光输出。光学谐振腔为光路提供反馈，产生干涉相长或干涉相消。干涉相消形成负反馈，光场趋于零，光场不能稳定存在。干涉相长使光的反馈形成共振，形成不为零的稳定光场分布，这种光场就是谐振腔的模式，这也是将这种受限空间称为谐振腔（Resonator）的原因。谐振腔的光学模式有确定的空间分布形式和特征频率，它们由谐振腔的结构和参数决定。

连续光纤激光器是利用光纤的特殊结构，将泵浦源、泵浦合束器、掺稀土元素光纤（工作物质），光纤光栅及输出光缆等部件构成全光纤链路的激光器。泵浦源由一个或多个大功率激光芯片耦合进一根光纤输出（见图 3-6），多个泵浦源经过泵浦合束器合束后耦合进作为增益介质的掺稀土元素光纤，泵浦波长上的光子被掺杂光纤介质吸收，形成粒子数反转，受激发射的光波经高反光纤光栅和低反光纤光栅形成谐振腔镜的反馈和振荡激光输出，典型光纤激光器光学原理如图 3-7 所示。

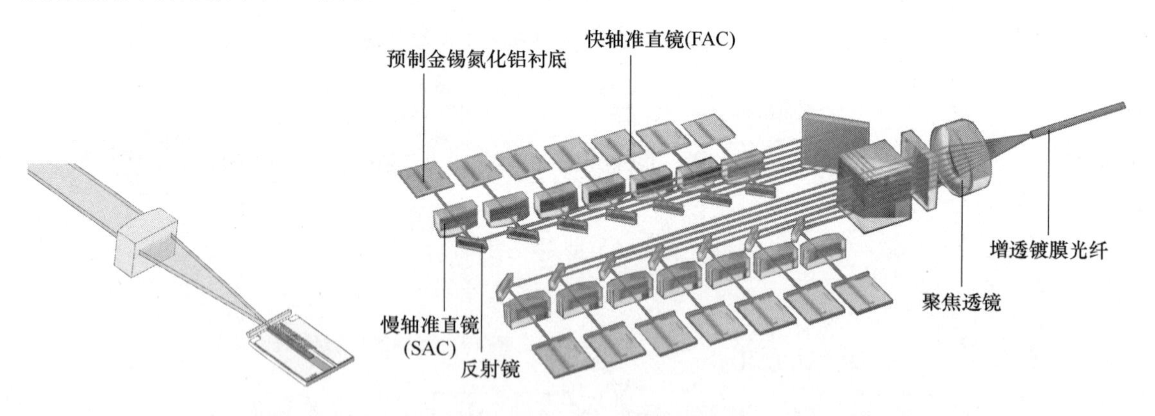

图 3-6　单颗 LD 芯片（COS）及泵浦源模块的泵浦光耦合

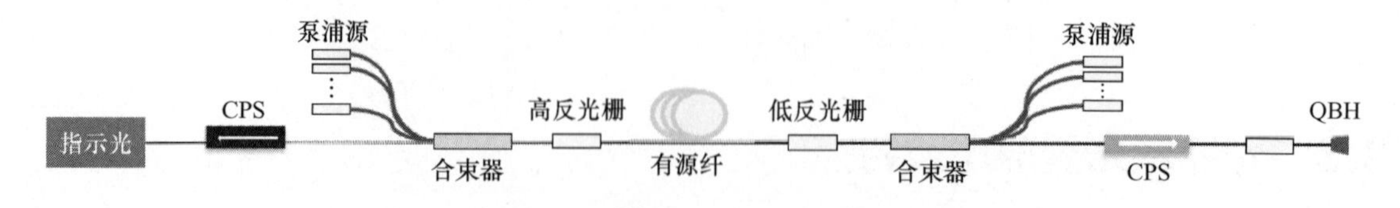

图 3-7　典型光纤激光器光学原理

1988 年，研究人员提出了包层泵浦技术，突破了传统的纤芯泵浦方法无法承受高功率的困难，为千瓦以上的光纤激光器在工业应用奠定了技术基础。图 3-8 所示为双包层光纤与三包层光纤的对比。三包层结构可使泵光在纤芯和内包层中传输，激光在纤芯中产生和传输，三包层光纤增大了泵浦光的传输面积，更容易耦合更多的泵浦功率，提升光纤纤芯的激光功率。

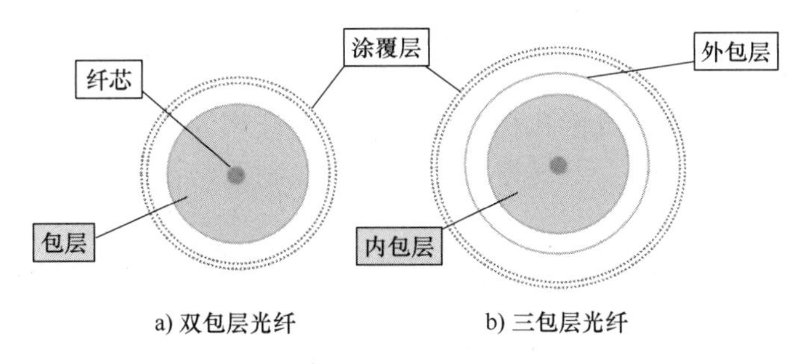

图 3-8　双包层光纤和三包层光纤对比

解决了双包层光纤的难点之后，泵浦耦合方法是提升光纤激光器系统功率的最大挑战。近年来，研究者们提出了几种实现泵浦耦合方法的泵浦合束器，包括侧向耦合、空间端面耦合和光纤拉锥耦合。虽然光纤拉锥耦合技术具有稳定性好和易于封装的优点，但对拼接的质量和散热效果敏感。此外，若一个系统中使用多个泵浦二极管作为泵浦源，则当一个泵浦二极管出现故障时，只需替换单个泵浦，从而可有效地控制效率和成本。同时，在使用泵浦合束器时也可以空出一个端口用于检测放大器的回返光。

图 3-9 所示为常见合束器的结构。合束器是使用（N+1）×1 的结构实现的，由 N 根泵浦光纤、一根信号光纤、一根输出光纤组成，信号光纤和泵浦光纤结合在一起，以信号光纤为中心周围环绕着 N 根泵浦光纤，形成一个锥形束，再连接输出光纤。合束器的信号光纤是制造全光纤放大器的信号输入端，通常使用普通的单模光纤或大模场光纤作为信号光纤，但近几年也出现了有研究者使用空气孔结构的光纤作为信号光纤的试验。

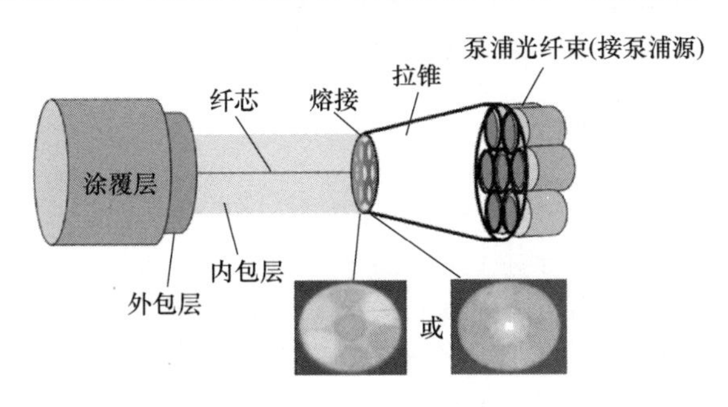

图 3-9　常见合束器结构

3.3.2　光纤激光器特点

光纤输出的光纤激光器，以掺杂光纤为增益介质及其以光纤为传输路径，全光纤结构，结构紧凑，柔性传输，易于满足各种多维、任意的空间处理应用，在实际应用中比其他激光器具有以下优势和特点。

（1）高效率　光纤激光器由于光纤结构的特殊性，光纤中的光子发生的散射损耗非常小，使整个激光体系中激光吸收和辐射损耗较小，因此在同等波长和功率条件下，光纤激光器具有比传统激光器具有更高的效率和使用寿命，同时更环保节能。

（2）高光束质量　与其他激光器相比，光纤激光器的光束质量较高。相比于固体、气体、半导体光纤耦合等激光器，光纤具有高表面积/体积比，其具有优良的散热性能，另外其具有纤芯直径大小以及数值孔径可控的特点，因此光纤激光具有较高的激光模式控制能力，所以光纤激光器易实现高光束质量的激光输出。为了实现高光束质量的光纤激光高效传输，其一般采用小纤芯、低数值孔径的传能无源光纤作为传输介质，因此，输出光斑以及发散角小，光斑能聚焦度高，这使得光纤激光器在制造、微加工、检测等领域具有广泛的应用。

（3）集成度高　光纤的柔性及可缠绕性有利于实现激光器的小型化和模块化，光纤激光器在体积上比传统的激光器要小巧很多，其小巧的体型使得光纤激光器在空间设计和装配上具有很多的优势，可以在空间狭小的场景下使用。

（4）用途广泛　光纤激光器在工业和科研、医疗都有很多的应用。根据激光器的波长范围、脉宽或功率等参数的不同，可以应用于不同领域。例如，在传统工业应用中，光纤激光器可以用于激光切割、激光焊接、加工打孔、激光熔覆、激光清洗和 3D 打印等。

（5）高稳定性　光纤激光器具有优异的稳定性，且易于维护，解决了激光光源在应用层面的窘境。光纤激光器无需固体激光晶体那样严格的模式匹配或相位匹配，其内部仅有较少或者几乎没有光学镜片，稳定性极佳；光纤激光器全封闭的光路结构能胜任恶劣的工作环境。

总的来说，光纤激光器具有优异的稳定性，结构紧凑，价格合理，且易于维护，解决了激光光源在复杂应用环境层面的窘境，已经广泛应用于工业、科研、医疗等众多领域。同时，随着技术的不断发展和成熟，光纤激光器必将开拓更多更加广泛和深入的应用领域和场景，替代更多传统的应用工具。

3.4　常用激光器核心部件和关键参数

3.4.1　光纤激光器的核心部件

1. 指示光

在光纤激光器的使用过程中，指示光主要是起到指示输出激光位置的作用。由于光纤激光器的主激光波长一般为 1080nm±10nm 波段，而肉眼可视波段为 390～760nm，因此该波段波长为非肉眼可观察波段。在光纤激光器使用过程中，为了方便操作人员更安全、更方便地使用光纤激光器，于是将肉眼可观察的指示光耦合进了光纤激光器光路中与主激光一同传输，激光与指示红光在光路中的传输路径相同，指示位置一致。

对于手持激光焊激光器，指示光一般选用输出波长为≤650nm 的半导体光源作为指示光。由光纤激光器输出端输出的激光和指示红光（见图 3-10）在空间耦合光路传输过程中，两者具有同轴、同方向传输特性，因此，该可目视的指示光作用包括：①判断主激光在空间传输

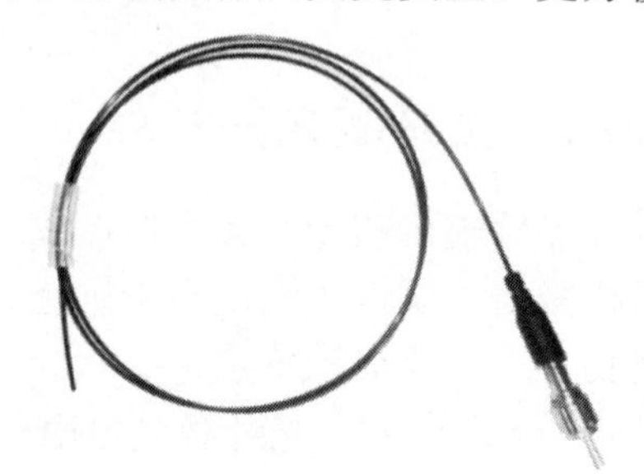

图 3-10　光纤耦合输出半导体指示红光

的方向和路径，以作为参考。②激光器内部光路的完好性。光纤激光器的指示光多采用耦合效率高、结构稳定、可靠性高的同轴（TO）封装工艺进行制作，输出光纤类型可选用单模或多模光纤。

2. 掺杂有源光纤

光纤激光器的增益介质主要采用掺杂稀土离子的掺杂有源光纤。掺杂稀土离子有钕离子、镱离子、铥离子、钬离子和铒离子等，光纤的特性会因掺杂离子的不同，输出特性也随之不同。由于不同稀土离子具有独特的能级结构，因此不同稀土离子掺杂的有源光纤具有不同的泵浦光吸收和激光发射特性。其中，稀土镱离子（Yb^{3+}）产生激光的主要优点是能级结构（见图3-11）简单、无激发态吸收、无浓度淬灭等。由于掺Yb^{3+}光纤激光器具有很宽的吸收谱和发射谱如图3-12所示，所以在选择泵浦光源时有更大的灵活性。激光输出波长的可调谐范围更宽（1～1.1μm），因而引起了人们的普遍关注。近些年，稀土Yb^{3+}离子掺杂的光纤发展迅速，并广泛应用于切割、焊接、熔覆及清洗等领域。目前，工业焊接光纤激光器光源主要采用以Yb^{3+}离子掺杂有源光纤为基础的光纤激光。

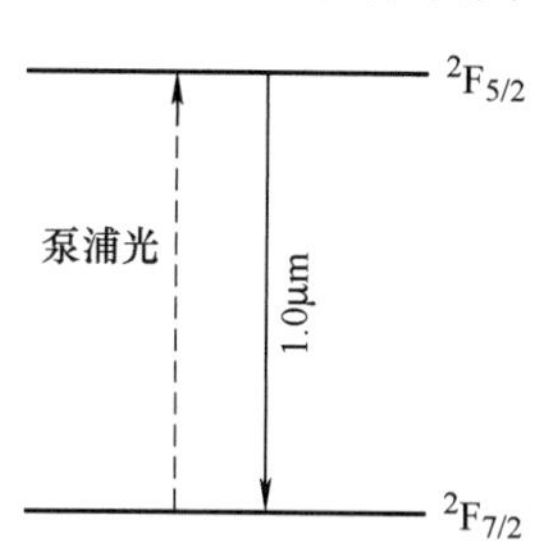

图3-11　镱离子能级图

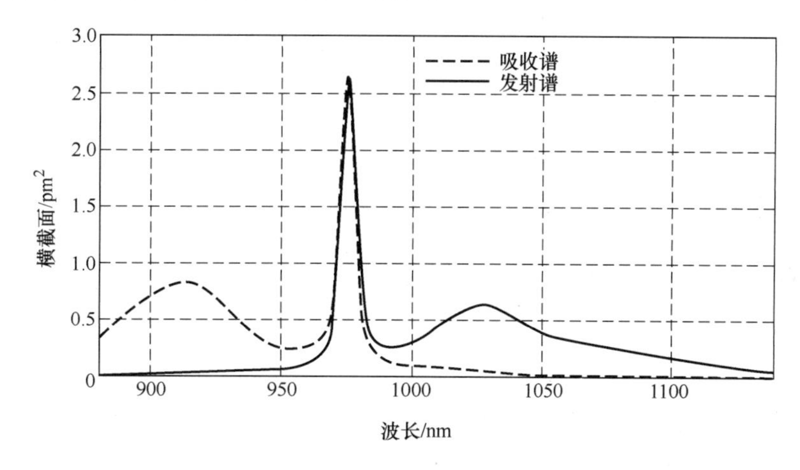

图3-12　掺镱光纤吸收、发射谱

3. 激光泵浦源

手持激光焊机主要采用掺镱光纤激光器、半导体光纤激光器作为激光光源，其半导体光纤激光器或光纤激光器的泵浦源主要采用915nm或976nm半导体激光器。此波段大功率半导体激光器已经成为稳定的泵浦源，被用于泵浦固体激光器、光纤放大器等，其所用的材料系是AlInGaAs/GaAs量子阱材料。光纤激光器常用的高功率泵浦源是通过多个半导体芯片进行空间光路整形后合束到一根光纤输出。半导体芯片激光发射如图3-13所示，泵浦源内部结构布局如图3-14所示，泵浦激光器外形如图3-15所示。

工业掺镱光纤激光器主要采用915nm波段泵浦和976nm波段泵浦两种泵浦方式，两种方式泵浦源各有特点，由于Yb^{3+}离子掺杂有源光纤在915nm泵浦吸收谱曲线平坦，因此该类激光器受外界环境的影响较小，功率稳定性更高，但是其泵浦产生长波长激光输出，激光输出波长如 1064nm、1080nm，量子亏损较大，光-光转换效率较低，约为 70%。而 976nm 泵浦吸收谱曲线较窄，其激光器受外界环境温度影响较大，虽然对泵浦的温度控制要求相对较高，但是其泵浦波长与激光输出波长差更小，量子亏损较小，光-光转换效率高，可达 80%以上。

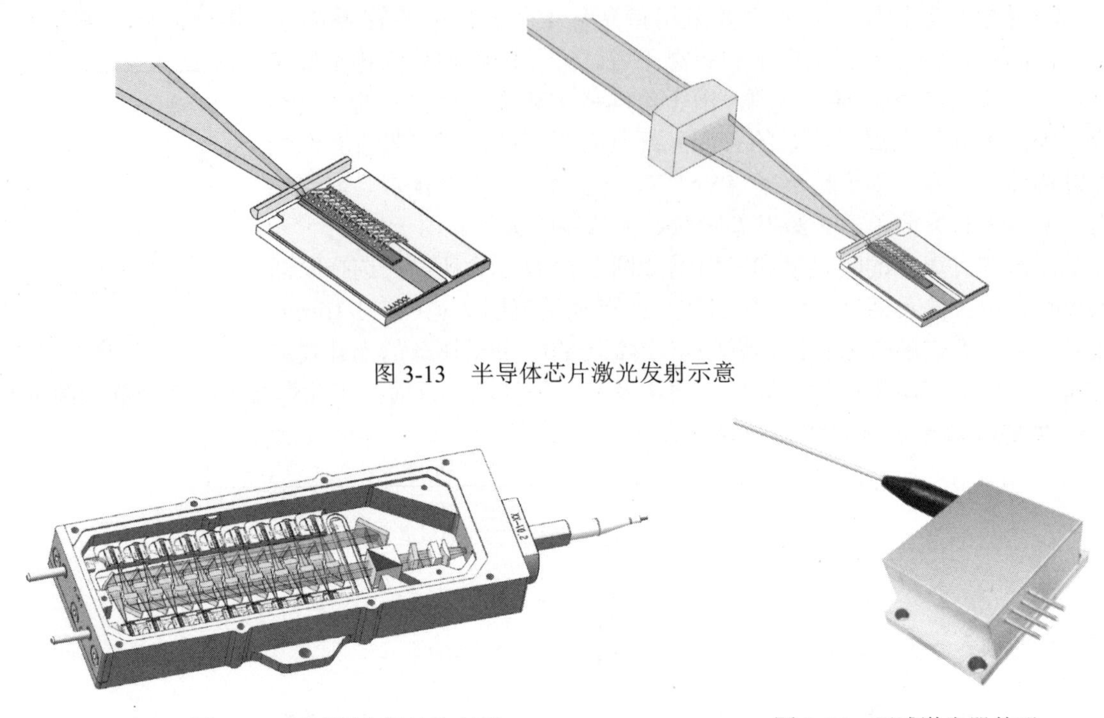

图 3-13 半导体芯片激光发射示意

图 3-14 泵浦源内部结构布局

图 3-15 泵浦激光器外形

4. 激光合束器

激光合束器的作用是将多根单独光纤输出的泵浦光或激光组束合并一起导入至一根光纤包层或纤芯中传输，激光合束器主要分为正向泵浦合束器、反向泵浦合束器、信号合束器 3 种。正向泵浦合束器为 $N\times1$ 或 $(N+1)\times1$ 合束器，其 N 表示泵浦光纤的集束数量，其作用是将泵浦光导入输出光纤的包层内传输；+1 表示信号输入光纤的数量，其作用是将信号输入光纤纤芯光导入输出光纤纤芯中传输，×1 代表输出光纤的数量；反向泵浦合束器为 $(N+1)\times1$ 合束器；信号合束器一般为 $N\times1$，其 N 表示输入光纤的集束光纤数量，×1 表示输出光纤的数量。信号合束器输入、输出光纤均通过纤芯传输激光，即光纤纤芯激光合束。3 种光纤激光合束器虽然工作方式存在不同，但是其主要工艺流程基本近似。

激光合束器主要包括 3 个部分：输入光纤、熔锥光纤束和输出光纤。在制作过程中，首先将自由输入光纤按照一定的方式进行组束，然后对组束的输入光纤束进行熔融拉锥形成熔锥光纤束，最后将熔锥光纤束在锥腰处切断，并与输出光纤熔接完成合束器的制作。目前，熔锥光纤束的制作方法主要包括扭转法和套管法两种，合束器结构原理如图 3-16 所示。扭转法是指在完成对输入光纤组束之后，通过扭转的方法使光纤与光纤之间紧贴在一起，再对光纤进行加热拉锥从而得到熔锥光纤束，对熔锥光纤束进行切割并与输出光纤熔接就得到了扭转法制作的光纤激光合束器；套管法是指在输入光纤组束的过程中，将输入光纤的全部裸纤区域和部分带涂覆层的区域一起插入内径略大于光纤束等效直径的玻璃管里，然后将玻璃管和其内的光纤束一起拉锥得到熔锥光纤束，再对熔锥光纤束进行切割并与输出光纤熔接，就得到了套管法制作的激光合束器。

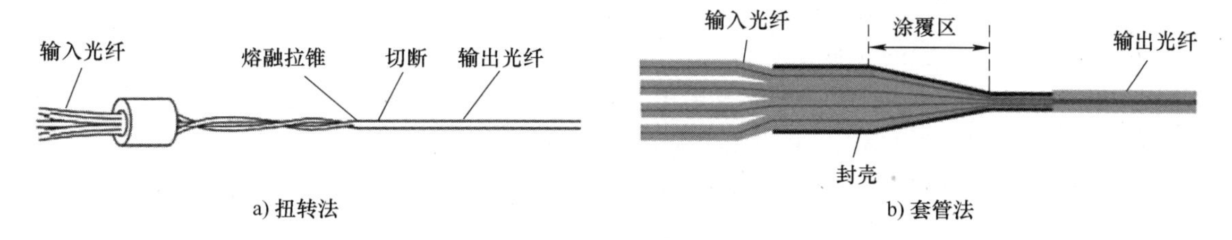

图 3-16　合束器结构原理

制作低损耗的泵浦或信号的激光合束器，设计和制作过程一般需要满足绝热拉锥原则和亮度守恒原则。

亮度守恒原则可以计算出输入光纤的入射光能是否全部被输出光纤接收。亮度比率（Brightness Ratio，BR）为合束器输出光纤的亮度与输入光纤的总亮度之比；当亮度比率 $BR \geqslant 1$ 时，即输出光的亮度大于输入光的总亮度，此时能保证合束器理论上可无损耗传输。亮度比率 BR 为

$$BR = \frac{D_{\text{out}}^2 NA_{\text{out}}^2}{nD_{\text{in}}^2 NA_{\text{in}}^2} \tag{3-1}$$

式中　D_{out}——输出光纤直径（μm）；

NA_{out}——输出光纤数值孔径（μm）；

n——输入光纤数量（条）；

D_{in}——输入光纤直径（μm）；

NA_{in}——输入光纤数值孔径（μm）。

5. 光纤光栅

光纤光栅相当于一个直接刻写在光纤内部的可精确控制反射率的反射镜或透射镜，它的出现也极大地促进了光纤通信、光纤传感和光纤激光器的发展。光纤光栅是利用光纤中的光敏特性制成的。1978 年，HILL 等首先发现掺锗光纤的紫外光敏特性，即光纤的折射率能够在某些波长的光照射下随光强而永久性改变，人们很快意识到利用这种特性在光纤中制作光纤光栅，这成为光纤光栅研究的起点。1989 年，MELTZ 等首次采用全息干涉法，在掺锗石英光纤上研制出第一支布拉格谐振波长位于通信波段的光纤光栅，从此推动了光纤光栅的大发展。伴随原理和技术的不断更新与进步，光纤光栅的种类也逐渐增多，布拉格光纤光栅、啁啾光纤光栅、相移光栅及长周期光纤光栅等相继被得到充分研究及应用探索，并已被广泛应用于工业、科研、军工及医学等方面。近些年，光纤光栅的制备技术也得到了快速的发展。

光纤光栅紫外制备技术主要分为两个步骤，具体如下。

（1）光纤增敏　目前光纤增敏方法主要有以下 3 种。

1）掺杂：现在硼/锗（B/Ge）共掺光纤已成为国际上写入紫外光纤光栅的首选光纤。B/Ge 共掺光纤的紫外光敏性是目前发现的不用载氢处理的光纤中最高的，折射率可达 10^{-3} 以上，远高于普通光纤中的 10^{-5}。B 元素增加光敏性的机理尚不能定论，但有一点是可以确定的，即在光纤中掺入 B 后，当紫外曝光时会释放应力，引起较大的调制折射率。此外，还可高掺杂 Ge，以及掺入元素钽(Ta)、铈（Ce）、锡（Sn）、铒（Er）。试验表明，B/Ge 共掺光纤和掺 Sn 光纤是未来最有希望的光敏光纤。

2）刷火：用温度高达 1700℃的氢氧焰来回灼烧要写入光栅的区域。持续 20min，可使折射率增大 10 倍以上。这种方法的优点是定位集中、可行性好。

3）载氢：普通光纤在高压（10^7 Pa）氢气中放置一段时间后，氢分子逐渐扩散到光纤的包层和纤芯中，当特定波长的紫外光（一般是 248nm 或 193nm）照射载氢光纤时，纤芯被照部分中的氢分子立即与 Ge 发生反应形成 Ge-OH 和 Ge-H 键，从而使该部分的折射率发生永久性的增加。由于载氢的光敏性是暂时的，因此必须在从高压舱取出后马上进行紫外 UV 光写入。写入的同时可通过加热来获得更高的光敏性，但加热时间不应超过数分钟，加热温度也不宜过高，以免引起氢气、氧气反应而造成外加损耗。

（2）光栅刻蚀　随着对光栅刻蚀工艺的不断探索，逐渐衍射出内部直写、全息干涉法、分波前干涉法、相位掩模法及聚焦离子束写入等，其中掩模板光栅刻蚀如图 3-17 所示，相位掩模板（Phase Mask，PM）是衍射光学元件，用以将入射光束一分为二：+1 级和−1 级衍射光束，它们的光功率相等，两束激光相干涉并形成明暗相间条纹，在相应的光强作用下纤芯折射率受到调制。相位掩模板是一个在石英衬底上刻制的相位光栅，它可以用全息曝光或电子束蚀刻结合反应离子束蚀刻技术制作。它具有抑制零级、增强一级衍射的功能。Bragg 光栅写入周期为掩模周期 PM 的一半。这种成栅方法不依赖于入射光波长，只与相位掩模的周期有关。因此，对光源的相干性要求不高，简化了光纤光栅的制造系统，其主要缺点是不同 Bragg 波长要求不同的相位掩模板，且相位掩模板的价钱较贵。用低相干光源和相位掩模板来制作光纤光栅的这种方法非常重要，并且相位掩模与扫描曝光技术相结合还可以实现光栅耦合截面的控制，进而制作特殊结构的光栅。该方法大大简化了光纤光栅的制作过程，是目前制作写入光栅常用的一种方法。

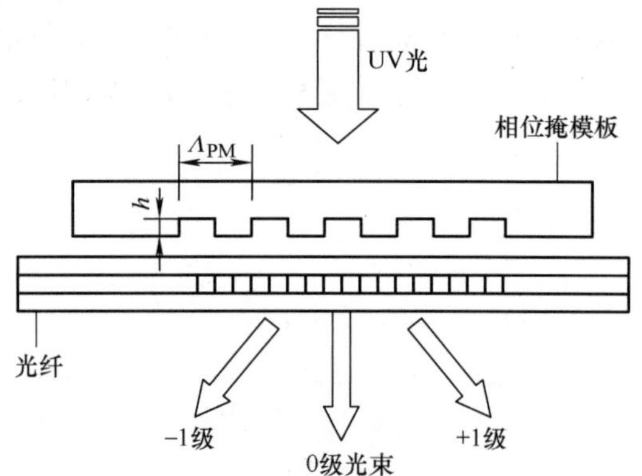

图 3-17　掩模板光栅刻蚀示意图

注：h 为光栅高度，Λ_{PM} 为光栅间距。

光敏光纤通过激光照射，光纤的折射率将随光强的空间分布发生相应变化。使其内部折射率呈周期性分布，经退火处理后可长期保存，并在 500℃以下保持稳定不变。光纤光栅是一种折射率参数周期性变化的波导，其纵向折射率的变化将引起不同光波模式之间的耦合，并且可以通过将一个光纤模式的功率部分或全部转移到另一个光纤模式中来改变入射光的频谱，其工作原理如图 3-18 所示。在一根单模光纤中，纤芯中的入射基模即可被耦合到反向传输模，光纤光栅的布拉格反射条件为

$$\lambda = 2 \times n_{\mathrm{eff}} \times \Lambda \tag{3-2}$$

式中　λ——光纤光栅反射波长（nm）；

n_{eff}——纤芯有效折射率；

Λ——光纤光栅折射率调制周期。

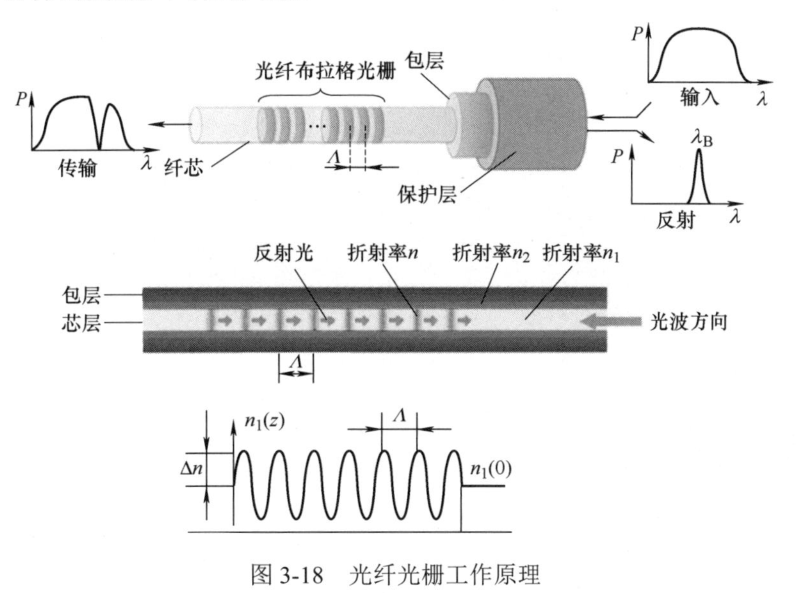

图 3-18　光纤光栅工作原理

6. 包层光剥离器

随着半导体激光器抽运技术的不断发展，光纤激光器的输出功率不断增大。由于掺杂光纤无法将抽运光完全吸收，所以其输出的激光中会含有在包层中传输的残余泵浦光和高阶激光等无用光，也称为包层光。这些包层光会恶化激光的光束质量，并对系统中的元件造成损害，因此必须将其剥离。国内外研究者提出不同的技术剥离包层功率，包括涂覆高折胶法、化学腐蚀法、激光刻蚀法等。高性能包层功率剥离器（Cladding Power Stripper，CPS）要求包层功率衰减系数大、纤芯光传输损耗低和温升系数小，能在激光高功率输出下安全稳定地工作。CPS 作为包层光滤除的关键器件，能有效剥除包层光，保证高功率全光纤激光器的稳定性与光束质量。在实际激光应用中，包层光剥离器的另一重要作用是抗返回光。加工件表面由于反射返回到光纤中的光对光纤激光器谐振腔和光纤器件都有危害，如干扰谐振腔的稳定性，烧毁光纤光栅或合束器，以及击穿指示红光芯片等，而包层光剥离器可以有效消除包层中传输的返回光，减小返回光危害。CPS 的基本原理是采用技术手段破坏传能光纤包层光的全反射条件，将包层光泄漏到光纤外部，从而实现剥离作用。涂覆高折胶法是通过高折射胶水折射率大于玻璃包层的折射率，破坏光的全反射条件，使包层光泄漏到高折射胶水中导出；化学腐蚀和激光刻蚀法都是改变玻璃包层的表面结构，导出包层光。下面主要介绍下化学腐蚀和激光刻蚀法。

（1）化学腐蚀　对于工业高功率光纤激光器，目前主要采用化学腐蚀和激光刻蚀的方法来制作高功率光纤包层光剥离器。化学腐蚀制备方式简单易操作，制备器件表面结构稳定。腐蚀原理是：光纤包层主要成分 SiO_2 与腐蚀剂反应生成微细颗粒，颗粒在光纤表面均匀地分布，阻止氢氟酸的进一步腐蚀，而颗粒间的光纤则继续被腐蚀，不同程度的侵蚀使光纤表面生成凹凸不平的表面形貌，可以通过控制生成颗粒的形状、尺寸等来控制腐蚀后光纤的表面结构。化学腐蚀光纤表面结构如图 3-19 所示。

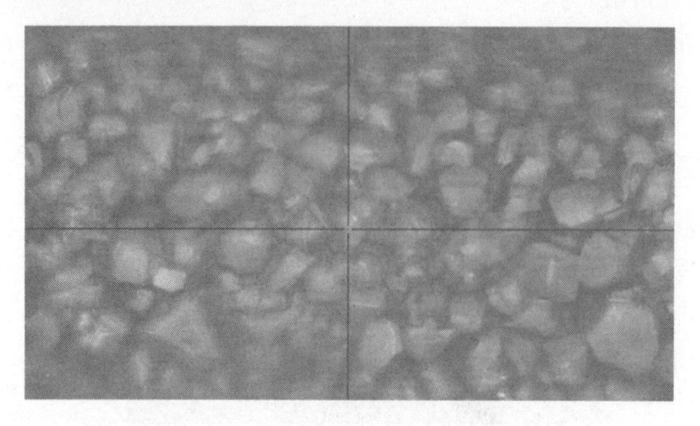

图 3-19　化学腐蚀光纤表面结构

（2）激光刻蚀　激光刻蚀光纤激光剥离器，其主要采用 CO_2 激光对光纤包层进行激光刻蚀，这种方式制作的包层光剥离器，其制作过程由于不使用腐蚀性化学物，因此更清洁、更环保。此外，这种光纤剥离器可采用专业自动化设备制作，制作速度可控，制作更高效，激光刻蚀剥离器如图 3-20 所示。激光刻蚀未来会成为更受工业加工领域青睐的一种剥离器制作方式。

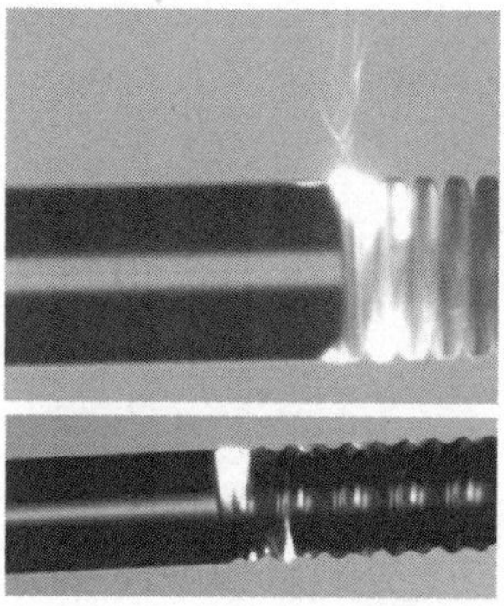

图 3-20　激光刻蚀剥离器

7. 传输光缆

为了获得具有高光束质量的光纤激光，光纤激光器一般采用纤芯直径在十几到上百微米范围的无源光纤作为传输光纤，由于其输出纤光纤直径较小，直接采用光纤输出，光纤切割端面将与空气直接接触且光纤输出端面功率密度较大，极易造成光纤端面损伤，所以，为了降低输出端面的功率密度，采用光纤输出端熔接石英端帽（见图 3-21），激光在石英端帽中传输具有一定的发散角度。因此，通过合理地设计石英端帽的长度和直径，可实现输出端面截面积增加，很大程度上可降低输出端面的功率密度。

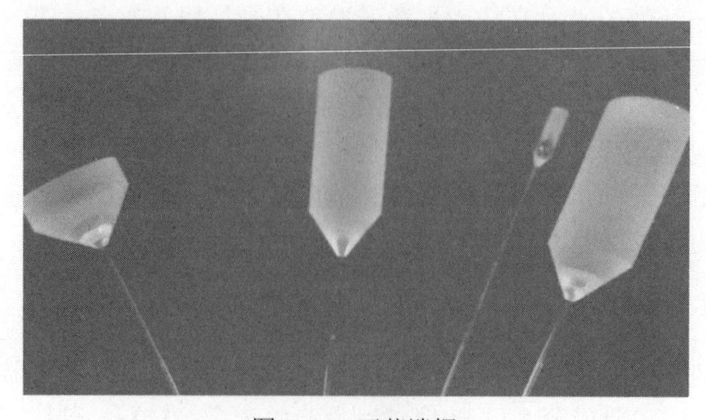

图 3-21　石英端帽

输出光缆内部作用原理如图3-22所示。随着光纤激光器输出功率的不断提高，目前常用于手持激光焊枪的有QBH（见图3-23）和QCS（见图3-24）两种接口的光纤传输光缆。

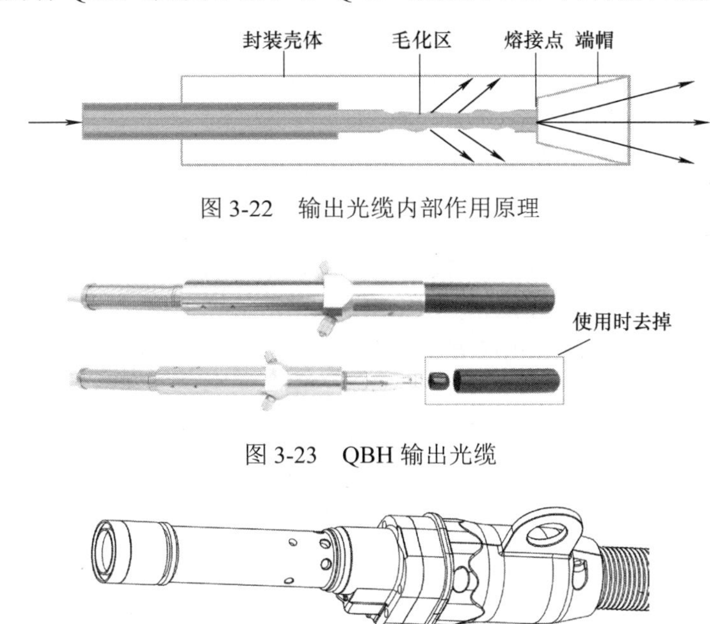

图3-22　输出光缆内部作用原理

图3-23　QBH输出光缆

图3-24　QCS输出光缆

3.4.2　光纤激光器关键参数

（1）输出功率　输出功率大小是表达激光器激光输出能量强度的指标，输出功率越高其能量越大，对加工材料的作用强度越强，可以焊接或切割更厚的材料，加工速度也越快。

（2）输出波长　不同加工材料对不同波长激光的吸收率不同，导致其加工效率和效果也不同，于是不同波长的激光应用场景也不同。此外，对于一些特殊加工应用，往往需要由多个不同波长组合的复合激光。因此，针对不同的材料加工，可根据不同波长激光对被加工材料的作用效果特性，选择合适输出波长的激光器作为加工激光光源，一般用近红外10^6～10^8nm波长的激光器作为手持激光焊机设备的激光源。

（3）光束质量　光束质量因子定义为实际激光束腰半径和光束远场发散角的乘积与理想基模光束束腰半径和基模发散角乘积的比值。光束质量会影响到激光的聚焦效果以及远场的光斑分布情况，其是用来表征激光光束质量的参数，激光光束质量因子越接近1，说明光束质量越接近理想光束，它的光束质量就越好。光束质量因子越大，说明光束衍射发散越快。

光束质量评价因子M^2为

$$M^2=\frac{w_{实际}*\theta_{实际}}{w_{理想}*\theta_{理想}} \tag{3-3}$$

式中　$w_{理想}$——理想基膜高斯光束的束腰半径（mm）；

$\theta_{理想}$——理想基膜高斯光束的远场发散角（°）；

$w_{实际}$——实际高斯光束的束腰半径（mm）；

$\theta_{实际}$——实际高斯光束的远场发散角（°）。

光束质量评价因子 *BPP* 为

$$BPP = w_{实际} * \theta_{实际} \tag{3-4}$$

或

$$BPP = \frac{M^2 * \lambda}{\pi} \tag{3-5}$$

从式（3-5）中可以看出 M^2 和 *BPP* 数值之间存在联系，同时，*BPP* 和波长 λ 大小有关。

（4）功率稳定性　功率稳定性越高，说明激光器的输出功率时域稳定性越高，在使用过程中，激光器的加工一致性效果也越好，可提高加工产品的成品率，以保证加工质量的稳定性。

激光功率稳定性常用的评价方法有均方根 *RMS* 和峰值功率稳定性。

均方根 *RMS* 功率稳定性为

$$RMS = \frac{\sqrt{\dfrac{\sum_0^n P_n^2}{n}}}{P_{avg}} \tag{3-6}$$

式中　P_n——相等时间间隔采集的第 n 个功率值；

n——一定时间范围周期内总共采集的功率值数据数量；

P_{avg}——一定时间周期范围内所采集的 n 个功率值和的平均值。

另外一种评价方式是峰峰值功率稳定性：$\dfrac{P_{max} - P_{min}}{P_{avg}}$

其中，P_{max} 为一定时间周期范围内，等时间间隔所采集的功率数值中的最大值（W）；P_{min} 为一定时间周期范围内，等时间间隔所采集的功率数值中的最小值（W）；P_{avg} 为一定时间周期范围内，等时间间隔所采集的所有功率数值的和的平均值（W）。

（5）电光效率　电光转换效率是指激光器输出的激光功率大小与激光器消耗电量的比值，电光效率越高，说明激光器工作效率越高，电能转化效率高，激光器更节能、更高效。高效率的激光器一方面可以为客户节省电能消耗，降低成本，增加附加值；另一方面也一定程度上起到了节能环保的作用；另外，还可以节约设备成本。

（6）光斑形态　目前行业内使用不同的光斑来进行焊接，有单模光斑，组合光斑，环形光斑等，实现不同的焊接需求。

3.4.3 常用激光器选型

手持激光焊机用激光器选型时，需要考虑以下几个关键因素。

1）功率：根据焊接材料的厚度、焊接速度要求以及焊接质量标准来确定所需的激光器功率。一般来说，较厚的材料需要更高功率的激光器。

2）纤芯尺寸：纤芯越小，功率密度越高，焊接熔深越大，熔宽越窄。

3）光束质量：良好的光束质量有助于提高焊接精度和稳定性。

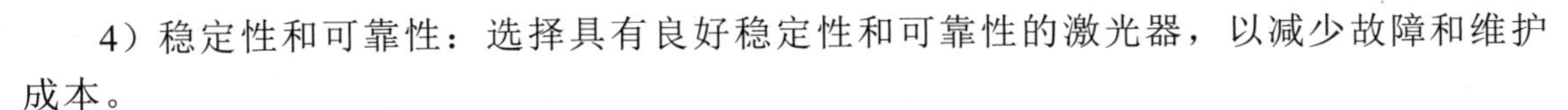

4）稳定性和可靠性：选择具有良好稳定性和可靠性的激光器，以减少故障和维护成本。

在实际激光焊接过程中，需要根据具体焊接材料、厚度、焊接方式及对焊接质量的要求等因素，综合考虑并选择合适的纤芯尺寸和激光功率，同时合理设置焊接速度等其他工艺参数，以达到理想的焊接效果。普通消费者可选择厂商提供的手持激光焊机工艺参数。

对于常见碳素钢、不锈钢、铝合金等材料，焊接厚度与激光器的功率选型关系见表3-1。

表3-1　激光器选型

材料	厚度/mm	接头形式	填丝焊激光功率/W	自熔焊激光功率/W
铝合金	1	对接焊	600	650
		角焊	700	700
	2	对接焊	1000	1000
		角焊	1100	1100
	3	对接焊	1400	1400
		角焊	1500	1500
	4	对接焊	1750	1900
		角焊	1800	2000
	5	对接焊	2000	2000
		角焊	2000	2000
	6	对接焊	2000	2000
		角焊	2000	2000
不锈钢	1	对接焊	650	450
		角焊	700	500
	2	对接焊	900	900
		角焊	1000	1000
	3	对接焊	1300	1200
		角焊	1400	1300
	4	对接焊	1700	1600
		角焊	1800	1700
	5	对接焊	2000	1900
		角焊	2000	2000
	6	对接焊	2000	2000
		角焊	2000	2000
碳素钢	1	对接焊	650	450
		角焊	700	500
	2	对接焊	900	900
		角焊	1000	1000
	3	对接焊	1300	1200
		角焊	1400	1300

（续）

材料	厚度/mm	接头形式	填丝焊激光功率/W	自熔焊激光功率/W
碳素钢	4	对接焊	1700	1600
		角焊	1800	1700
	5	对接焊	2000	1900
		角焊	2000	2000
	6	对接焊	2000	2000
		角焊	2000	2000

3.5 安全使用与维护保养

1. 激光安全等级

根据欧洲标准 EN 60825-1：2014《激光产品的辐射安全 第 1 部分 设备分类、安全和用户指南》，手持式光纤激光焊机产品属于 4 类激光仪器。该产品发出波长在 1064nm 或 1080nm 附近的激光辐射，且由输出头辐射出的激光功率＞500W（具体取决于型号）。直接或间接地暴露于这样的光强度之下会对眼睛或皮肤造成伤害。尽管该辐射不可见，光束仍会直射或散射地对视网膜或眼角膜造成不可恢复的损伤。因此，在激光器运行时必须全程佩戴合适且经过认证的激光防护眼镜。

2. 激光安全标识

激光器安全标识包括：安全警示、激光安全类别、激光输出头警示、产品认证等。安全标识详细说明见表 3-2。

表 3-2 安全标识

图片	AVOID EXPOSURE VISIBLE AND/OR INVISIBLE LASER RADIATION IS EMITTED FROM THIS APERTURE	MAX. AVERAGE OUTPUT POWER: 500W CW WAVELENGTH RANGE: 900-1200nm VISIBLE AND/OR INVISIBLE LASER RADIATION AVOID EYE OR SKIN EXPOSURE TO DIRECT OR SCATTERED RADIATION CLASS 4 LASER PRODUCT	MAX. AVERAGE OUTPUT POWER: 1mW WAVELENGTH RANGE: 600-700nm VISIBLE AND/OR INVISIBLE LASER RADIATION DO NOT STARE INTO THE BEAM OR VIEW DIRECTLY WITH OPTICAL INSTRUMENTS CLASS 2M LASER PRODUCT
说明	激光输出头警示	4 类激光产品	2M 类激光产品标识-1mW 红光
图片	CE		
说明	CE 认证	激光辐射危险	强电危险

3. 安全使用

1）激光输出镜头若有灰尘将会在出光时导致镜片烧毁，同时请勿在激光输出头保护帽未打开的情况下输出激光，否则将造成激光输出镜头或晶体烧毁。

2）必须通过电源线中的 PE 线将产品接地，且保证接地牢固可靠，手持式激光焊接产品接地断开可能会造成产品外壳带电，将可能导致操作人员人身伤害或产品、设备损坏。

3）确保交流电压供电正常，接地可靠，切勿带电尝试打开产品罩壳，否则可能造成触电伤害，且相应质保失效。

4. 其他安全注意事项

1）激光器在运行时，切勿直视激光输出头。

2）切勿在昏暗或黑暗的环境中使用光纤激光器。

3）严格遵循激光焊机设备使用手册操作激光器。

5. 保养与维护

激光器的稳定正常工作与平时的正确操作和日常维护是密不可分的，具体保养与维护如下。

1）使用激光器前要确保可靠接地。

2）激光输出头是与输出光缆相连接的，使用时必须仔细检查激光输出头，防止灰尘或其他污染，清洁激光输出头时需使用专用的镜头纸。

3）不要暴露在高湿环境下（湿度>95%）工作，冷却水温度不要低于环境结露点温度（见表3-3），风冷除外。

表3-3　环境温度和相对湿度下的恒定露点对照

环境温度/℃	最大相对湿度								
	20%	30%	40%	50%	60%	70%	80%	90%	95%
20	-3.5	2	6	9	12	14.5	16.5	18	19
25	0.5	6	10.5	14	16.5	19	21	23	24
30	4.6	10.5	15	18.5	21.5	24	26	28	29
35	8.5	15	19.5	23	26	28.5	31	33	34
40	13	20	24	27.5	31	33.5	36	38	39

注：浅灰区域为激光器工作温度范围。

4）定期更换水和清洁水箱，建议每周清洁与更换循环水一次，冷却水采用纯净水。

5）及时清理设备表面及风道的灰尘，保持设备散热通畅，建议每周至少清理一次。

6）正确使用保护气体，定期检查气路气压。

7）保持保护镜片清洁，及时、定期更换受污染的镜片。

8）激光器处于运行状态时，严禁安装激光输出头。

9）不要直接观看激光输出头，在操作激光器时要确保配戴激光防护眼镜。

10）按照激光器和设备使用手册规定的方法使用激光器。

3.6　展望

近几年，手持激光焊机每年复合增长率近100%，未来几年仍有可能保持高速增长。日益降低的价格，将强化手持激光焊机的工具属性，使其在替代传统氩弧焊方面具备更大的优势；与此同时，手持激光焊领域内的技术升级，也在不断提升手持激光焊机的性能、品质及应用面。

（1）高亮度手持激光焊机激光器　高亮度即高功率密度，增加功率密度的两种方式分别为，增加功率和减小光斑尺寸。手持激光焊机激光器功率预计会到 3～6kW，当然，这对系统组件要求会进一步提高，包括镜片承受最大功率、水冷设计和接头重量，减小光斑尺寸主要是减小激光器纤芯，预计纤芯尺寸 10～20μm，再配可摆动焊接高反材料。

（2）风冷手持焊激光器　早期手持激光焊机均采用水冷方式进行散热，这种方式结构简单且易于维护，为手持激光焊从“0”到“1”的市场开拓立下了汗马功劳，但在使用过程中，市场逐渐发现水冷式手持激光焊机在便携性及功能延展性方面存在不足，同时冬季防冻、夏季防结露的特性也为设备维护增加了难度。

随着市场需求变得更加精细，部分厂家开始考虑以风冷作为手持激光焊机的散热方式。与水冷相比，采用风冷的手持激光焊机无需额外的水冷设备，在降低成本的同时也极大地降低了设备的体积和重量，此外还为后期增加清洗、切割等功能提供了便利。有业内人士认为，风冷手持激光焊机是以更大的性价比优势、更灵活的应用场景（体积小、便携、功能延展），成为进一步取代氩弧焊市场的关键。

第4章

手持激光焊机冷却系统

4.1 概述

冷却系统是使某一空间或某物体达到低于其周围环境的温度，并维持这个低温的系统。它的作用是使被冷却对象始终工作在恰当的温度。

按照冷却介质不同可以分为风冷系统和液冷（通常是水冷）系统。以空气作为冷却媒介，利用散热片和风扇（风机）来加强通风，实现冷却效果的是风冷系统；而以水作为冷却媒介，利用水的蒸发、对流或循环等来吸收热量，从而实现降温的是水冷系统。

风冷系统经久耐用，但冷却能力有限，通常用于 2000W 以内较低功率手持激光焊机。水冷系统冷却效果更好，但因成本高且需要经常维护，通常用于较大功率设备，如 3000W 的手持激光焊机。

4.2 风冷系统组成及工作原理

风冷系统在实施中，常见有 3 种方式：强制对流冷却方式、热管冷却方式、压缩机冷却方式。

1. 强制对流冷却方式

采用强制对流方式实现的冷却系统，主要由风扇、散热片、热沉组成，如图 4-1 所示。

其工作过程：通过热导性好的热沉（如铜、氮化铝等）把设备（激光器）内部的热量导出，并转移到散热片（如翅片、鳍片等）上，加热散热片周围的空气，再利用风扇强制加速热空气的对流，以和周围环境形成快速热交换，散发热量，实现对激光器的冷却。

该实现方式结构简单，故障率低，但易受环境影响，冷却能力有限，也无法准确控制温度。热功耗较少的设备，如 500～1500W 规格的手持激光焊机偏向使用该方式，能免于冷却系统的维护，有效降低成本。

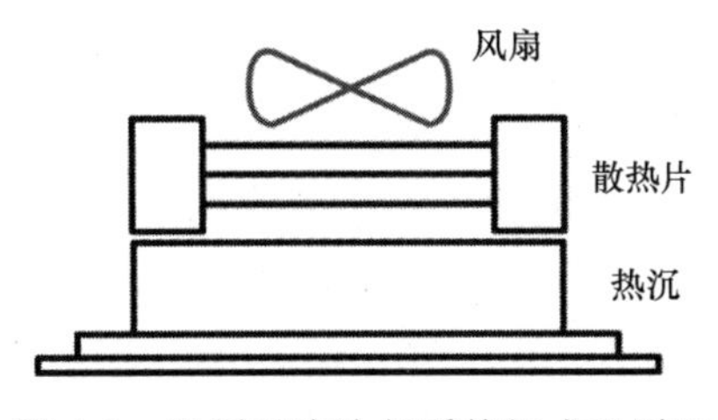

图 4-1　强制对流冷却系统组成及原理

2. 热管冷却方式

采用热管冷却方式实现的冷却系统，主要由风扇、散热片、热管、热沉组成，如图 4-2 所示。

其工作过程：热导性好的热沉导出激光器内部的热量，并把热量传递给热管蒸发端内部的工作液体，工作液体迅速相变为蒸汽，蒸汽在压力差作用下流向热管的冷凝端并将热量传递给散热片，散热片升温并加热周围的空气，热空气再被风扇加速吹散，从而实现对激光器的快速冷却。与此同时，热管内部相变的蒸汽在将热量传递给散热片后，就迅速降温凝结成液体，并通过重力作用流回蒸发端，开启下一冷却循环。

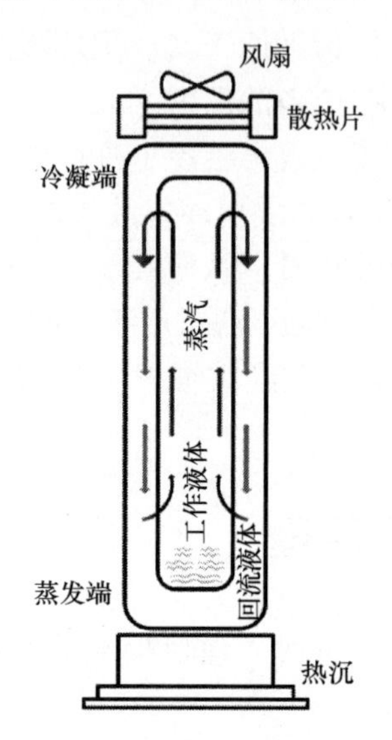

图 4-2　热管散热器风冷系统组成及原理示意

相比于强制对流冷却方式，热管冷却方式的热交换效率更高，因此其能冷却的手持激光焊机的功率上限也更高，如 1500～2000W 的手持激光焊机的冷却系统常采用这种方式。该冷却方式成本略高，且可能发生漏液，有一定的维护需求。

3. 压缩机冷却方式

采用压缩机冷却方式实现的冷却系统，主要由压缩机、膨胀阀、冷凝器、热沉（蒸发器）及风扇等组成，如图 4-3 所示。

该冷却方式等同于把激光器安装到了冰箱里。具体工作过程：压缩机压缩冷媒，使其变成高温高压的气体，这些气体流向冷凝器，在冷凝器里散热冷凝成低温高压的液体，之后，低温高压的液体通过膨胀阀降压后变成低温低压易蒸发状态，并流向热沉（蒸发器），热沉中来自激光器内部的热量，被低温低压液体冷媒吸收，使激光器内部温度降低，达到冷却目的。低温低压液体吸热后蒸发成高温低压的气体，将再次被压缩机压缩，进入下个冷却循环。

冷媒液化过程产生的热量，同样传导给空气，并随风扇排出。

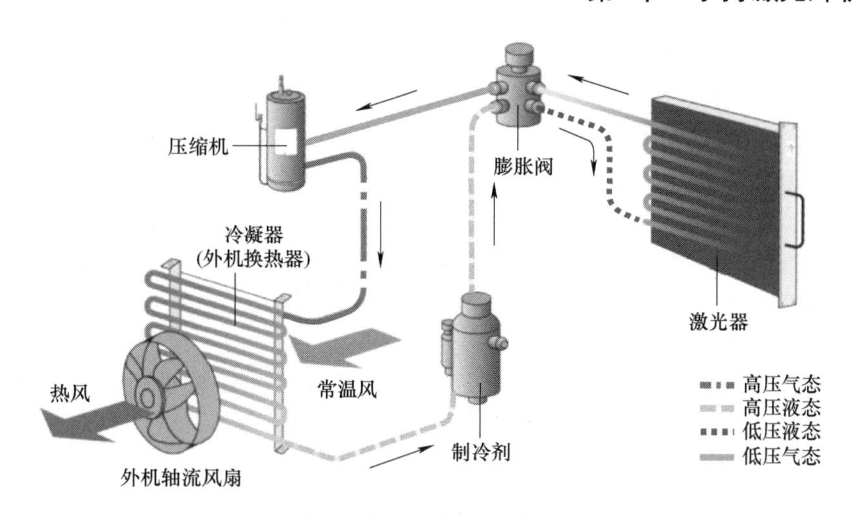

图 4-3 压缩机冷却方式的冷却系统组成及原理

压缩机冷却方式的冷却效率、温度控制精度、环境适应性都比较高，能满足相对较高功率规格，如 2000～3000W 手持激光焊机的散热要求。

但是区别于其他两种冷却方式，压缩机冷却方式属于主动冷却方式，虽可达到更低温度，却需要额外消耗能源才能实现。因此，采用压缩机冷却方式的手持激光焊机功耗高，使用成本高，且内部的冷媒存在泄漏风险，相对“娇气”，也需要一定的维护成本。

4. 小结

风冷手持激光焊机中的风冷系统与激光器部分往往集成紧密，更小型化和轻量化，满足了用户对手持激光焊机的最突出需求之一。

需要注意的是，3 种风冷系统的实现方式，最终都依赖于“散热片+风扇”的组合向周围环境排热。因此无论何种冷却方式的风冷手持激光焊机，都对工作环境提出一定要求，只有当环境温度适宜且空间开阔时，风冷系统才能发挥它的最大性能。

4.3 水冷系统组成及工作原理

水具有比空气更高的比热，储冷能力优越。当作为冷却媒介时，能使冷却系统的冷却效率更高，更节能，冷却上限也更高。

水冷系统按散热方式可以分为蒸发式（水冷却）和对流式（水冷却）。现有的激光焊机一般采用对流式，而对流式，又可分为自然对流式和强制循环式。

1. 自然对流式

采用自然对流式实现的水冷系统，主要由水箱、散热器、热沉组成，如图 4-4 所示。

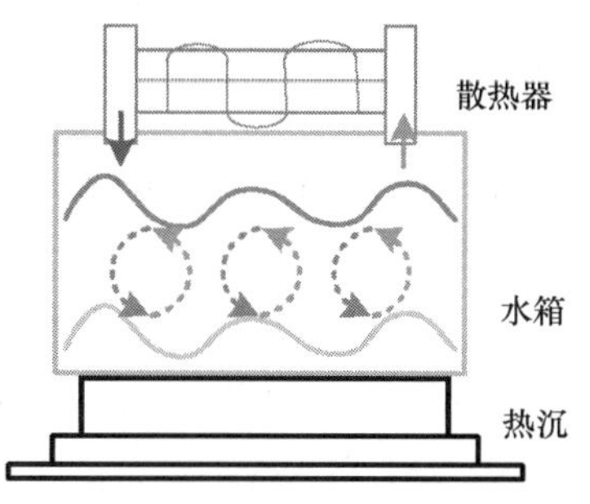

图 4-4 自然对流式水冷却系统的基本组成及原理

其工作原理是利用水的热传导和自然对流。主要工作过程：热沉将激光器内部的热量导出，并传递给水箱内部的水，吸热的这部分水升温后因和其他位置的水产生温差而发生自然对流，水箱内部的水温逐渐上升，变热后的水进入到散热器（一般为金属片或管道）内部，并把热量传给散热器。散热器则通过较大的散热表面积与外界环境进行热交换，实现冷却目的。与此同时，经过散热器的水冷却后回到水箱，开启下一循环。

自然对流式等同于把激光器的发热单元直接浸入水中，利用水的大比热容和高效热传导特性，维持温度或减缓温升速度。它的优点是成本低廉，既不需要复杂的微型管路设计，也不需要消耗多余的能量。缺点是无法控制冷却温度，环境适应性差，且在激光器的热功耗比较大的情况下，“续航”能力有限。

在实际应用中，仅适用1000W及以下手持激光焊机，且不需要长时间工作的情景。

2. 强制循环式

采用强制循环式实现的水冷系统，主要由冷水机、水冷板、热沉组成，如图4-5所示。

其工作原理是利用水泵迫使水在发热单元（激光器）和温控单元（冷水机）之间循环，实现对发热单元（激光器）的温度控制。其工作过程：热沉把激光器内部的热量导出到水冷板中，水冷板再把热传递给在其内部结构中持续循环的水中，吸热后的水回到冷水机水箱中，再经冷水机制冷后，注入水冷板中。

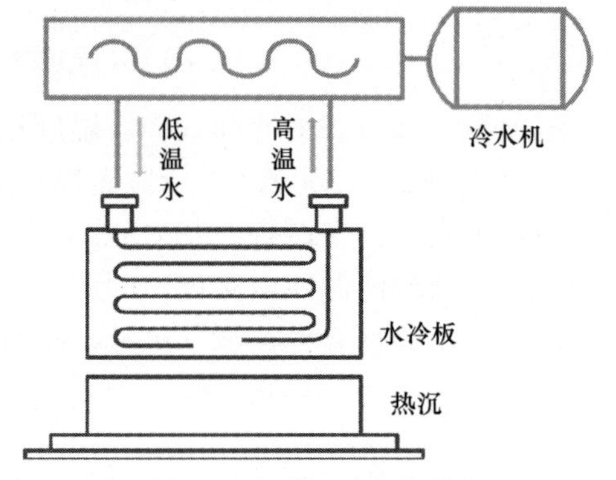

图4-5　强制循环式水冷却系统的基本组成及原理

强制循环式水冷系统，通过外接冷水机，提高了温控精度、换热效率以及环境适应能力，适用于几乎所有的大功率激光焊机。但是冷水机的存在，造成了激光焊机整体系统的臃肿，在便携性方面有很大的不足，制约了手持激光焊机的应用场景。同时，该冷却方式需要日常频繁维护以确保不发生漏液、堵塞、结冻及冷却水污染等情况，成本较高。

3. 小结

自然对流式和强制循环式水冷却系统，都充分利用了水优越的储冷性能和高效热传导特性，冷却效率普遍优于风冷系统。

但是散热器或冷水机本身同样需要向周围环境排热，因此，水冷系统的冷却能力并不是没有上限。在实际的使用中，同样需要保证冷水机的工作环境温度适宜和空间开阔。

4.4　主要技术参数及选型

手持激光焊机冷却系统的作用是保证激光器始终工作在适当的温度范围内。不同规格的激光焊机，冷却系统的设计或选型也存在差别，评价其设计和选型的依据就是冷却系统的技术参数。

1. 风冷系统的技术参数

（1）制冷量　指单位时间内系统所能移除的热量，单位是瓦（W）或千瓦（kW）。

（2）功率　指系统总电功率（含风扇功率），单位是瓦（W）或千瓦（kW）。

（3）能效比（Energy Efficiency Ratio，EER）　指系统在运行时的制冷量与系统能耗之比。即，*EER*=制冷量/系统总功率。*EER* 值越高，表示冷却系统的能效越好。

（4）性能参数（Coefficient of Performance，COP）　表示压缩机单位能耗下的制冷量，其表达式为：*COP*=制冷量/压缩机功率。

（5）噪声　指系统在工作时所产生的声音，单位是分贝（dB）。参考家用空调标准、国家标准规定，室内机的噪声不得超过 45dB，睡眠模式不得超过 40dB，室外机噪声低于 50dB。

2. 水冷系统的技术参数

强制循环式水冷系统可以简化看成把压缩机冷却风冷系统的蒸发器（热沉）浸入到水箱中的情形。因此很多技术参数是互通的，如制冷量、功率、性能参数等。同时，水冷系统还增加了和水循环相关的参数。

（1）制冷量　同风冷系统。

（2）功率　指系统总电功率（含风扇、水泵功率），单位是瓦（W）或千瓦（kW）。

（3）水流量　指冷水机所能提供的最大水流量，单位是立方米每小时（m^3/h）或升每分钟（L/min）。对于同一个系统，水流量越大，冷却效果越好。

（4）扬程　指冷水机水泵可提供的最大压力，单位米（m）。在负载水阻不变的前提下，扬程越大，冷却系统能达到的流量就越大。它和水流量高度相关，反映了冷却系统的冷却能力。

（5）性能参数（Coefficient of Performance，COP）　同风冷系统。

（6）水箱容量　指存储冷却水的水箱大小，单位立方米（m^3）。水箱容量过大或过小都会导致设备启动缓慢、运行效率低下、能耗增加等问题。

（7）温度控制精度　指冷水机能实现的温度控制范围。要求冷水机能预知激光器的温度变化规律，并自适应负载的变化，一般精度要求为±2℃，甚至可达到±0.1℃。高的温度控精度可以保持激光器在最佳温度范围内工作，确保激光器性能稳定。

（8）水质要求和水过滤以及水循环系统材质　指管路材质及是否存在过滤器。冷水机内部冷媒管采用铜管，蒸发器直接置于冷却水中，当水质不合格时，易产生大量的铜锈或滋生细菌，产生沉淀等，影响制冷效果。

3. 冷却系统的选型

冷却系统的选择，以“制冷充足、因需制宜”为基本原则。

（1）风冷系统和水冷系统的选择　手持激光焊机功率在 3000W 以内，经常需要移动运输、非固定地点作业的，选择风冷系统；手持激光焊机任意功率水平，不需要经常移动的，或设备长期处于较恶劣环境的，则选择水冷系统。

（2）制冷量选择　根据手持激光焊机的电光转化效率（激光最高平均功率/激光器最大电功耗），确定激光器的总产热量，比如一台 2000W 的手持激光焊机，激光器部分的总功率为 5000W（即转化效率为 40%），则激光器部分的总产热为 5000−2000=3000W。在选型时，就需要选择制冷量大于 3000W 的冷却系统，实际应用中，会在此基础上乘以 1.3 的保险系数，即需要制冷量不低于 3900W。

（3）水流量和扬程　一般为选择冷水机的水泵规格。受限于手持激光焊机或激光器内部结构设计，需要以说明书要求为准。

（4）温度控制精度选择　如果手持激光焊机对温度波动敏感，如采用976nm泵浦的光纤激光焊机，则选择精度较高（≤±0.5℃）的冷却系统；如果手持激光焊机对冷却温度波动不十分敏感，如采用915nm泵浦的光纤激光焊机，则选择精度较低（≤±2℃）的冷却系统。

4.5　系统温度控制

对于压缩机冷却式风冷系统及强制循环式水冷系统，温度控制是通过温度传感器，测量冷却系统内部的温度，当温度超出设定的目标值时，控制电路会启动压缩机、调速风扇等设备，以调节系统的温度，直至达到设定目标值。

（1）压缩机和调速风扇转速控制关系　在制冷系统中压缩机和调速风扇是相互协调配合运行的。当调速风扇的转速增加时，系统能够更快达到设定的温度，压缩机的工作时间更短；相反，当调速风扇减速时，系统需要更长的时间来降温，压缩机的工作时间会相应地增加。

（2）PID算法　压缩机和调速风扇的相互影响，通过PID算法和传感器自动调节。

PID全称为比例-积分-微分控制算法。它通过从受控变量（如温度、压力等）与设定值之间的误差中计算出控制量，以调节系统状态并使其稳定在设定值附近。

以温度控制为例，PID算法可以通过测量激光器温度与设定值之间的误差，计算出制冷系统所需的制冷功率，进而在控制电路中驱动压缩机、调速风扇等设备，使温度快速趋近于设定值。

4.6　设备使用环境要求

无论是风冷系统还是水冷系统，最终都是将热排放到环境中，因此工作环境的可靠，能有效减少故障，延长设备使用寿命。

（1）环境温度　通常为-5～40℃。

（2）环境湿度　相对湿度控制在30%～90%RH。

（3）通风要求　通风良好，空气流通。

（4）环境洁净　工作环境应保持干净，防止灰尘和杂物进入设备内部。请务必及时进行清洁与维护。

第5章

手持激光焊机控制系统

5.1 概述

控制系统是手持激光焊机的主要组成部分，负责组织协调各功能部件的工作。本章节重点介绍手持激光焊机的控制技术。第一部分介绍控制系统的基本组成和工作原理；第二部分介绍控制系统的硬件设计；第三部分介绍控制系统的软件设计。

5.2 控制系统的组成及工作原理

5.2.1 控制系统的基本组成

手持激光焊机控制系统由硬件和软件两大部分组成。

控制系统硬件由控制板卡和控制面板组成。控制板卡主要包括光电隔离电路、振镜控制转换驱动电路、数字信号转换电路、通信接口电路、模拟信号产生电路等，分别实现对激光焊接头、振镜、通用输入输出接口、送丝机、激光器等硬件连接，进而通过软件控制系统实现对各个部分的控制，控制面板（人机交互模块）与控制板卡之间通过通信接口电路实现数据交互。手持激光焊机控制系统硬件整体架构如图 5-1 所示。

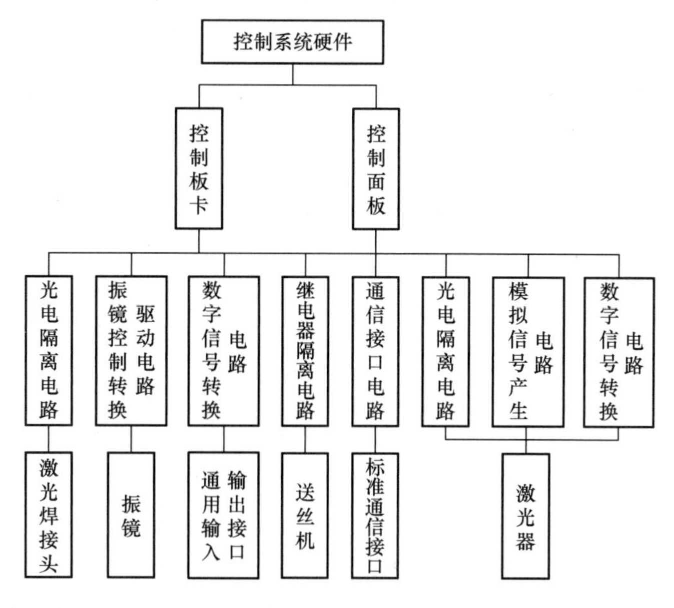

图 5-1 控制系统硬件整体架构

手持激光焊机的控制系统软件主要由人机交互模块、主控调度模块、参数处理模块、通信模块组成，其功能模块架构如图 5-2 所示。

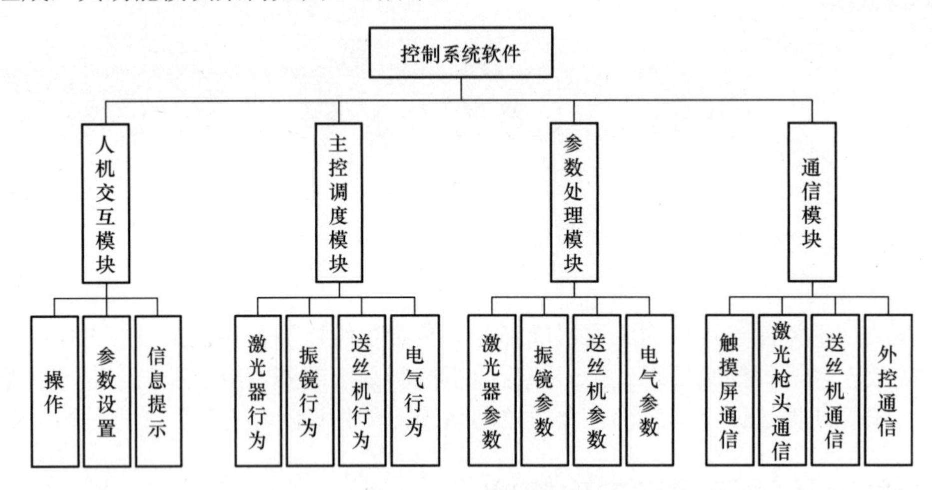

图 5-2 控制系统软件功能模块架构

软件是核心算法。所谓算法，就是解决一系列问题的清晰指令，代表着用系统的方法描述解决问题的策略、机制。其中，人机交互模块完成激光参数、焊接参数、设备参数的设置及报警等信息提示的工作；主控调度模块主要负责实现焊接的行为控制和时序调度；参数处理模块负责将人机交互模块所下发的参数进行识别与处理；通信模块在手持激光焊接系统中起到数据传输与控制、功能扩展与兼容的作用，其通信接口具备实时性、稳定性，保证在恶劣环境下依然能够稳定控制。

手持激光焊接系统硬件和软件之间是通过中控系统进行连通的，中控系统与外设接口如图 5-3 所示。

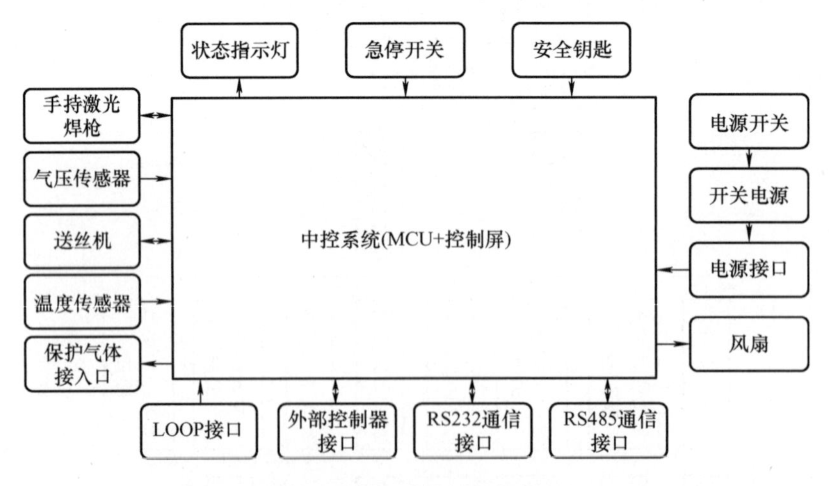

图 5-3 中控系统与外设接口

中控系统通过相应的外设接口控制手持激光焊枪、激光器、送丝机、冷却系统和保护气体输送装置协同工作，包括激光器的输出激光和出光功率、手持激光焊枪振镜电动机的摆幅和频率等。

主要的外设接口如下。

（1）电源接口　200～240V AC 交流电源接口。AC 电源输入后通过手持激光焊机内部的开关电源转换输出各种电源电压，满足手持激光焊机各用电单元供电需要。

（2）控制屏接口　通过控制屏接口与中控系统通信，控制屏完成对整个控制系统的状态监控与参数设置，实现人机交互。

（3）保护气体接入口　包括保护气体气阀开关信号输出接口、状态指示信号输出接口。

（4）通用输入/输出信号接口　包括急停开关输入接口、LOOP（安全回路）接口、安全钥匙输入接口、指示灯输出接口。

（5）外部控制器接口　包括外部互锁信号、急停信号、出光控制信号及报警输出信号等，用于第三方控制本机工作的信号。

（6）送丝机接口　通过 RS232 通信信号、送丝控制信号与送丝机连接，驱动并控制着送丝机送丝、回抽等动作。

（7）激光器接口　包括激光调制信号（PWM）输出接口、模拟量信号输出接口、激光使能信号输出接口、激光器报警信号输入接口、激光器通信接口。

（8）手持激光焊枪信号接口　通过本接口将±15V 电源、485 通信信号、出光控制信号与激光焊枪连接，控制激光焊枪出光并驱动振镜电动机按照用户设置的摆幅和频率偏转，实现扫描宽度实时调节。

（9）RS232 通信接口　用于手持激光焊机升级程序、导出日志等本机维护功能。

5.2.2　控制原理

1. 激光器控制

目前，手持激光焊机所用激光器绝大多数为光纤激光器，国内主流激光器品牌遵循相关标准，提供 DB25 控制接口，控制激光焊接功率、开光功率、关光功率、开光延时、关光延时、激光开关光时间及调制信号等。连续激光焊接模式对激光器的控制较为简单，脉冲焊接模式较为复杂。具体控制参数如图 5-4、图 5-5 所示。

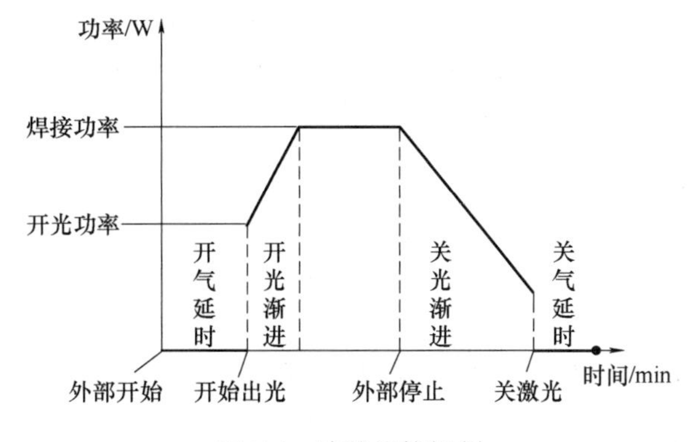

图 5-4　连续焊接控制

为了增加熔深或防止焊穿工件，在连续模式下增加了+D 模式和−D 模式，具体控制参数如图 5-6 所示。

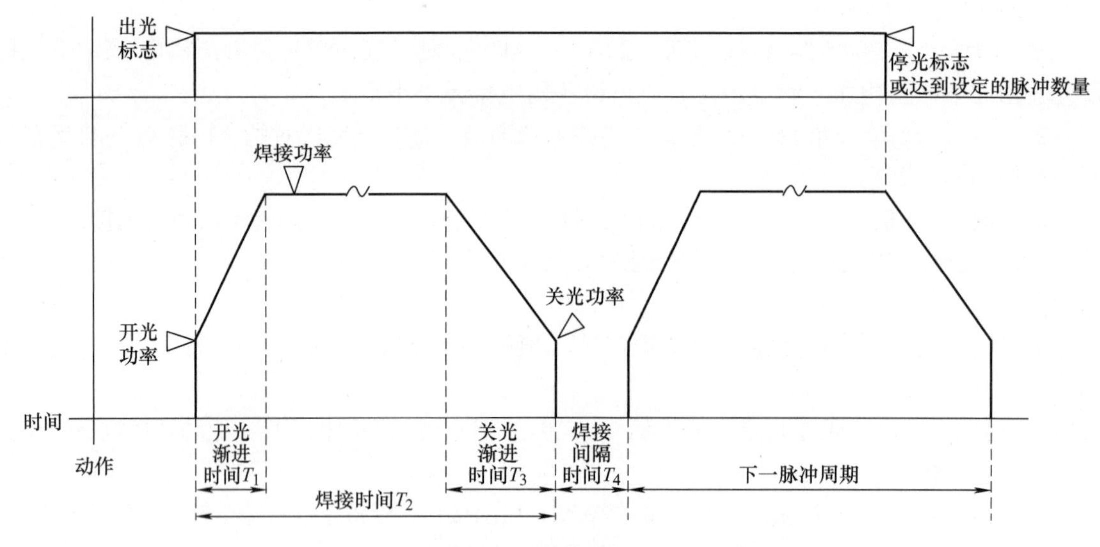

图 5-5　脉冲焊接模式

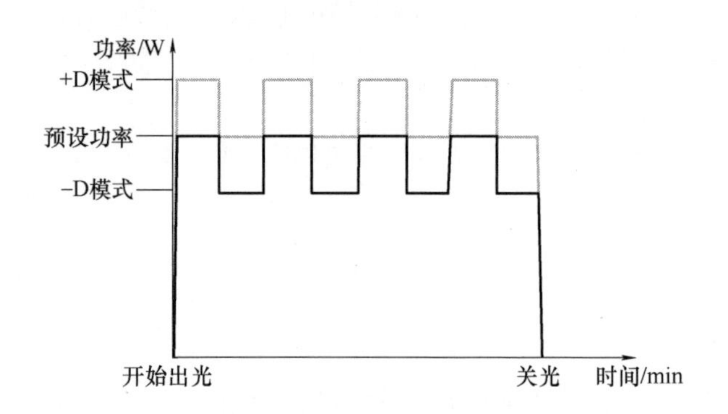

图 5-6　连续焊接控制（开启+D/−D 模式）

激光焊机出光控制时序如图 5-7 所示，将安全夹直接或间接夹住工件，当焊枪完全接触工件，安全地锁信号接通，此时，扣动出光按钮，根据上位机设置的出光延时时间、开气延时时间分别进行激光开光和保护气开启，当松开扳机，根据上位机设置的关光延时时间和关气延时时间进行激光关光和保护气关闭。图 5-7 中给出了开/关光延时、开/关光功率、开气/关气延时逻辑。

2. 手持焊枪控制

手持激光焊机焊枪内部，激光依次通过准直镜（Collimating Lens）、振镜（Galvanometer）、聚焦镜（Focus Lens）、保护镜（Protective Lens），除振镜外，所有镜片均为固定位置，振镜由反射镜和电动机组成，电动机带动反射镜往复摆动，将光斑整形成长度和扫描频率可调的线扫激光，摆动激光束使焊缝成形更均匀、质量更好。

控制激光摆动的主要参数有扫描线宽、扫描速度、扫描中心偏移。振镜又分为模拟振镜和数字振镜，模拟振镜一般接收±5V 的模拟信号，数字振镜的控制信号为 XY2-100 振镜控制协议。两种振镜信号形式分别如图 5-8 所示。

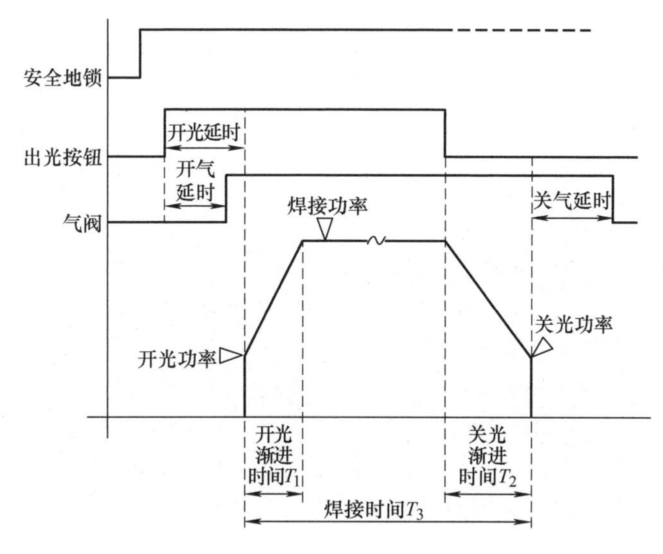

图 5-7　手持激光焊机出光控制时序

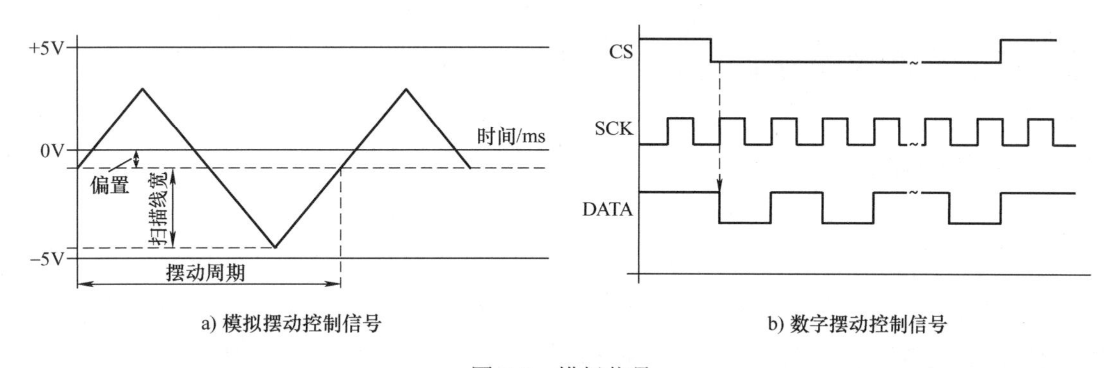

图 5-8　模拟信号

3. 送丝机控制

目前送丝机大都自身带有控制系统，仅留有一组开关量和 RS232 接口，连接到手持激光焊机的控制系统。该部分的控制参数有：送丝延迟时间、送丝补偿时间、送丝速度、回抽长度等。该处的时间都是以开/关激光的时刻作为基准时间进行延迟或补偿。也有带通信控制的送丝机，根据不同的焊接工艺调用，中控系统会下发对应的送丝参数到送丝机，可降低手持激光焊的使用门槛。

4. 其他外设控制

中控系统需预留多路输入、输出接口，提高系统的集成性、通用性，外设可包括设备的各种指示灯、按钮、控制出光的开关量及控制出光功率大小的模拟电压输入等，方便用户对设备状态的实时观察。

5. 报警控制

手持激光焊机中最常出现的报警有安全回路检测报警、激光器报警、保护气报警、急停报警等，控制系统需设计报警输入接口，通常报警为常开/常闭的开关量信号，这需要根据实际报警信号进行判断。因此，为了增加控制系统的通用性，控制屏界面可任意进行常开/常闭信号的选择，如图 5-9 所示。一旦出现报警信息，人机交互界面给出报警提示。

图 5-9　报警设置界面

5.3　控制系统硬件设计

5.3.1　主要模块设计

1. 供电模块

目前主流的连续光纤激光器的控制逻辑电平大都在 24V，一般使用 24V 开关电源作为控制系统硬件的供电电源。控制系统常用硬件芯片需要的供电电平大都是 5V 和 3.3V。

因此，控制系统的供电模块方案一般以直流 24V 的外部供电，经过 DC-DC 将 24V 转为 5V 电压，再通过 LDO 将 5V 电压稳定在 3.3V。另外，还需要考虑到整套系统所消耗的功率，来选择合适的电源，通常电源裕量要留出 30%。

2. 中控系统模块

中控系统模块是控制系统的心脏和控制中枢，一般以工业单片机为核心部件。该模块最主要的任务有：激光器的逻辑控制和模拟量输入控制信号；振镜的控制分为数字量信号输出或模拟三角波信号的输出；通信信号的输出，常用的 RS485、RS232、TTL、CAN；其他一些电气元件的控制主要就是逻辑控制信号的输出。因此，需要根据逻辑信号数量、通信接口类型、数据处理的速率等因素，选择一款主频适中、接口完善的单片机。

3. 控制实现模块

中控系统模块的每一个控制任务都要通过合适的接口芯片或组合电路与控制对象对接。像通信协议接口电路、数字信号转换电路、继电器隔离电路等，都是作为控制实现模块存在的。根据控制对象接口的差异，控制实现的方式也是多种多样的，诸如电平转换、干接点输出、OC 输出及光耦输出等都是常见的接口电路形式，当然，高度集成化的专用接口芯片也是一种简便可靠的实现方式。

4. 通信模块

通信即双方或多方遵循一定的规定传递信息的行为。这里的通信模块指的是工业控制领域常用的通信接口的模块。根据不同的上位机的选择，可以使用串口、CAN 接口、Ethernet 接口等进行通信，而串口又分为 RS232、RS422、RS485 等硬件层通信协议，可根据不同的使用场景选择不同的接口以及协议。另外，除了控制屏的通信，设备内外也可能会有其他一些模组有通信的需求，额外预留较为常用的通信接口是必要的。

5. 人机交互模块界面

人机交互包括人控制机器的输入端和机器反馈自身状态的输出端。人机交互可以使用工控机或工业控制触控屏，手持激光焊机需要调节的工艺参数较多，工业控制触控屏具有体积小、通信接口丰富、易于开发和集成的特点，可以满足绝大多数的使用场景。

5.3.2　主要接口硬件设计

1. 激光器控制接口

手持激光焊机大都使用连续光纤激光器，以某品牌连续激光器为例，其外部控制接口硬件形式为 DB25 接口，控制接口引脚定义及功能描述见表 5-1。

表 5-1　控制接口引脚定义及功能描述

CTRL 接口插孔序号	接线颜色	功能	说明
18	红色	使能输入+	高：20VDC≤V≤24VDC 低：0VDC≤V≤5VDC 5mA≤I≤15mA
5	红白	使能输入−	
17	黑色	调制输入+	高：20VDC≤V≤24VDC 低：0VDC≤V≤5VDC 5mA≤I≤15mA
4	黑白	调制输入−	
16	黄色	外部出光+	高：20VDC≤V≤24VDC 低：0VDC≤V≤5VDC 5mA≤I≤15mA
3	黄黑	外部出光−	
15	绿色	DA(0～10V)输入+	控制激光输出功率(1V−10%，10V−100%)
2	绿白	DA(0～10V)输入−	
14	棕色	故障输出 1	干接点输出，ON-故障，OFF-正常，(触点电压 V≤30VDC，触点电流 I≤100mA)
1	棕白	故障输出 2	
19	蓝色	互锁+	±短接：激光器正常控制出光 ±断开：激光器锁止，不能出光
6	蓝白	互锁−	
地线	绿黄	地线	—

由表 5-1 可以看到，对激光器的控制可分为功率控制、使能控制、调制控制、故障检测和急停控制等。

针对激光器的功率控制为 0～10V 的模拟量信号，由于主控芯片为数字量控制，因此要获得 0～10V 的模拟量信号，就需要接口电路将数字量信号转换成模拟量信号。具体可根据成本、稳定性等因素选择集成方案或分立元件的方案，一般可选择简单易用的 PAC（PWM to Analog Converter）芯片，该类芯片可以将不同占空比的 PWM 信号转换为相应的模拟量电压信号，对于单片机控制此模拟量信号是十分方便的。

使能控制、急停控制为数字量信号控制，需要将单片机 IO 输出的 3.3V 逻辑信号转换为 24V 信号，此类接口电路可简单搭建电平转换电路或光耦隔离电路来实现。

激光调制信号接口，此信号在激光焊接应用中一般被用作激光的开关信号，可以使用单片机的 PWM 信号配合接口的电平转换电路来实现。需要注意激光器可接受的调制信号的频率范围，接口电路必须要保证 PWM 信号在此频率范围内不失真。

激光器的故障检测信号输出，输出信号为 24V 的逻辑信号，只需要使用电平转换的接口电路将激光器高电压的逻辑信号转换为单片机可接受的低压逻辑信号，单片机使用通用输入接口即可检测。

2. 振镜控制接口

振镜镜片的摆动可以将激光光束从一个点变成一条可控的扫描线段，多维振镜则可以实现一个面的扫描。

振镜可分为数字振镜和模拟振镜。

驱动模拟振镜一般为±5V 的模拟信号，根据精度要求可使用单片机本身的 DAC 模块配合接口电路或专用的高精度的 DAC 芯片来实现。模拟信号在传输过程中容易受到干扰，因此需要对外界进行屏蔽。

数字振镜的控制信号为 XY2-100 控制协议及其接口，此协议规定了数字振镜接收的信号电平、信号逻辑，并按此协议规定来发送数据。图 5-10 所示为 XY2-100 协议规定的典型的硬件接口形式。

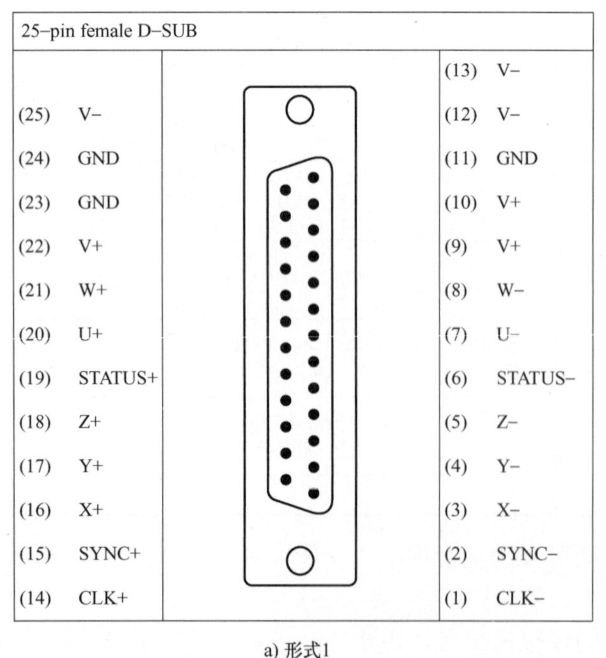

a) 形式1

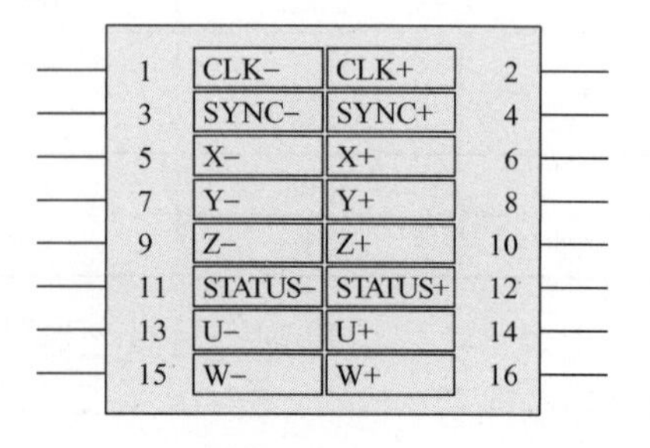

b) 形式2

图 5-10　XY2-100 协议规定的典型硬件接口形式

从图 5-10 可以看到，振镜供电分为正负两路，信号采用差分传输的方式进行，主要包含了同步、时钟、位置（*XYZ* 坐标数据）及状态等信号线，一般采用 DB25 插头（或 IDC 连接器）的物理接口形式。由于信号采用差分形式，通常使用单端转差分芯片来实现信号接口。数据可以使用单片机 SPI 引脚配合 DMA 进行传输。

3. 标准通信接口

人机交互模块和主控系统需要通过通信接口进行信息传递，为了扩展性，各种类型的通信接口是必不可少的。工业上通常的通信接口标准有 RS232、RS422、RS485、CAN 等，无论是哪种通信接口，都需要专用的接口芯片来实现单片机与外界设备的沟通，典型的通信接口芯片有 MAX232、MAX485、TJA1050 等；在选用单片机时要注意单片机的通信接口资源分配，在保证满足通信接口的同时，要有足够的 IO 资源来实现通用控制输入输出。

5.4 控制系统软件设计

5.4.1 参数处理模块

手持激光机需要进行各类参数设置，包括激光器的功率、振镜的频率与摆幅，送丝机的送丝速度等，参数处理模块主要用于完成这一任务。

1. 激光器参数

激光器的参数包括功率和调制频率。

以某连续激光器为例，激光器接收的功率调整信号为 0～10V 的模拟量，1V 对应的是 10% 的功率，10V 对应的是 100%的功率。从控制屏传来的值一般是当前设定功率值百分比信息，此时软件要做的就是将传来的功率值百分比信息转换为 0～10V 的模拟量信息。在硬件上可以使用 PAC 芯片将 PWM 信号转换为模拟量信号，此类芯片接受的是一定范围频率的 PWM 信号，通过改变 PWM 信号的占空比就可以改变输出的模拟电压的大小。于是，控制屏设定的功率百分比信息就可以转换为 PWM 信号的占空比，从而控制激光器的功率值。在单片机编程中，可以使用通用定时器来产生 PWM 信号，当接收到控制屏传来的功率设定信息后，改变 PWM 输出信号的占空比即可改变控制器输出的模拟电压的大小，定时器比较寄存器（CCR）的值与自动重载寄存器（ARR+1）的值之比即为 PWM 信号的占空比，控制算法如图 5-11 所示。

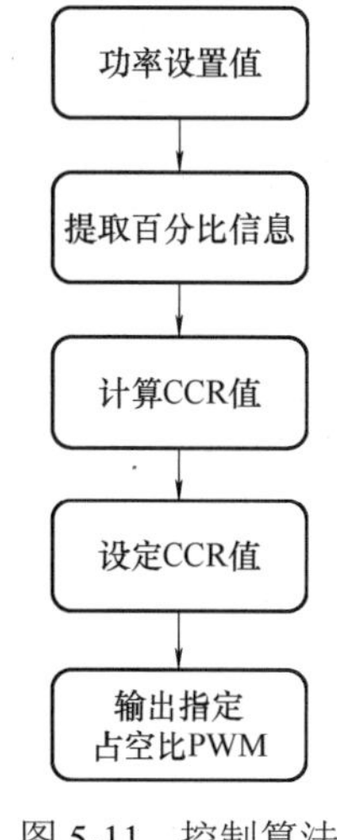

图 5-11　控制算法

而激光器的调制频率也是 PWM 信号，当接收到控制屏传来的激光器的调制频率和占空比信息后，只需要相应改变单片机定时器 PWM 输出的频率和占空比即可，软件的 PWM 参数与激光器需要的调制信号的参数是一致的。

2. 振镜参数

振镜参数在人机交互界面表现为扫描速度、扫描宽度。这两个参数反映到振镜电动机行为上就是振镜电动机摆动的速度和的角度，振镜电动机摆动速度和角度通过光学系统最终可转换为肉眼可见的激光点摆动的频率和激光点摆动的幅度。

目前使用的振镜电动机大多为数字振镜，遵循 XY2-100 协议，此协议采用差分传输的方式进行，规定了传输信号的电平、数据传输的结构，其中有时钟信号、同步信号和 *XYZ* 坐标数据等，其数据帧的时序如图 5-12 所示：协议中的 bit 分为三部分，其中黄色 D 部分数据信号共 16bit 的信息，用来控制振镜摆动角度大小，取值为 0～65535，即将振镜轴的转动角度范围映射到 0～65535，转换为有符号值为对应的-32768～32767，振镜收到一组数据由后级 DAC 芯片产生对应的模拟量输出，数据值-32768～32767 对应-5～5V 时，其摆动角度最小值和最大值即为-32768～32767。绿色 C 部分为控制字，不同控制字的含义需要参考不同厂家振镜的定义。红色 B 部分为奇偶校验位。根据 XY2-100 协议，数字振镜的数据速率，也即时钟信号的最高频率为 2MHz，即单位时间内数字振镜收到的数据信号是一定的，因此可以用发送数据的时间间隔来改变振镜的摆动速度。在相同摆动距离上来说，发送数据的速度越快则摆动的速度越快，二者成正比关系。

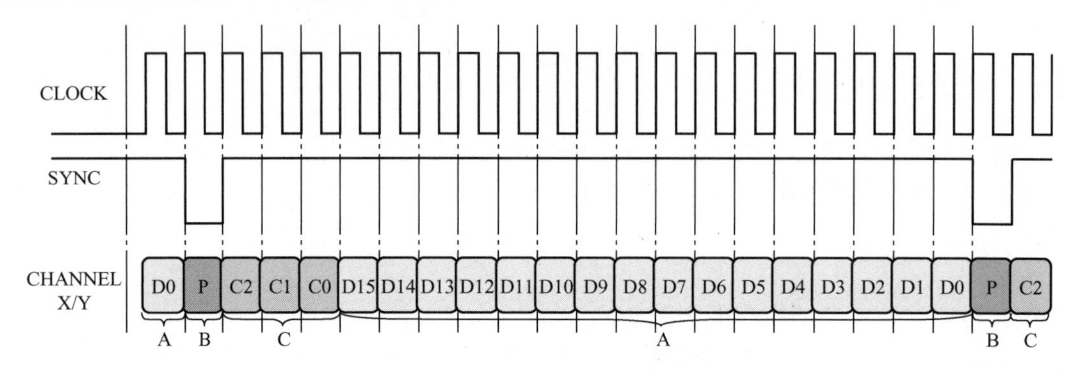

图 5-12　XY2-100 协议数据帧时序

根据以上信息，振镜扫描宽度即可映射到数据信号，即扫描的起点和终点分别对应了 0～65535，由于振镜扫描速度由发送相邻两个数据的间隔决定，在数据映射的数组长度固定时，发送间隔越大，振镜摆动的速度越快。

实际应用中，人机交互界面上使用的参数单位为 Hz 和 mm，对于一个固定的光学系统，其摆动的最大幅度对应了整个 0～65535 的单位，可以很容易计算出 1mm 对应的数字单位常量 k，通过该常量，长度便可与数字量对应。

综上，当主控调度模块获得扫描速度信息后，通过改变数据发送频率改变激光的扫描速度，当主控调度模块获得扫描宽度信息后，通过对数组内数据重新映射改变激光的扫描宽度。扫描速度与宽度算法如图 5-13 所示。

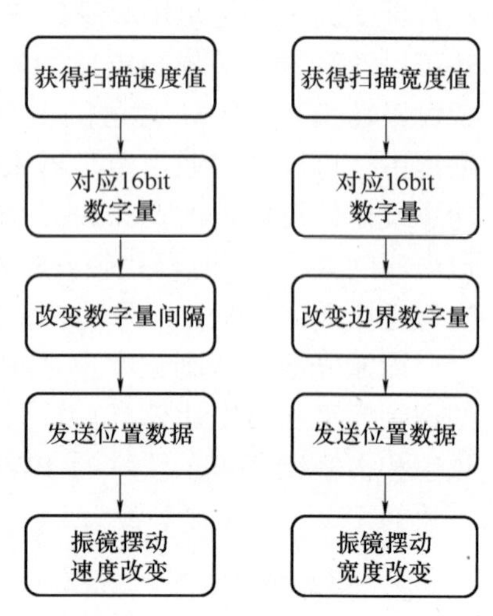

图 5-13　扫描速度与宽度算法

3. 送丝机参数

送丝机的参数包括送丝速度、送丝延时、回抽长度、回抽速度、补丝长度及补丝延时。

送丝速度是指在焊接过程中，单位时间内焊丝向焊接熔池送进的长度。它是焊接工艺中的一个重要参数，直接影响到焊缝的成形质量和焊接效率。

在手持激光焊接过程中，激光器的功率控制具备开光渐近时间功能设置（详见 5.2.2），而焊丝需在设定功率的激光束照射下才能被熔化并与工件熔合。

在激光焊接中止过程中，焊丝应能自动回抽，具备断丝功能，避免焊丝与熔池金属一起凝固，出现连丝现象（见图 5-14）。自动断丝控制流程如图 5-15 所示。

补丝是指在自动断丝后，增补断丝过程中回抽的焊丝长度。

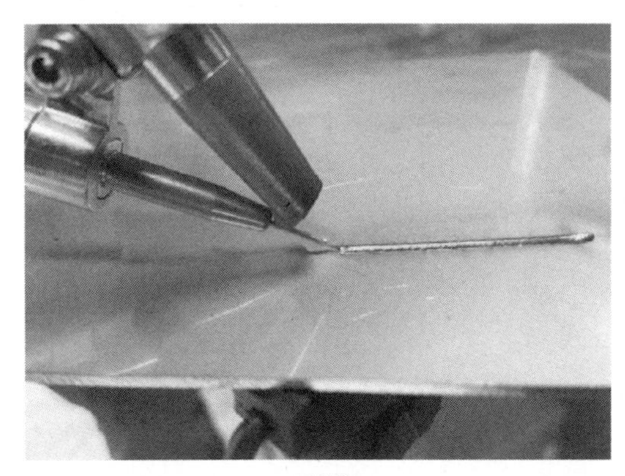

a) 焊接

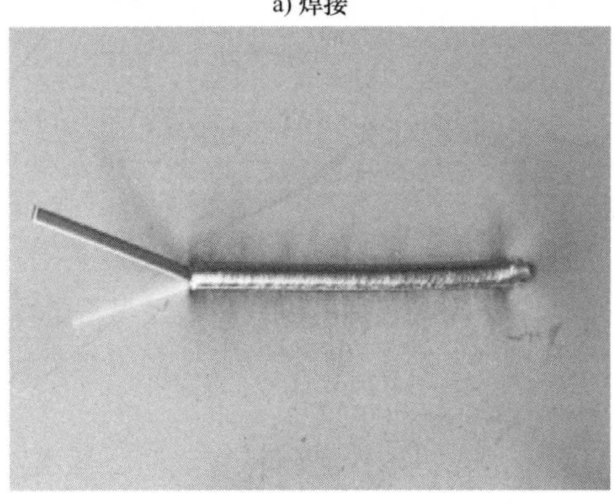

b) 连丝

图 5-14　手持激光焊连丝现象

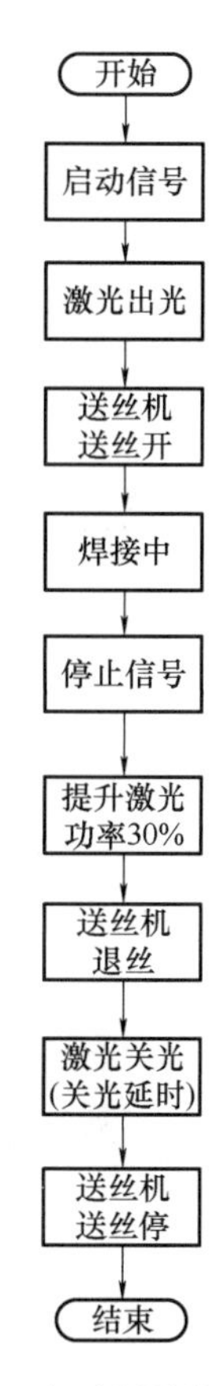

图 5-15　自动断丝控制逻辑

4. 电气参数

手持激光焊机电气参数主要有开/关气体延时、关光延时、缓升时长及缓降时长。

保护气体可有效保护焊缝熔池，为了达到保护焊缝的效果，在激光出光前需要提前送气，在焊接完成激光停止出光后需要延迟关闭气体。

为了保证焊缝起弧和收弧处的焊接质量，激光出光是从设定的初始值以一定的时间缓升至设定的焊接功率，激光关光是从设定的焊接功率以一定的时间缓降至关光功率后彻底关光。

整个开/关光的算法逻辑如图 5-16、图 5-17 所示。

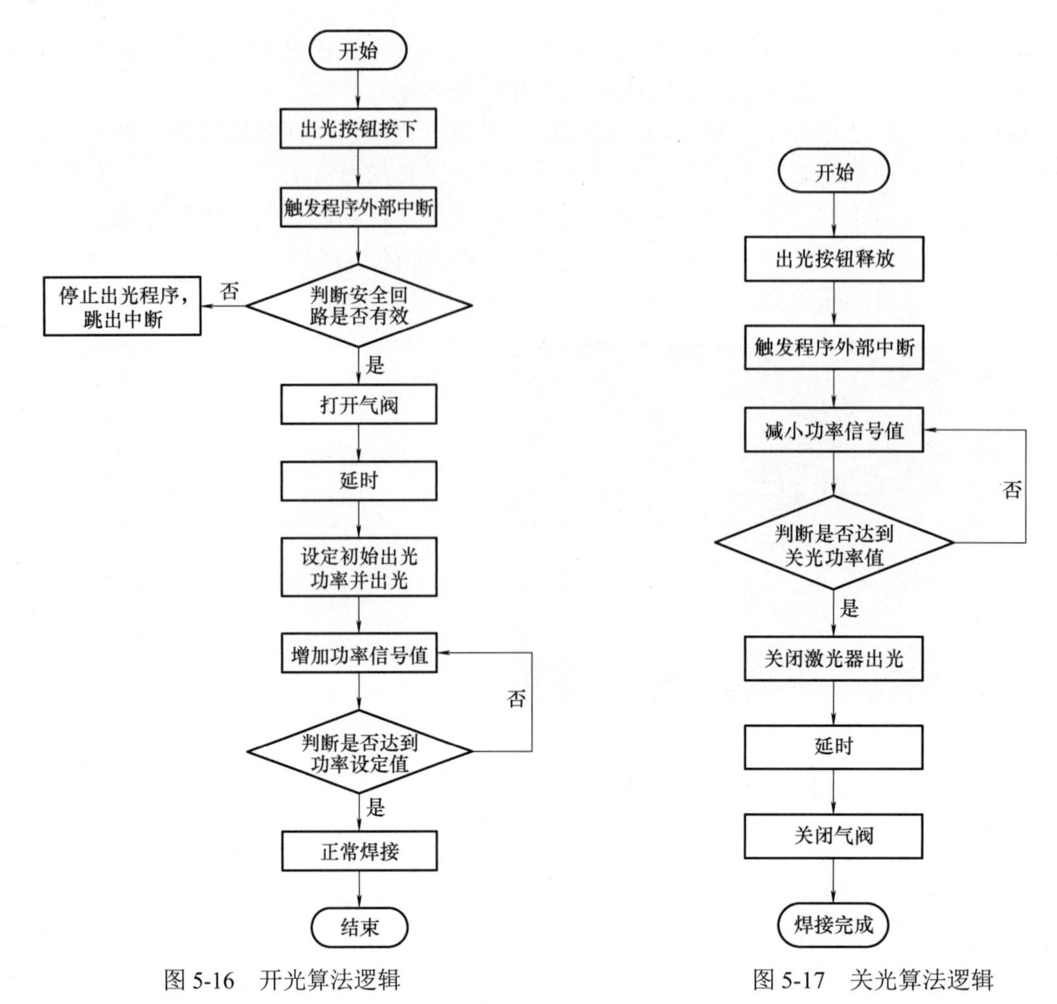

图 5-16　开光算法逻辑

图 5-17　关光算法逻辑

5.4.2　主控调度模块

手持激光焊机主控调度模块的设计原理主要基于先进的控制算法和实时反馈机制，确保激光焊接过程中的各项参数能够精确控制。该模块负责协调整个系统的运行，包括激光功率、脉冲频率、焊接速度等关键参数的设定与调整。其主要功能有：

1）控制激光发生器的工作状态，调节激光功率和频率，以适应不同的焊接需求。

2）控制焊接头的运动轨迹和速度，确保焊接精度。

3）监控焊接过程中的各项参数，如激光功率、焊接速度、环境温度等，及时调整焊接策略。

4）与其他模块（如冷却系统、送丝系统等）进行通信，协同工作。

5）实时显示焊接过程中的各项数据，便于操作人员了解设备状态。

6）具备故障诊断和报警功能，确保设备安全运行。

在设计时，需注意以下几点。

1）定性与可靠性：确保主控调度模块在长时间、高负荷工作下仍能稳定运行，避免数据丢失或控制失误。

2）人机交互友好：通过触摸屏等界面提供直观、便捷的操作方式，使操作人员能够轻松设置参数和监控设备状态。

3）安全性：内置多重安全保护机制，如过热保护、过载保护等，确保操作人员和设备的安全。

4）可扩展性：设计时需考虑未来升级和扩展的需求，以便适应不同材料和工艺的焊接要求。

在实时控制方面，控制器需要同时处理多个方面的控制需求。

几乎所有时间，控制器都在发送振镜的位置信息，从而保证不管操作者在使用引导红光或在焊接过程中，光斑都是以设定好的速度和宽度在摆动，这是振镜行为控制。为延长电动机使用寿命，当长时间没有焊接动作时，停止摆动，此时红光变为一个点，且停留在枪嘴的中心位置，当用户按下出光按钮后，电动机开始摆动，在电动机摆动期间再次按下出光按钮进行焊接作业，停止焊接后，在规定的时间内无操作时电动机停止摆动。

在操作者按下焊枪出光按钮，控制器会实时控制气阀、激光器开关及激光器功率，从而实现开关过程；在操作者松开焊枪出光按钮后，控制器同样控制气阀和激光器，实现关光过程，这是激光器行为控制。

而电气行为控制有以下几种情况：当激光器发生报警事件、气压传感器感应气压异常、激光焊枪和送丝机发生报警事件时，都会向控制器发送报警信号，控制器收到报警信号后，会立即进行处理，快速关闭激光器出光，甚至对激光器发出急停信号来切断激光器供电，同时也会点亮设备的报警指示灯，并向人机交互模块发送报警信息，从而提示使用者当前设备发生了异常情况。另外，为了防止在非焊接工况时按下焊枪按钮焊枪出光导致安全事故的发生，焊接系统还有一个安全回路信号，只有在安全回路夹夹住工件且激光头接触工件时，安全回路信号才有效，此时正常出光过程才能运行。当安全回路信号无效时，正常焊接程序并不会被执行，或在执行过程中焊接程序被中断。

主控调度模块常用 PID 控制算法。PID 即比例（Proportional）、积分（Integral）、微分（Differential）的缩写，该算法结合了比例、积分和微分三种控制环节于一体，是连续系统中技术最为成熟、应用最为广泛的一种控制算法。PID 控制的实质就是根据输入的偏差值，按照比例、积分、微分的函数关系进行运算，运算结果用以控制输出，从而实现对激光焊接过程中各项参数的实时监测和调整，确保焊接工艺的稳定性和高效性。不管是控制器对焊枪按钮的反馈，还是控制器对报警信号的反馈，都需要软件进入中断中去处理。众所周知，单片机程序是顺序执行的，也就是说当多个事件同时发生时，软件不能同时处理多个事件，而有些事件必须被优先执行，比如当出现报警信息时，控制器必须优先处理报警信息，关闭激光器，以避免造成进一步的危险事件，这就需要中断具有优先级。从实际激光焊接应用来说，为了保证设备不发生损坏，并保证操作者的安全，报警信息引发的中断需要较高的优先级。举例来说，缺少保护气体会导致焊接困难，焊接质量变差，甚至损坏焊接接头，当气压传感器感应到气压低于阈值时，将会引发报警中断程序，正常运行的焊接程序会被立即中断，从而保证错误的焊接动作不会被继续执行。同样，在焊接过程中，如果安全回路信号断开，也会触发高优先级的中断，关闭出光，防止危险事件的发生。当然也允许偶发性的安全回路信号断开，如焊枪在工件上移动时接触不良引起的瞬间断开与恢复，此时中断出光会造成焊缝质量与焊接不美观，当信号断开超过 25ms 时才应认为是失效。

对于异常报警信息处理的基本算法逻辑如图 5-18 所示。

5.4.3　通信控制模块

通信控制模块是手持激光焊接系统与外部控制设备（主要包括控制屏、焊枪、送丝机之间）的通信桥梁，在系统中起着至关重要的作用，主要体现在以下几个方面。

1. 数据传输与控制

通过接口可以接收来自控制设备的指令，如起动、停止、调整焊接参数等，并控制焊接系统按照指令执行相应的操作。此外，除了接收指令外，通信接口还能将焊接系统的当前状态（如工作状态、故障信息等）实时反馈给控制设备，以便操作人员及时了解系统状态并进行相应处理。随着技术的发展，手持焊接系统的功能也在不断扩展。通信接口的设计使其能够轻松接入各种功能模块，进一步提升系统的功能和性能。

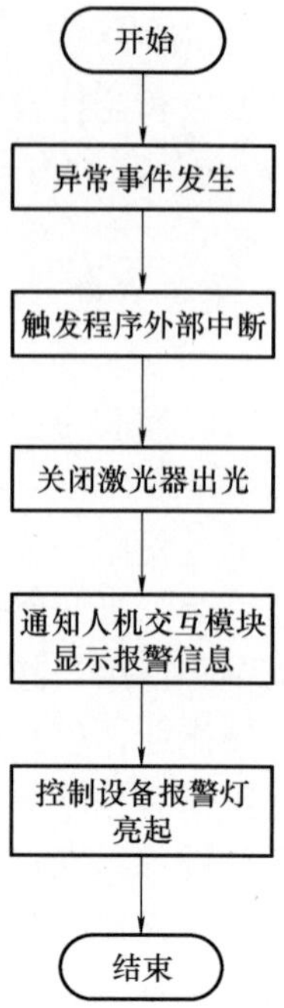

开始

异常事件发生

触发程序外部中断

关闭激光器出光

通知人机交互模块显示报警信息

控制设备报警灯亮起

结束

图 5-18　异常报警信息处理和基本算法逻辑

2. 焊接功能扩展与兼容

随着技术的发展，手持激光焊接系统的功能也在不断扩展。通信接口的设计使其能够轻松接入各种功能模块，如自动送丝模块、机械手、PLC 等，进一步提升系统的功能和可集成性。不同厂家、不同型号的手持激光焊接系统可能采用不同的通信协议。标准的通信接口设计使得系统能够兼容多种控制设备和软件，降低了用户的设备采购成本和使用门槛。

3. 数据传输具备实时性与稳定性

在焊接过程中，指令响应速度至关重要，高效的通信接口设计能够确保指令的快速传输和执行，保证焊接过程的顺利进行，比如实时传输焊接过程中的各种数据（如电流、电压、焊接速度等），以便实时监测焊接状态并方便用户分析问题。

焊接过程往往伴随着高温、振动等恶劣环境。稳定的通信接口设计能够确保在恶劣环境下仍能保持通信的稳定性和可靠性，降低故障率。

5.4.4　人机交互模块

手持激光焊机的人机交互模块设计需要考虑以下几个方面。

1. 操作界面简单明了

对于不熟悉设备的操作人员来说，简单明了的操作界面可以帮助操作者更快地了解设备的功能和操作方法。具体来说，最常用的操作界面要作为开机默认显示的界面，并以适中的按钮实现指示激光、激光准备、焊接模式等开关功能，按钮按下要有清晰的反馈，用户可以一眼就找到需要操作的功能，并直观了解按钮按下后的状态，操作界面如图 5-19 所示。

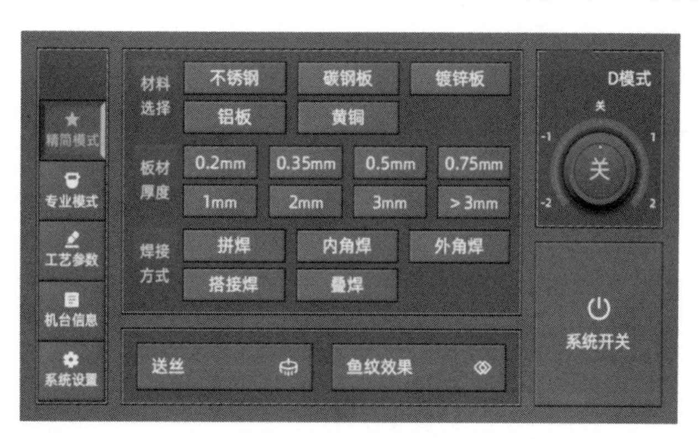

图 5-19　操作界面

2. 焊接参数显示界面

人机交互设计需要提供一个明确的界面，显示所有的焊接参数，让操作者知道焊接设备正在执行的工作状态。界面要清晰显示当前的参数设置值：扫描速度、扫描宽度、激光功率、激光调制频率及占空比等信息，焊接参数设置界面如图 5-20 所示。

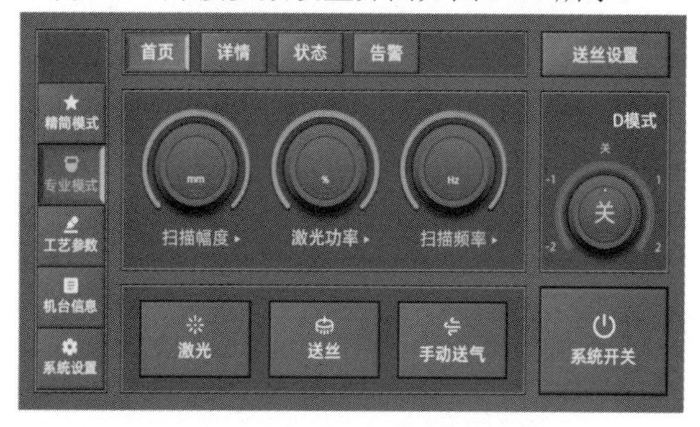

图 5-20　焊接参数设置界面

3. 具备故障诊断功能

人机交互界面需提供常见故障的诊断和解决方法，以便操作人员能够快速地判断问题所在并及时修复。典型的故障诊断界面如图 5-21 所示。

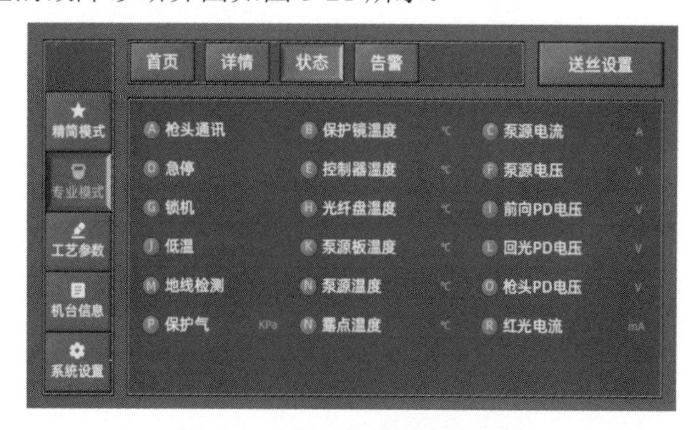

图 5-21　典型的故障诊断界面

4. 提高交互效率

设定界面应在前两级菜单中找到，设定值范围要在设定框周围直观提示，提高交互效率。

5. 操作反馈

人机交互设计需要提供直观的操作反馈，让操作人员能够及时了解系统的反应状态，以便及时采取措施。每个交互按钮都需要对操作人员的交互进行反馈，让操作人员可以很直观地感受到按钮是否被按下，以及按键被按下后的状态等。

第6章

手持激光焊枪

6.1 概述

手持激光焊机是利用高能量密度的激光束作为热源来加热熔化工件的一种高效精密焊接设备。手持激光焊枪是手持激光焊机的关键组成部分，是焊接应用的终端执行部件。相比自动化激光焊接设备，手持激光焊枪的重量、握感、安全防护等方面要求更高。

6.2 基本组成

手持激光焊枪主要由光纤接入接口 QBH/QCS 光纤连接器、冷却系统接口、保护气体输入接口（气路）、触发开关按钮、准直镜、振镜电动机、反射镜、聚焦镜、保护镜、状态指示灯、送丝支架、调焦管和喷嘴等组成，图 6-1a 和图 6-1b 所示分别为 QBH 和 QCS 两种不同光纤接口的焊枪。

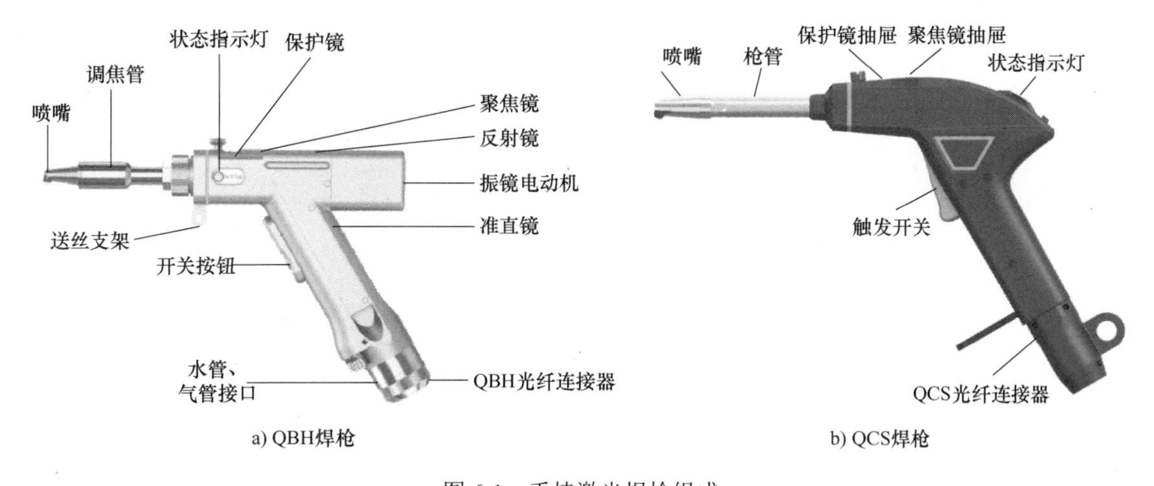

图 6-1 手持激光焊枪组成

两种不同光纤接口的手持激光焊枪结构拆解如图 6-2 所示，焊枪内部结构复杂精巧，零部件繁多，按照功能可将其划分为光路系统、冷却系统、保护气体通道三个关键组件及其他组件。下面将具体介绍各部分的组成。

1. 光路系统

光路系统，即光束的传递系统，包括将激光束从光纤连接器传递到加工工件的所有组件。

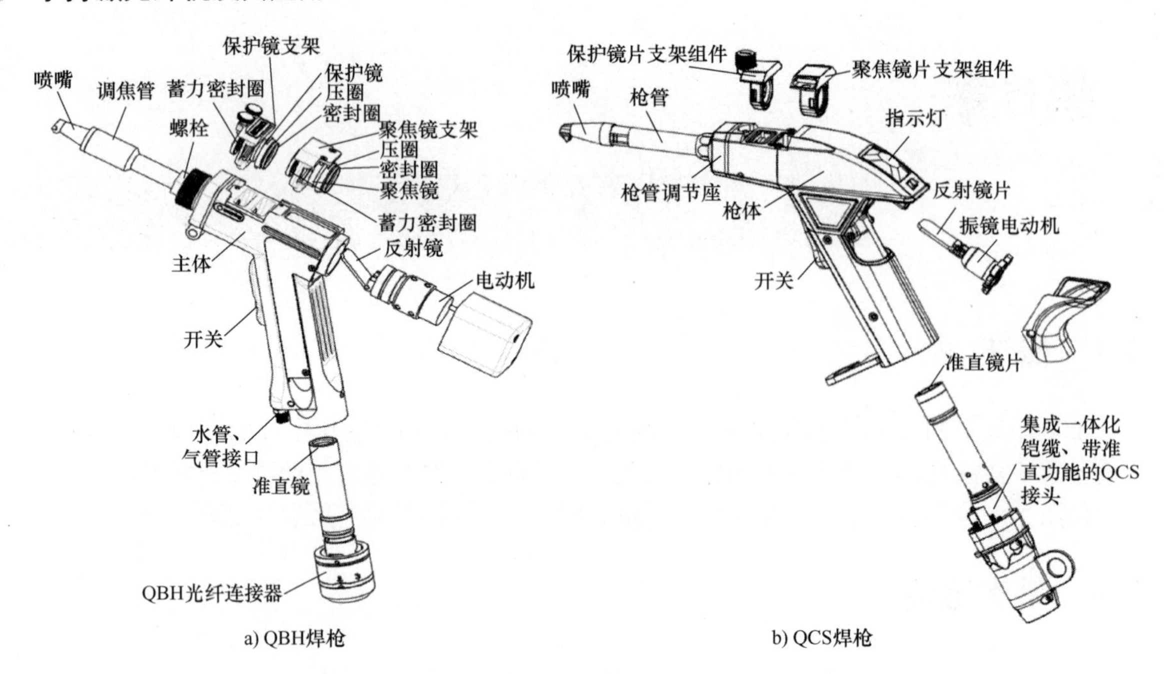

a) QBH焊枪　　b) QCS焊枪

图 6-2　不同光纤接口手持激光焊枪结构拆解

图 6-3 中用虚线表示出了手持激光焊枪中光束的传递路径，由图 6-3 可见，手持激光焊枪的光路系统一般由光纤连接器、准直镜、反射镜（安装在振镜电动机上）、聚焦镜、保护镜、调焦管和喷嘴组成。

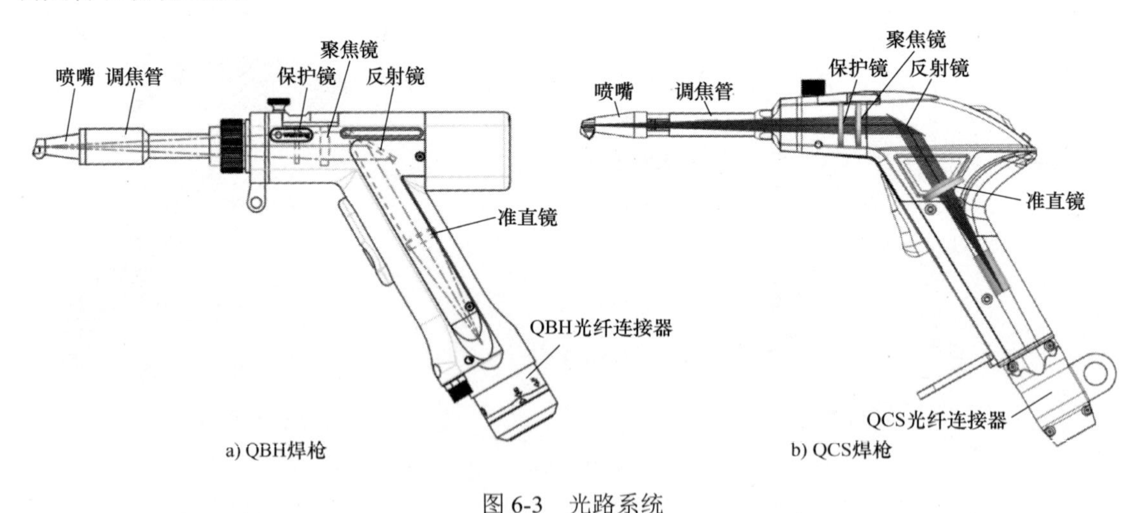

a) QBH焊枪　　b) QCS焊枪

图 6-3　光路系统

2. 冷却系统

手持激光焊枪常用的冷却方式有液冷式（如水冷等）和气冷式，不同的冷却方式，焊枪内部的冷却通道设计也有所不同。

液冷式（水冷）焊枪的冷却通道如图 6-4a 所示，焊枪的水管进/出口与焊机的冷却系统通过外部管路连接，形成闭环冷却系统。

气冷式焊枪的冷却通道如图 6-4b 所示，冷却介质（保护气体）通过气体输入口进入焊枪内部的保护气体通道，经喷嘴喷出，保护焊缝的同时带走枪体产生的热量。

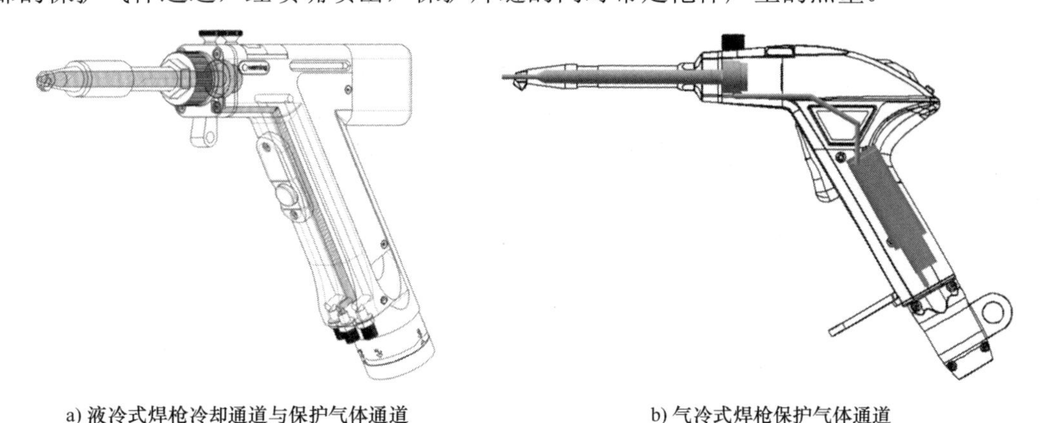
a) 液冷式焊枪冷却通道与保护气体通道　　b) 气冷式焊枪保护气体通道

图 6-4　冷却通道与保护气体通道

3. 保护气体通道

保护气体通过焊枪上的气体输入口进入焊枪的保护气体通道，最后从喷嘴喷出。

4. 其他组件

除上述 3 个主要组件外，手持激光焊枪还有 3 个比较重要的组件：送丝支架、触发开关按钮和状态指示灯。

（1）送丝支架　送丝支架的作用是用来固定导丝机构，导丝机构通过连接块固定在送丝支架上，如图 6-5 所示。

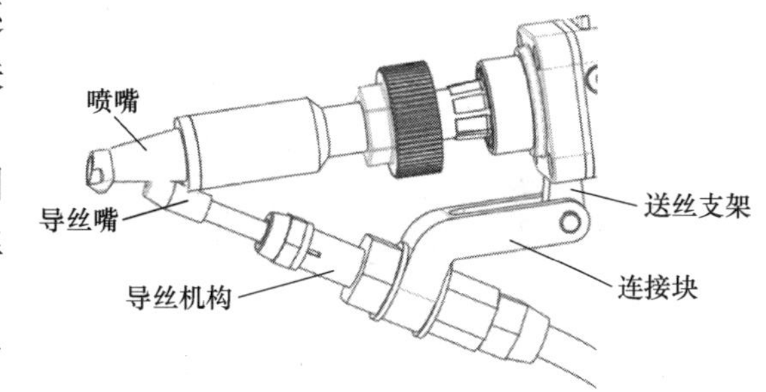

图 6-5　送丝支架与导丝机构连接

（2）触发开关按钮　触发开关按钮位于手持激光焊枪的把手上（见图 6-1），通常采用不带锁的轻触开关。按下开关按钮，激光焊机开始工作；松开开关按钮，激光焊机停止工作。

（3）状态指示灯　状态指示灯如图 6-1 所示，可用于指示激光焊机的当前工作状态。例如，当整机工作正常时，指示灯不亮；当整机出现过温报警时，指示灯长亮；当整机出现其他报警，如激光器报警、冷水机报警灯时，指示灯闪烁。操作者可通过指示灯的状态快速了解整机的工作状态，提高故障检测、异常排查效率，保障操作者人身安全。

6.3 分类

（1）按激光器接口类型划分　可分为 QBH 手持激光焊枪、QCS 手持激光焊枪等。

1）QBH 手持激光焊枪：适配采用 QBH 光纤接口的激光器。QBH 接口可分为带水冷和不带水冷两种类型。

带水冷的 QBH 接口通常用于高功率激光传输系统中，能够处理极高的激光功率。其内置了高效的水冷机制，可以有效降低光学元件的温度，从而提高了系统的稳定性和可靠性。

不带水冷的 QBH 接口同样具备高功率传输能力，由于其内部结构没有集成水冷系统，因此需要通过其他方式来控制温度。

带水冷的 QBH 接口更适合高功率、长时间运行的工业应用，而不带水冷的 QBH 接口则适用于对冷却要求较低的应用场景。

2）QCS 手持激光焊枪：适配采用 QCS 光纤接口的激光器。QCS 接口适用于高质量光束传输，可承受中等功率的准直输出。

（2）按冷却方式划分　可分为液冷式（如水冷）手持激光焊枪、气冷式（如氩气冷却）手持激光焊枪。

1）液冷式手持激光焊枪：焊枪的水管进/出口通过外部管路与焊机的冷却系统连接，冷却液体通过焊枪的流道，带走焊枪工作产生的热量。

2）气冷式手持激光焊枪：焊接保护气体从焊枪尾部进入，贯穿整个焊枪后从喷嘴喷出，保护焊缝的同时也带走焊枪产生的热量，起到冷却作用。

（3）按光斑是否摆动划分　可分为直接输出式手持激光焊枪、摆动式手持激光焊枪。

1）直接输出式手持激光焊枪：激光束非摆动焊接，对工件的组对精度要求较高。其能量密度一般为 10^4～10^6W/cm^2，小于激光匙孔形成临界条件，属于热传导型焊接，适合薄板且焊接强度要求不高的焊接。

2）摆动式手持激光焊枪：焦点处光斑极小（ϕ0.02～ϕ0.1mm），光斑能量密度＞10^7W/cm^2，激光束高频率摆动，属于深熔焊接。高频率的摆动可将光斑覆盖范围调至 6mm，可以对焊缝间隙较大的工件进行焊接。

摆动式手持激光焊枪的激光束摆动常用的有“一”字形和“圆圈”形，激光束呈现出不同的轨迹。图 6-6 所示是以激光功率 800W、摆幅 2mm、摆动频率 50Hz、焊接速度 15mm/s 为例，数值模拟激光束摆动轨迹。此外，还有“8”形、“∞”形等多种激光摆动轨迹模型的焊枪。不同的摆动模式对应着焊缝上激光能量分布的不同，图 6-7 所示为数值模拟计算出的“圆圈”形摆动的激光能量分布。

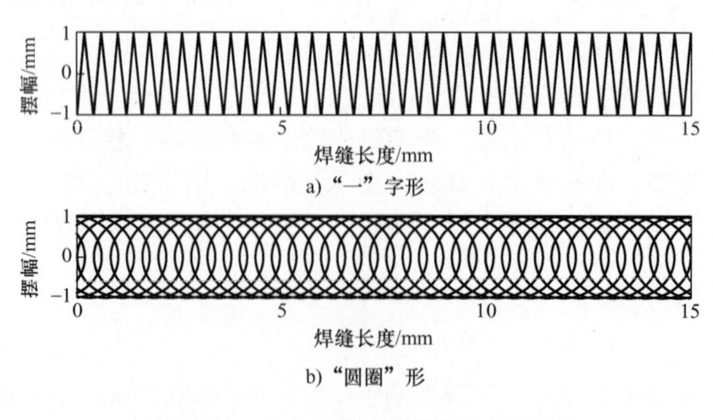

图 6-6　“一”字形和“圆圈”形摆动轨迹

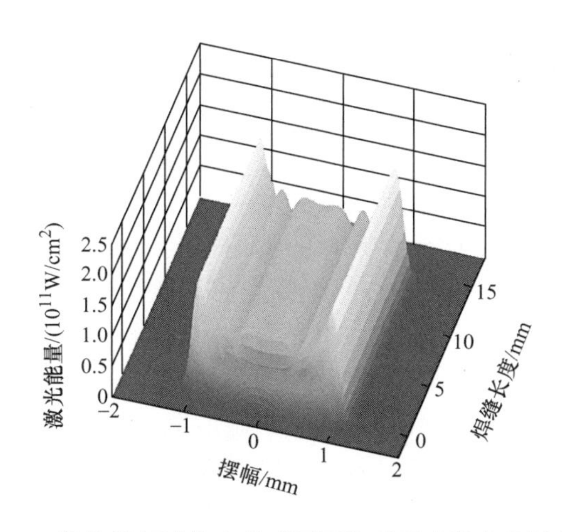

图 6-7 数值模拟计算出的“圆圈”形摆动激光能量分布

6.4 工作原理

前面章节中已经介绍了手持激光焊枪的基本组成，主要包括光路系统、冷却系统及保护气体通道等。光路系统是其中最为关键的部分，理解了光路系统的基本光学原理，也就理解了手持激光焊枪的工作原理。本节主要介绍各组成部分的工作原理及功能。

6.4.1 手持激光焊枪基本光学原理

手持激光焊枪基本光学原理如图 6-8 所示，激光束从光纤输出端口发射出来后，通过准直镜转换为平行光束，再通过反射镜反射到聚焦镜，经过聚焦镜聚焦后通过保护镜到达工件表面。整个过程可以概述为光束准直、光束反射、光束聚焦和光路保护，本节将详细介绍这几个部分的工作原理。

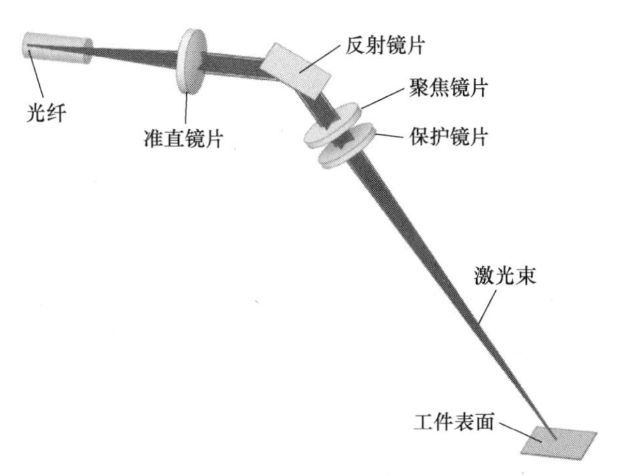

图 6-8 手持激光焊枪基本光学原理

1. 光束准直

从手持激光焊枪光纤输入端口中传输过来的激光束是有一定发射角的点光源(见图6-8)，

激光向前方呈圆锥形发散开。准直镜的作用是将这束发散光束转换成平行光束，使其沿腔体内部狭小的光路通道传播，而不会扩散到光路通道以外。

2. 光束反射

激光束经过反射镜反射后，改变了光束的传输方向，使其能够适应枪体结构对入光和出光方向的调整。经过反射镜调整传输方向后的激光束通过聚焦镜聚焦，而聚焦后的光斑是一个很小的光点，往往无法覆盖到间隙较大的焊缝。而不同的应用场景焊缝宽度不同，这种情况下，摆动式手持激光焊枪的优势就体现出来了。

如图 6-9 所示，摆动式焊枪的反射镜安装在振镜电动机支架上，随振镜电动机一起按照设置好的频率和幅度周期性往复摆动，激光束经过高速摆动的反射镜反射后，再通过聚焦镜聚焦，形成一个高速移动的光点，光点的移动路径形成我们看到的光斑形状。

图 6-10 为激光光束路径随振镜摆动变化的示意图，*A*、*B* 两点之间形成了一条直线光斑，这条直线光斑的长度对应激光的摆动宽度。

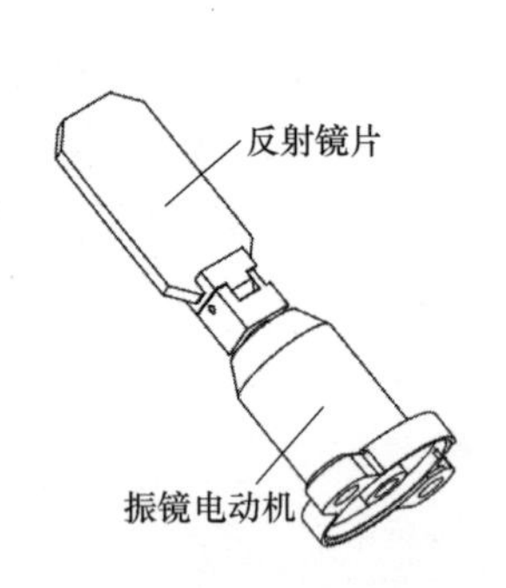

图 6-9　振镜电动机和反射镜片

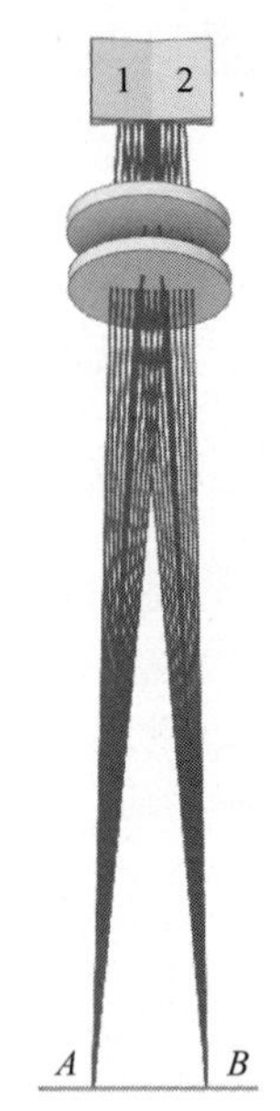

图 6-10　激光光束路径随振镜摆动变化

3. 光束聚焦

从图 6-8 可知，从反射镜反射过来的是一束平行光，其激光的功率密度较低，为了提高激光束能量密度，该平行光束经过聚焦镜进行光束聚焦，变成一个超强能量密度的激光束。在摆动式手持激光焊中，反射镜随振镜电动机按照用户设置的频率和幅度往复摆动，聚焦后的激光束也随之摆动。

4. 光路保护

激光焊接过程中会产生粉尘和飞溅，若进入手持激光焊枪内部会损坏聚焦镜，保护镜的作用就是阻挡粉尘和飞溅的杂物，保持枪体内部清洁，提高设备的耐用性。

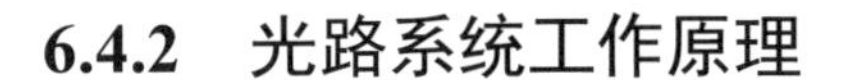

6.4.2　光路系统工作原理

结合 6.4.1 中介绍的手持激光焊枪基本光学原理，激光通过焊枪光路系统的过程为：光纤激光器的输出光缆通过 QBH/QCS 光纤连接器接入手持激光焊枪中，激光束从输出光缆发射后，通过准直镜、反射镜、聚焦镜、保护镜，再经过调焦管和喷嘴到达工件表面。

下面将详细介绍光路系统中这些组件的功能。

（1）光纤连接器　常见的激光器光纤输出端标准接口有 QBH 和 QCS 两种。

QBH（Quartz Block Head）接口是一种用于高功率光纤激光传输的国际通用输出接口，输出的激光为发散光，需要与准直系统配套使用，它集成了高功率包层光剥除器和端帽熔接、低传输损耗、高承载功率、高反射承受能力和安全互锁功能。

QBH 光纤连接器主要功能是将 QBH 输出光缆与手持激光焊枪连接。日常使用前应检查锁紧螺母是否松动，防止激光器因 QBH 保护套锁止机构松动而无法输出连续的激光，从而影响焊接质量。

QCS（Quick Connect System）接口是一种准直激光（焦距固定）输出接口，无中间光隔离器部分，主要应用于中等功率单模激光器，可实现激光束的准直扩束或长聚焦低反射空间出射，在更高功率的激光器内置了高功率在线隔离器后，QCS 使用场景越来越广。

（2）准直镜　准直镜用于对发散的激光束进行发散角压缩，实现平行光传输。从光纤激光器的 QBH 输出光缆发射的光是一个点光源，存在一定的发散角，在传播过程中会向前呈圆锥形发散，不利于其在手持激光焊枪的光路通道中传输。这里使用准直镜的作用就是将发散的激光转换为平行光，使其沿特定方向传输，不产生明显扩散。通过控制光束的束腰半径，将其限制在焊枪狭小的光路通道中。

（3）振镜系统　振镜系统是由振镜驱动器、振镜电动机与反射镜组件（由反射镜和反射镜支架组成）组成。振镜系统的工作原理是输入一个位置信号，振镜电动机就会按一定电压与角度的转换比例摆动一定角度，整个过程采用闭环反馈控制。

振镜电动机是一种优良的矢量扫描器件，也是一种特殊的摆动电动机。

反射镜是一种利用反射定律工作的光学元件（见图 6-9），反射镜片通过反射镜支架安装在振镜电动机上，当振镜电动机按用户设置的频率和幅度周期性偏转时，反射镜也在电动机的带动下周期性高速往复绕轴偏转，改变激光光束路径，形成所需宽度的高能量密度的线形光斑，实现了光斑实时调节，极大地拓宽了手持激光焊枪的应用场景。同时，实时变化的光路也为手持激光焊枪引入了风险点。因此，振镜系统应具备自动检测防护机制，通过相应的电压、电流、温度等检测电路，实现对系统全方位的监控，并通过相应的报警保护控制逻辑实现整个系统的自动防护机制。

（4）聚焦镜　聚焦镜组件结构如图 6-11 所示由聚焦镜支架、蓄力密封圈、密封圈、聚焦镜片及压圈组成。

激光焊接能够得以实现，不仅是因为激光本身具有极高的能量，更重要的是激光能量被高度聚焦于一点，使其能量密度很大。聚焦镜将从反射镜反射过来的一束功率密度较低的平行光束聚焦成一个超强能量密度的适合用于工件加工的聚焦光斑，聚焦后的激光束具有很高的功率密度，加热速度快，可实现深熔焊和高速焊。

（5）保护镜　保护镜组件结构如图 6-12 所示，其包括保护镜支架、蓄力密封圈、密封圈、保护镜片及压圈。

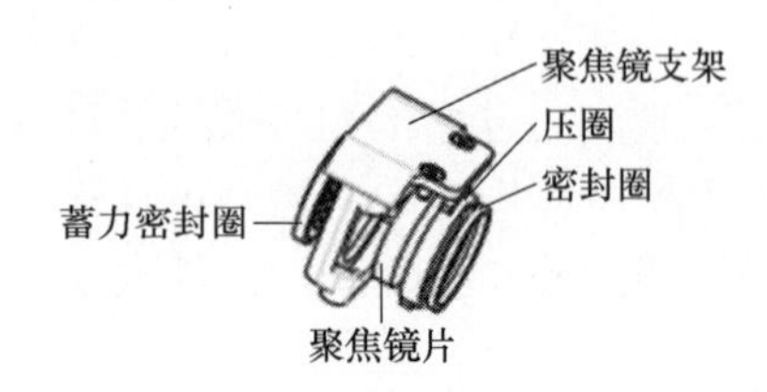

图 6-11　聚焦镜组件结构

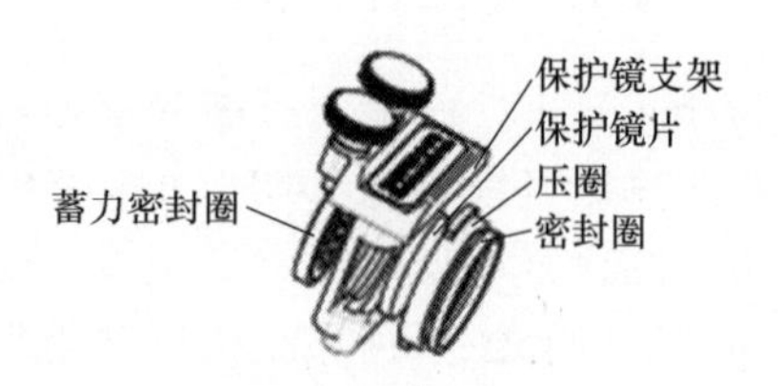

图 6-12　保护镜组件结构

保护镜是一种在光路中起保护作用的光学元件，在手持激光焊枪中，保护镜的主要作用是阻挡焊接时的飞溅物和粉尘进入焊枪内部的光路通道中，从而保护焊枪内部结构、提高焊接质量和设备使用寿命。

保护镜属于易耗品，需要根据设备的使用强度和场景定期检查更换。因此，保护镜组件通常会设计成容易拆装的抽屉式结构（见图 6-12），方便使用者定期保养清洁或更换。

（6）调焦管　调焦管是安装在焊枪前端的可更换部件，其主要功能如下。

1）调焦管可将焊接时产生的大多数飞溅物和粉尘阻挡在阻隔槽中，大大降低了飞溅物落到保护镜片上的概率，从而有效减少了对保护镜片的损坏。

2）由于激光器差异、结构件加工公差及安装误差会导致每把手持激光焊枪聚焦镜的焦点位置有微小差异，调焦管可用于调节光束的焦距，以确保激光能量能够准确集中在焊接点上，从而实现高质量的焊接效果。

（7）喷嘴　喷嘴是安装在焊枪前端出口处的可更换部件，其主要功能如下。

1）喷嘴可以控制保护气体流量及方向，辅助气体快速喷出，可以有效阻止焊接时的熔渣等杂物向上反弹，从而起到保护光路通道的作用。

2）在需要填丝的应用中，根据使用焊丝的直径选择合适的喷嘴，可以更好地起到引导焊丝的作用，实现最佳焊接效果。

3）喷嘴、工件、焊接平台形成安全检测回路，一旦喷嘴离开工件，控制系统立即启动安全保护机制，停止出光、出丝、出气等动作，保障用户安全。

由于喷嘴长期与工件接触摩擦，也属于易耗品，需要定期检查更换。

6.4.3　冷却系统工作原理

散热装置是手持激光焊机的重要组件之一，常用的冷却系统有水冷、风冷、水冷+风冷一体化系统，其中水冷是目前使用最广泛的一种方式。水冷通常采用冷水机实现，激光焊机的水冷系统通过外部管路与焊枪的水路通道连接，形成闭环水循环系统。水路与气路设置如图 6-13b 所示。

冷却水路循环与手持激光焊枪接口如图 6-13 所示，焊枪的冷却系统分为焊枪的水路部分和光纤头的水路部分，两者串联形成回路。进水管和出水管（不分进出方向）可安装软管，使用软管将其分别接到光纤头的出水口和冷水机的回水口，通过水循环带走手持激光焊枪工作产生的热量。

随着风冷式手持激光焊机以更大的性价比、更灵活的应用场景（体积小、便携、免维护等）获得市场认可，在低功率（≤1500W）阶段，由周围空气冷却，适当部位由保护气体冷却的气冷式手持激光焊枪获得市场青睐，如图 6-14 所示。

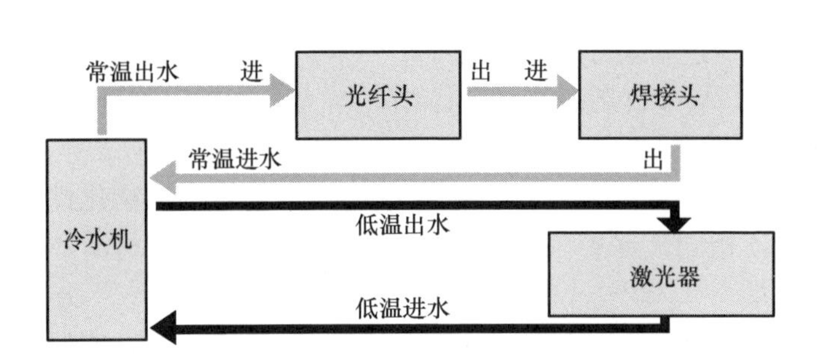

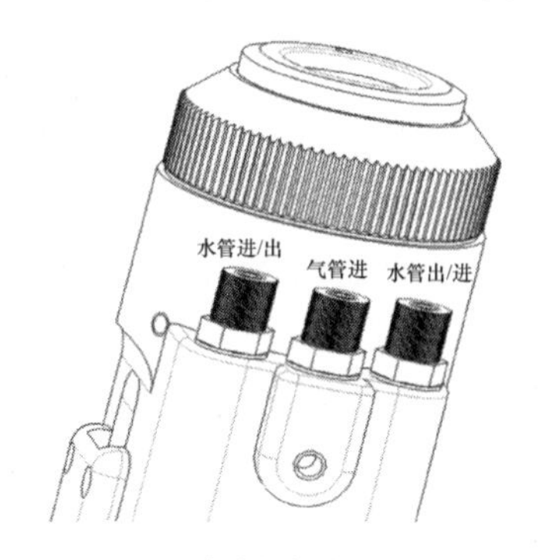

a) 水路循环　　b) 水路与气路设置

图 6-13　冷却水路循环与手持激光焊枪接口

气体冷却方式的焊枪冷却系统分为光纤头和焊枪两部分，两者串联单向，冷却介质（保护气体）经喷嘴喷出保护焊缝。图 6-14 所示为集成一体化铠缆、带准直功能的 QCS 光纤连接器，在 QCS 连接器上夹持及散热区域设有保护气体传输通道，带走光纤头工作产生的热量。

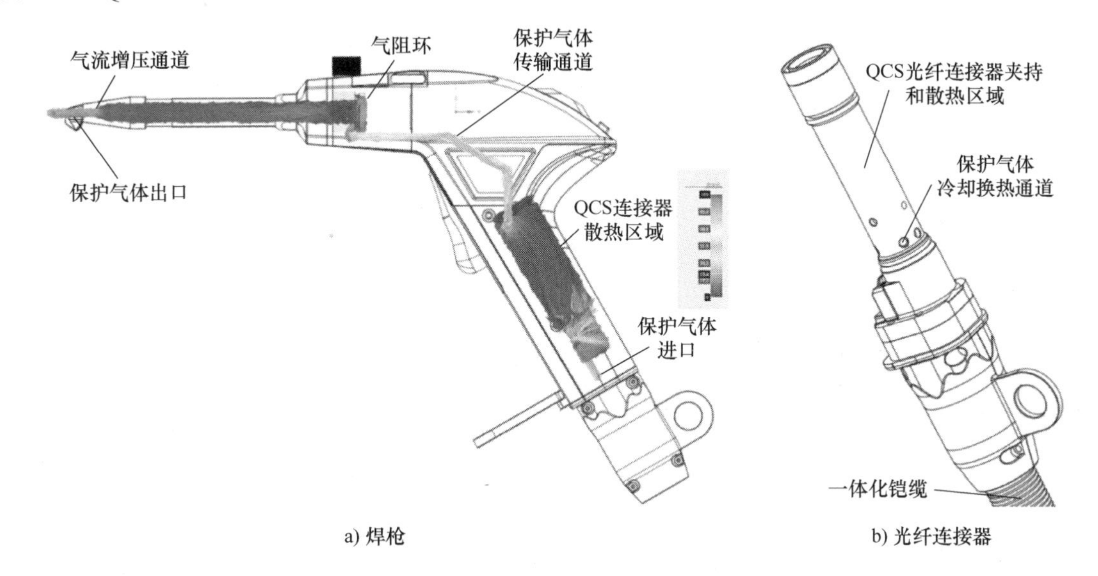

a) 焊枪　　b) 光纤连接器

图 6-14　保护气体通道与 QCS 光纤连接器散热区域

6.4.4　保护气体通道工作原理

液冷式焊枪的保护气体通道如图 6-4a 所示，气冷式焊枪的保护气体通道如图 6-14a 所示。保护气体通过焊枪上的气体输入口进入焊枪的保护气体通道，最后从喷嘴喷出。

保护气体作为熔池和周围环境之间的保护屏障，防止熔化过程中的氧化和污染，它创造了一个保护熔融金属免受其他反应元素影响的环境，确保焊接清洁而坚固。

（1）保护气体的作用　在激光焊接中，保护气体会影响焊缝成形、焊缝熔深及熔宽等，因此，保护气体在激光焊接过程中的作用至关重要，主要体现在以下几个方面。

1）保护焊缝金属不受有害气体的侵袭，防止氧化，提高接头的性能。

2）有效减少焊接过程中产生的飞溅和烟尘进入光路通道中。

3）促使焊缝熔池凝固时均匀铺展，使焊缝成形均匀美观。

4）有效减小金属蒸气羽流或等离子体对激光束的阻隔作用，增大激光的有效利用率。

5）有效减少焊缝气孔。

（2）保护气体的种类　常用的激光焊接保护气体有氮气、氩气、氦气等，其物化性质各有差异，因此对焊缝的作用效果也各不相同。保护气体的选择需要综合考虑焊接材质、焊接方法、焊接位置以及要达到的焊接效果。

1）氮气（N_2）：可用于不锈钢的焊接。N_2 的电离能适中，比 Ar 的高，比 He 的低，在激光作用下电离程度一般，可以较好地减少等离子体云的形成，从而增大激光的有效利用率。N_2 在一定温度下可以与铝合金、碳素钢发生化学反应，产生氮化物，会提高焊缝脆性，降低韧性，对焊缝接头的力学性能会产生较大的不利影响，因此不建议使用 N_2 对铝合金和碳素钢焊缝进行保护。而 N_2 与不锈钢发生化学反应产生的氮化物可以提高焊缝接头的强度，有利于焊缝的力学性能提高，因此在焊接不锈钢时可以使用氮气作为保护气体。

2）氩气（Ar）：性价比高，是最常规的保护气体。Ar 的电离能相对最低，在激光作用下，电离程度较高，不利于控制等离子体云的形成，会对激光的有效利用率产生一定的影响，但 Ar 活性非常低，很难与常见金属发生化学反应，而且 Ar 成本不高，除此之外，Ar 的密度较大，有利于下沉至焊缝熔池上方，可以更好地保护焊缝熔池，因此可以作为常规保护气体使用。

3）氦气（He）：虽然 He 保护效果最好，但也是最贵的保护气体。不仅 He 的电离能最高，在激光作用下电离程度很低，可以很好地控制等离子体云的形成，使激光可以很好地作用于金属，而且 He 活性非常低，基本不与金属发生化学反应，是很好的焊缝保护气体，但 He 的成本太高，一般大批量生产的产品不会使用该气体，He 一般用于科学研究或者附加值非常高的产品。

（3）保护气体的吹入方式　如图 6-13、图 6-14 所示，手持激光焊枪气路的输入端设有输入气嘴，气管进口可安装软管，使用软管将其连接到保护气体气阀上。当气阀阀门打开时，保护气体通过气管进口进入保护气体通道，从喷嘴吹出。手持激光焊枪一般设计成同轴吹保护气体方式，如图 6-15 所示。

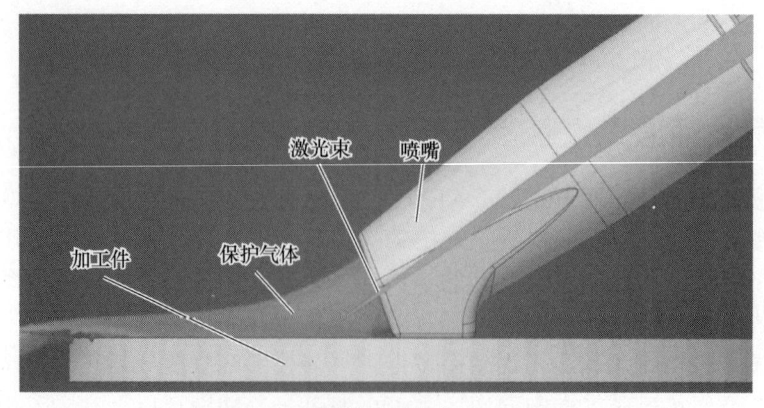

a) 保护气体吹气方式

图 6-15　同轴吹保护气体吹气方式示意图及数值模拟仿真

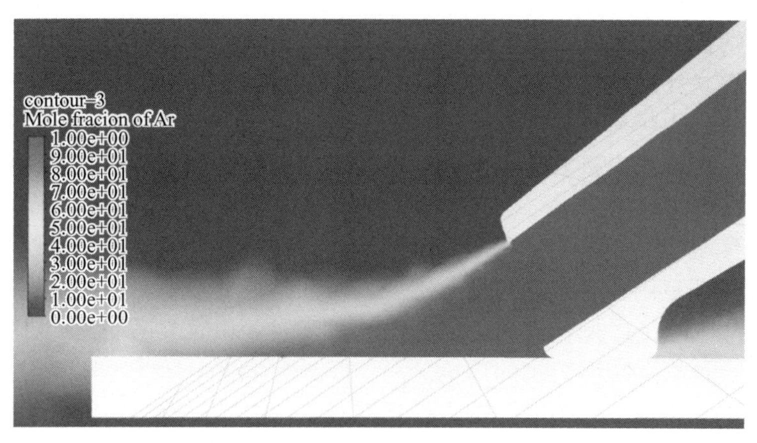

b) 数值模拟

图 6-15　同轴吹保护气体吹气方式示意图及数值模拟仿真（续）

6.5　主要技术参数

手持激光焊枪在选型与使用过程中主要关注的技术参数包括以下几个方面。

（1）外形尺寸与枪体重量　由于手持激光焊枪是由操作人员手持操控实施激光焊接作业的一种加工工具，其外形尺寸及枪体重量直接影响操作人员的使用体验。

目前市场上的手持激光焊枪外形设计越来越小巧轻便，这也成为焊枪选型时的一项重要参考指标。

（2）冷却方式　焊枪常见的冷却方式有液冷式（如水冷）、气冷式等，选择哪种冷却方式的焊枪主要取决于它的应用场景。

液冷式焊枪具有良好的散热性能，能够实现较高功率长时间工作，焊接质量高，但其配套的冷却系统体积较大、重量较重，一般适用于机位固定、加工功率较高（≥1500W）的应用场景。

气冷式焊枪利用保护气体散热，其整机体积小、重量轻，但其散热性能相对较弱，不适用于高功率长时间连续工作。一般适用于功率较低的移动式场景，如户外或需要频繁移动焊机的应用场景。

（3）光纤接口类型　手持激光焊枪常见的光纤接口类型有 QBH、QCS 等，不同接口类型的焊枪要同与之匹配的激光器配套使用。

（4）适用激光波长　手持激光焊机中光纤激光器波长通常为 1064～1090nm，半导体激光器波长通常为 780～980nm。

手持激光焊枪根据其光路系统设计的不同，其适用的激光波长也不同，选型时要根据选用的激光器波长范围选择合适的焊枪。

（5）可承受最大激光功率　手持激光焊枪根据其冷却方式、光路系统等设计的不同，其可承受的最大激光功率也不同。焊枪选型时，应选择可承受最大激光功率大于等于焊机额定输出功率的焊枪。

（6）摆动模式　摆动式手持激光焊枪通过控制电动机的摆动方式可实现不同的摆动轨

迹，单轴振镜电动机的焊枪摆动模式（摆动轨迹）通常包括点（·）、直线（—）。双轴振镜电动机的焊枪摆动模式（摆动轨迹）通常包括点（·）、直线（—）、圆形（○）、8字形（8）等。

摆动功能可以用于填充焊缝路径，使焊缝成形更加均匀美观。不同的摆动模式激光的能量分布是不同的，实现的焊接效果也不同，操作人员可通过设置不同的摆动模式实现不同的工艺效果。

（7）摆动幅度范围　摆动式手持激光焊枪的光学镜片随振镜电动机摆动，在焊枪焦点处形成的光斑宽度可调范围即为摆动幅度范围。目前，市场上常用的手持激光焊枪摆动幅度范围为0～6mm或0～8mm，操作人员可根据焊缝宽度设置相应的摆动幅度进行加工。通常根据应用需要选择合适摆动幅度范围的焊枪。

（8）摆动频率范围　摆动频率范围是指摆动式手持激光焊枪的振镜电动机按照设置的摆动轨迹周期性往复摆动时可达到的频率范围，通常为10～300Hz。

设置不同的摆动频率激光的能量分布不同，焊接效果不同，通常根据不同的焊接材料、板材厚度、焊缝宽度调节不同的摆动频率实现需要的焊接工艺效果。

（9）准直焦距　准直焦距是指用于准直光束的透镜的焦距，它决定了光纤出射光束的准直程度。

手持激光焊枪的准直焦距越长，虽然可以提高激光束的准直效果，减少发散，提高焊接精度和质量，但同时也可能增加焦深，影响焊接深度的控制，手持激光焊枪的准直焦距通常为50～60mm。

（10）聚焦焦距　聚焦焦距是指平行光入射时从透镜光心到光聚集之焦点的距离。聚焦镜的焦距对聚焦效果和焊接质量有重要影响，减小焦距可以获得小的聚焦光斑和更高的功率密度，但焦距过小，聚焦镜易受污染和损伤。一旦镜面被污染，对激光的吸收显著增加，从而降低到达工件的功率密度，且易引起透镜破裂。

手持激光焊枪的聚焦镜焦距通常根据焊接材料的厚度和焊接要求来选择，在实际应用中，还受到焊接功率、光束发散角和离焦量的影响。例如，对于高功率大熔深的激光焊接，短焦距的聚焦系统能够使光斑直径更小，能量更集中，从而提高熔深并减小熔宽。手持激光焊枪的聚焦镜焦距通常在100～200mm。

6.6 选型与维护

6.6.1 焊枪选型

手持激光焊枪在选型时主要考虑以下4个方面。

（1）应用需求　焊枪选型时，首先需要考虑的是应用需求，包括需求功率、使用场景（机位固定/移动式场景）、焊接材料（材料类型、厚度、焊缝宽度等）、工艺要求等。根据这些需求，结合焊枪的相应技术参数，如可承受最大激光功率、冷却方式、摆动模式、摆动幅度、摆动频率等进行选择。

（2）安全防护　相比自动化激光焊接设备，手持激光焊机的焊枪对其安全防护性能要求更高，选择焊枪时应多关注其安全防护方面的功能是否完善。

（3）操作性　选择握感舒适、轻便易于操作和控制的焊枪有助于操作人员长时间操作而不易产生疲惫感，从而确保焊接品质的稳定性。

（4）售后服务　选择有专业售后服务的焊枪非常重要。售后服务团队能够提供全面的技术咨询、设备选型、安装调试、人员培训等服务，确保用户在购买和使用过程中得到优质的服务。

6.6.2　维护指南

为了保证焊枪使用的安全性、高效性，使用过程中需注意以下事项。

（1）定期清洁　定期清洁焊枪，确保无灰尘和污垢积累，以保持设备的正常运行。

（2）检查和更换易损件　定期检查焊枪的易损件（如光学镜片、喷嘴等），并及时更换损坏的部件。

不同厂商或同一厂商不同型号的手持激光焊枪由于其结构设计方案不同，准直镜、反射镜、聚焦镜及保护镜的参数均有可能不同，所以镜片需要根据使用的手持激光焊枪型号来选择。由于镜片的品质会直接影响到焊接效果和焊枪的使用寿命，因此应尽量选择原厂镜片，更换镜片也需要经过专业的培训。

（3）日常检查　检查焊枪内外接头端子，确保无破损。

（4）安全操作　确保操作人员经过专业培训，熟练镜片的更换方法、了解设备的安全操作规程和紧急停止按钮的使用方法等。

第7章

手持激光焊专用送丝机

7.1 概述

目前，手持激光焊接以填丝焊形式为主。这种形式可以降低激光焊对工件加工精度和接头组对精度的要求，适应组对间隙较大或间隙变化较大焊缝的焊接，扩大手持激光焊的应用范围，极大地提高激光焊的焊接效率。其焊丝和焊枪的特殊配合使得手持操作变得简单易学。

7.2 基本组成及工作原理

7.2.1 基本组成

手持激光焊专用送丝机（以下简称“送丝机”）一般由外壳、驱动机构、控制电路和焊丝盘轴等部分组成。其中，驱动机构包括送丝电动机、减速箱、送丝轮、压紧装置等。常见的开放式送丝机外观如图 7-1 所示，常见的封闭式送丝机外观如图 7-2 所示，常见的送丝驱动机构如图 7-3 所示。

a) 整体外观　　b) 内部外观(主视)　　c) 内部外观(俯视)

图 7-1　常见的开放式送丝机外观

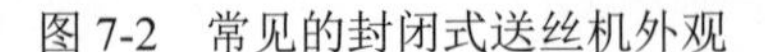

a) 整体外观　　b) 内部外观

图 7-2　常见的封闭式送丝机外观

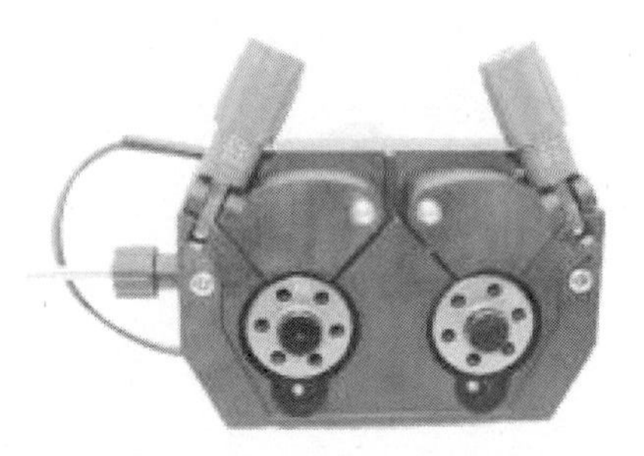

图 7-3　常见的送丝驱动机构

7.2.2　工作原理

在控制电路的作用下，送丝电动机高速旋转，经减速箱将转速大幅降低，送丝轮和压紧轮夹紧焊丝，利用摩擦力驱动焊丝前行，使旋转运动转换为焊丝的直线运动，将填充焊丝通过送丝管和导丝嘴输送至手持激光焊枪上，最终送达待焊工件的激光辐射区域。其工作原理大致可以分为以下 4 个部分。

（1）控制部分　提供参数设置，包括送丝速度、送丝方式以及其他焊接参数。控制部分还可以实现滞后送丝和提前抽丝功能，以确保焊接质量和效率。

（2）驱动部分　通常由可调预紧力压杆、主动轮和从动轮组成。主动轮由电动机带动旋转，提供送丝动力。从动轮则将焊丝压入送丝轮上的送丝槽，增大焊丝与送丝轮之间的摩擦，确保焊丝平稳送出。

（3）送丝嘴部分　将送丝嘴和焊枪相对固定，并能调整送丝的角度以及送丝嘴距离焊嘴的距离，以保证焊接效果。送丝嘴部分还可以实现焊丝的精确定位和角度调整。

（4）送丝机构　由电动机、送丝滚轮、压紧装置和减速器等组成。送丝电动机提供足够大的功率和较硬的工作特性，送丝滚轮将焊丝均匀、稳定地通过送丝软管及焊枪送至焊接区域。

通过上述各个部分的协同工作，送丝机能够实现高效、精确的焊丝输送，确保焊接过程的稳定性和质量。

7.2.3　驱动机构

1. 送丝电动机

送丝电动机为焊丝输送提供驱动力，克服来自于焊丝盘、送丝软管、驱动滚轮和导丝嘴对焊丝的拖拉阻力，主要采用伺服电动机、印刷电动机和永磁电动机，具有动态响应快、控制灵敏度高、机电时间常数小以及使用寿命长等优点。伺服电动机的起动转矩大、运行范围广、无自转现象，其控制系统和电动机的总成本高。印刷电动机因其转子质量小，磁极数多（8 极、10 极等），其动态响应比永磁电动机快，但其制造精度要求高，工艺复杂。永磁电动机的生产工艺成熟，价格比印刷电动机便宜。

此外，性能较好的送丝机一般都有测速反馈系统，如光栅测速反馈或电磁测速反馈，能按预设送丝速度精确送丝，显著提高送丝稳定性。

2. 减速箱

减速箱由齿轮、轴、轴承和外壳组成，将高速旋转的电动机转速降低，同时提供更大的扭矩输出，满足克服送丝阻力的送丝力要求。

3. 送丝轮

送丝轮一般开有沟槽，与压紧轮一起作用，夹紧并推动焊丝前行。

压紧轮一般都采用平面结构，送丝轮采用平面、V 形槽或 U 形槽结构。送丝轮常见的槽规格有 0.8mm、1.0mm、1.2mm、1.6mm 等，对应着不同直径的焊丝。常见送丝轮如

图 7-4 所示。

4．压紧装置

压紧装置是用于压紧焊丝的部件，确保焊丝保持适当的张力，提高送丝稳定性。

图 7-4　常见送丝轮

送丝机构有两轮式和四轮式。两轮式一般送丝轮为主动轮，称为单驱送丝机构。四轮式中一般有两个送丝轮为主动轮，称为双驱送丝机构。手持激光焊机常见的送丝驱动机构如图 7-3 所示。

不同种类的焊丝对滚轮槽形的要求也不同，单驱输送实心焊丝通常采用 30° V 形槽；双驱动输送实心焊丝常采用 60° V 形槽；输送铝焊丝常采用 U 形槽。

7.2.4　控制电路

控制电路通常包括以下几个主要部分。

（1）主控模块　输出 PWM（脉宽调制）控制信号，作为送丝机的驱动信号。

（2）驱动隔离模块　用于提高 PWM 控制信号的驱动能力，并起到信号隔离的作用。

（3）驱动模块　用于输出驱动信号、驱动电动机。

（4）速度反馈电路　检测送丝速度，并根据反馈信息调整送丝机的运行状态，以确保送丝速度的稳定和精确控制。

（5）同步电路　确保送丝机与激光焊机的其他部分（激光发生器、恒温水箱等）同步工作。

（6）给定电路　设定送丝速度，并根据焊接工艺的要求调整送丝参数。

（7）保护电路　提供过载保护、短路保护等功能，确保送丝机的安全运行。

（8）电压反馈电路　检测送丝电动机的电压，将数值反馈回主控模块，以监测电动机正常运行。

（9）电流反馈电路　检测送丝电动机的电流，将数值反馈回主控模块，以监测电动机正常运行。

送丝机通过与激光焊机的同步通信后，接收到主机上设置的送丝速度等焊接参数。通过送丝机内的主控模块输出 PWM（脉宽调制）信号作为送丝机的驱动信号，驱动信号再通过驱动隔离模块进行增强和隔离后传递给送丝机的驱动模块。驱动模块可通过识别接收到主控模块发出不同的 PWM 信号来驱动送丝电动机进行正转、停止和反转三种动作，从而实现送丝、停止和回抽三种功能。

在送丝机工作时，通过送丝机构上的速度反馈模块实时地检测出当前的送丝速度，并反馈回主控模块与设定的送丝速度值比较，比较后进行对应的调节以实现送丝速度的稳定和精确。同时，系统还设置了对送丝电动机的电压、电流检测电路，若检测数值超出电动机正常工作范围，则启动送丝机的保护电路模块，停止送丝机当前工作，确保送丝机安全工作。

7.2.5　送丝软管的选取

送丝软管是焊接过程中不可或缺的组成部分，它负责将焊丝从送丝机构顺畅地输送到焊枪，因此其性能和质量直接影响到焊接的效率和质量。以下是对焊接送丝软管的具体要求。

（1）挺度和弹性　送丝软管需要有良好的挺度和弹性，以确保焊丝在输送过程中能够保持直线状态，减少弯曲和阻力，从而提高送丝的稳定性和效率。

（2）内径大小　软管的内径大小要均匀合适，这不仅关系到送丝的顺畅性，还影响到焊丝与软管内壁之间的摩擦力，内径过小会增加摩擦力，内径过大则可能导致焊丝在软管内波动，影响焊接质量。

（3）耐高温和耐磨　由于焊接过程中会产生高温，送丝软管需要能够承受一定的温度而不易损坏。同时，软管内部应光滑，以减少焊丝与其接触时的磨损，保护焊丝不受损伤。

（4）滑爽好用　送丝软管的材质应滑爽，易于操作，从而减小操作人员的劳动强度，提高工作效率。

此外，送丝软管的维护和保养也非常重要，应定期清理软管内的污物，保持软管内部的清洁，以确保焊丝的顺畅输送和焊接质量的稳定。

手持激光焊送丝机的送丝软管选择耐高温、柔软、不易磨损的材质。长度与激光焊机工作范围相匹配即可，一般不要超过 8m，以免影响送丝效果。软管内径根据焊丝直径选择，软管内径与焊丝直径的比例在 1∶（1.5～2）比较合适。在使用时还需注意软管不能受到过度拉伸和磨损，以免影响送丝效果和软管寿命。

为了保护软管，可以选择适合的保护套来覆盖软管，一般有以下几种：

1）钢丝带防护套：钢丝带防护套具有良好的抗高温、耐磨、耐压能力，可以有效地保护软管免受机械和磨损的损害。

2）外护套：外护套一般采用聚酯材料，具有良好的耐磨和耐油性，可防止软管的外部受到外界物理及化学损害。

3）硅胶护套：硅胶护套具有良好的隔热性、耐蚀性和耐磨性，能够有效防止软管在高温环境下老化和龟裂。

对于碳素钢焊丝，选择耐磨、耐压、耐高温塑料软管，一般使用聚氨酯或尼龙软管较为常见。常见送丝软管如图 7-5 所示。

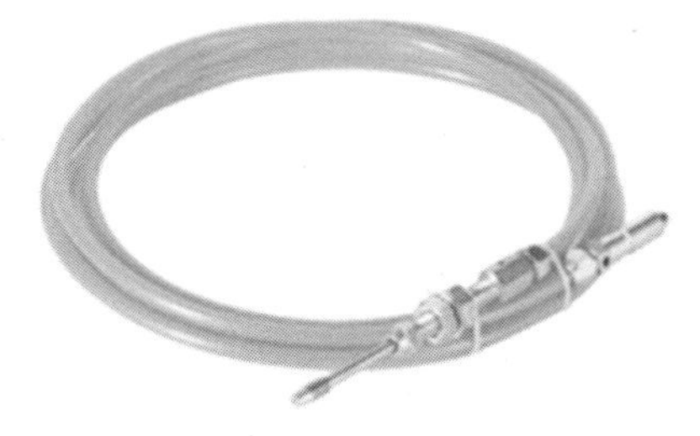

图 7-5　常见送丝软管

对于铝焊丝，应选择耐高温、抗腐蚀、耐磨损的石墨送丝软管。

7.2.6　导丝嘴的选取

导丝嘴的作用是引导焊丝指向填充位置。若导丝嘴在焊接过程中孔径磨损增加，则会导致焊丝瞄准位置出现偏差，引起焊缝偏移、熔深不足等焊接缺陷。常见导丝嘴如图 7-6 所示。

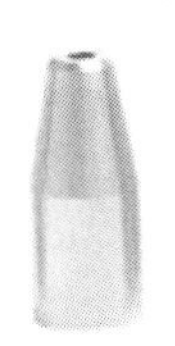

图 7-6　常见导丝嘴

导丝嘴一般采用导热性能好的铜合金材质，前端采用圆弧设计，防止因飞溅物与导丝嘴黏连而产生黏丝。

第8章 手持激光焊接安全要求

8.1 概述

激光制造是现代智能制造的一个重要分支。对“安全”的关注和重视是产业发展成熟的重要标志，德国、美国等欧美发达国家及日本在激光制造领域较早关注到激光安全问题，通过欧盟安全指令、国际电工委员会标准、美国国家标准及日本国家标准对激光设备的安全进行了规范，并通过长期实践积累了标准执行的方法和经验。

国际标准化组织（International Organization for Standardization，ISO）和国际电工委员会（International Electrotechnical Commission，IEC）从不同层面对激光及其相关设备进行了规范。ISO 标准侧重于基础且普适的术语、概念和方法。例如，ISO 11145：2018《光学和光子学、激光和激光设备、词汇和符号》规范了激光及其相关设备的术语和符号；ISO 12100：2010《机械安全—设计通则—风险评估和降低风险》，ISO 13849-1：2023《机械安全—控制系统的安全相关零部件—第 1 部分：设计通则》规范了机械/设备的一般设计准则及风险评估和控制。IEC 标准侧重于电子和电气机械/设备，IEC 60825-1：2014《激光产品的安全 第 1 部分：设备分类和要求》规范了激光产品的安全分类和要求。两个国际标准化组织联合工作制定的 ISO/IEC 11553-1：2020《机械安全—激光加工机—第 1 部分：通用安全要求》和 ISO/IEC 11553-2：2007《机械安全—激光加工机—第 2 部分：手持式激光加工机安全要求》两个标准针对激光制造设备和手持激光制造设备的安全要求进行了规范。

我国等同采用（Identical，IDT）了 IEC 60825-1：2014，修改采用（Modified，MOD）了 ISO/IEC 11553-1 和 ISO/IEC 11553-2：2007 作为国家标准 GB 7247.1—2024、GB/T 18490.1—2017 和 GB/T 18490.2—2017。

本章在以上涉及激光制造机械/设备主要的国际、国内标准基础上，首先说明相关危险识别和风险评估，并阐述对手持激光焊接的安全要求。

需要特别强调的是，激光的特殊性，手持激光焊接的安全风险（包括对操作者和作业区附近的其他人员）远比传统焊接方法（如电弧焊、电阻焊等）大得多，希望相关企业和相关从业人员对手持激光焊接安全理论的学习、安全制度的完善和执行、安全措施的保障和落实等给予足够的重视。

8.2 危害识别和风险评估

1. 可能产生激光辐射的危害识别

激光辐射产生的危害包括激光束直接照射和意外照射产生的危害。意外照射又包括正常操作设备时发生的激光束指错方向，以及在维修、维护过程中意外起动激光发生的直接照射或散射照射。可能产生危害的激光束直接照射或意外照射包括但不限于以下几种情况。

1）嵌入激光源的窗口。

2）光束传输、整形路径上的窗口。

3）手持激光焊枪。

激光束与工件相互作用时，在可预见故障的条件下，可能产生非预期的镜面反射或向错误方向照射，从而在更大距离或区域内产生危害。

1）焊接过程中，激光与材料相互作用时，通常在熔池附近（深熔焊为匙孔，Keyhole）会产生大量二次辐射，包括紫外激光辐射、等离子体辐射和激光辐射等。如果被加工材料为金属材料，会产生不同角度的镜面反射，如果反射回光路，可能造成光路损坏，这些镜面反射也会危害操作人员或周围人员的眼睛、皮肤，加工环境中的其他材料也会受到二级辐射的照射。

2）焊接材料为高反射性金属时，如铝和铜，可能会导致部分光束能量从目标焊缝位点反射，并需要额外的预防措施。如果激光参数设置不当，不足以实现目标的熔化，则可能会发生更多的反射。

此外，导光系统和光束成形系统（手持激光焊枪）也可能产生意外激光辐射。如果在没有采用适当激光防护装置屏蔽的自由工作空间中工作，则第三方会有受到激光辐射照射的潜在危险。可能产生危害的激光束直接照射或意外照射包括但不限于以下几种情况。

1）光束传输、整形路径具有镜面反射功能的元件。

2）辅助观察窗口。

3）工件夹具或卡具。

4）工作区域内具有镜面反射功能的元件。

5）防护罩内具有镜面反射功能的元件。

6）具有镜面反射功能的工件。

存在设计缺陷或功能失效时，可能产生危害的激光束直接照射或意外照射包括但不限于以下几种情况。

1）光纤损坏。

2）被动光学元件（如透镜、反射镜）损坏。

3）由于光束传输路径上光学元件设计不足或不在正确位置产生的光束指错方向。

4）没有正确使用手持焊枪。

5）防护罩或防护屏意外破裂或损坏。

6）急停装置设计缺陷。

7）安全联锁设计缺陷。

2. 使用手持激光焊接时的危害识别

使用手持激光焊接的危害识别包括但不限于以下几个方面。

1）未经培训或授权人员起动设备。

2）设备起动时，至少一个元件或组件未在正确位置。

3）运行超过安全速度。

4）从高处跌落。

5）视觉警告标识标记设计缺陷。

6）不符合人体工程学的操作姿势或重复运动。

7）操作人员超负荷工作。

3. 其他危害识别

（1）机械危害　如冷却系统高速运转的散热风扇、机箱机柜柜门在打开关闭的过程中，特别是处于能够支撑打开状态的柜门而使用了氮气弹簧的设计，关闭过程中经过死点位置时阻力会逐渐变小并转变为关闭的动力。常见手持激光焊机背面的散热风扇及防护网如图 8-1 所示。

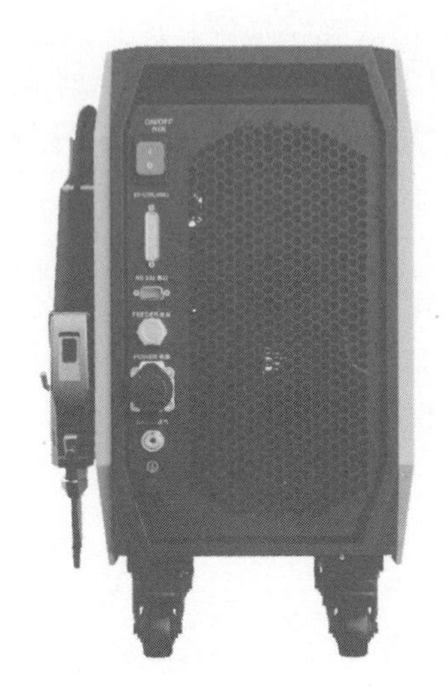

图 8-1　手持激光焊机背面的散热风扇及防护网示例

（2）电气危害　手持激光焊机内部诸如激光器、冷水机散热模组、接触器及直流电源等元器件直接使用或通过交流单相或三相 220V/380V 电压。若直接触摸这些元器件上裸露的端子、接线桩等则会造成严重的电击伤害，甚至可能危及生命。激光焊本身也应对这些部位设置警示标识及锁止机构，避免机壳、内部电路被用户开启。特别是在户外使用时，由于环境和天气因素可能造成电击危害。

（3）热危害　耐热的防护手套、激光防护眼镜、防护服。即使在焊接操作结束几分钟后，虽然焊缝已经从红热冷却至不再发光，但其温度仍可能高达数百摄氏度。身体直接或穿戴普通手套的手接触工件，则仍可能导致严重的烫伤。不论是焊接过程中还是在焊后抓取、搬运工件或进行更换铜嘴等操作都可能导致烫伤，一定要确认已经充分冷却后再进行上述操作。另外焊接过程中的飞溅物也可能导致手臂等部位烫伤。

（4）振动危害　由于手持激光焊机上高速运动的部件较少，通常只有散热风扇，而正常情况下焊枪内的振镜高速摆动则不易察觉。因此，在散热部分平衡良好运转正常的情况下，振动危害通常不是手持激光焊机使用过程中的主要风险点。

（5）激光与物质相互作用产生的危害　除焊接过程中的设备自身发出的激光辐射，由于高能量密度的激光束对工件及气体造成的高温及电离作用往往还伴随有一定的紫外光和可见

光辐射，因此裸眼观察焊接过程可能会伴随多种波长的光辐射伤害。长时间的紫外线照射也可能导致皮肤形成类似晒伤的灼伤。

例如，焊接镀锌工件特别是采用热镀锌工艺的材料时，由于锌的沸点（906℃）与基体的沸点（1500℃）相差较大，因此会导致镀锌层在焊接过程中挥发而产生剧毒锌蒸气及氧化锌气溶胶，锌蒸气未能及时排出熔池易造成焊接接头气孔或剧烈飞溅等焊接缺陷。大量吸入锌蒸气后口中会感觉有明显的金属味道，产生口渴、胸部紧束、干咳、头痛、头晕、高热及寒战等强烈的不适感，可持续数天。长期吸入锌蒸气会导致肝功能衰竭、肾功能衰竭、广泛性弥散性血管内凝血等症状。镀锌材料焊缝如图 8-2 所示。

图 8-2　镀锌材料焊缝

除镀锌材料以外，常见的碳素钢、不锈钢、铝合金等金属，在焊接过程中由于其表面清洁度、材质本身的化学成分等因素，在焊接过程中或多或少地都会伴随有一定的烟雾，在长期的作业中若吸入这些烟雾，则会对肺部、心脏、肾脏和中枢神经系统造成损伤。因此焊接过程中还应佩戴适合防护焊接烟尘且过滤效率≥95%的 N95 级别焊接口罩或面罩。

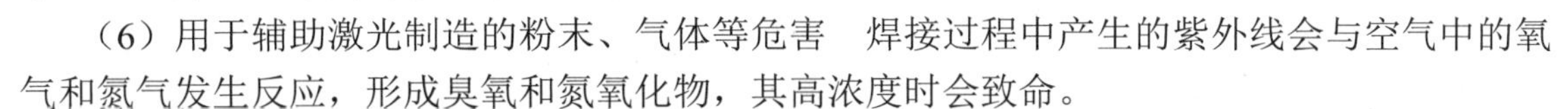

（6）用于辅助激光制造的粉末、气体等危害　焊接过程中产生的紫外线会与空气中的氧气和氮气发生反应，形成臭氧和氮氧化物，其高浓度时会致命。

手持激光焊机有时使用经济且易得的氮气作为保护气体，虽然氮气本身是无毒气体，空气本身也有 78%的成分为氮气，但是在密闭空间（如容器、管道内部）或室内进行激光焊接、清洗作业时，还应特别注意氮气窒息的风险。氮气本身为无色、无味、无嗅的惰性气体，是不能仅凭感官判断相对封闭空间中氮气含量是否超标的。在长时间进行作业后，氮气大量排放可能导致空气中的氧含量显著降低。由于人体窒息感的建立是根据空气中的二氧化碳浓度产生的，因此当氮气窒息发生时，环境中的二氧化碳浓度并没有变化，人体通常是没有明显的窒息感的，所以氮气窒息性事故发生时也往往没有明显的预兆。受害者只要在相对浓度较高的氮气空间中停留 2min 就很难有逃出或自救能力；当工作空间中氧浓度（质量分数）＜10%时，则有可能立即使人窒息死亡。因此，在焊接现场应进行常规空气质量监测，并必须保持通风。特别是在狭小的密闭空间内进行作业时，应采用强通风措施。

（7）环境温度危害　在超出设备规定温度范围、极冷或极热环境下强行工作时，将可能导致设备冷却系统失效，如环境温度高过 45℃，或冷水机的工作温度超出上限时，会使激光器无法制冷或制冷量不足造成设备过热。在高温下运行设备会加速内部元器件老化、增加泵浦电流阀值、降低激光器灵敏度和电光转换效率。

而在低温环境下，水冷手持激光焊设备需要较长时间预热至工作温度，并且在低于 5℃时冷水机有结冰风险，将造成管路堵塞或元器件内部结冰胀裂。同时低温环境下设备上常用的尼龙或 PU 材质会变脆变硬，因此应注意高压气体管道破裂可能造成的意外伤害。

满足水冷型激光器正常运行的典型环境温度、相对湿度及露点范围见表 8-1。

表 8-1　环境温度、相对湿度及露点对照

相对湿度(%)	30	35	40	45	50	55	60	65	70	75	80	85	90	95
环境温度/℃	露点 T_d/℃													
10	−7.0	−5.0	−3.0	−1.3	0.0	1.5	2.5	3.6	4.8	5.8	6.7	7.6	8.4	9.2
11	−6.5	−4.0	−2.0	−0.5	1.0	2.5	3.5	4.8	5.8	6.7	7.7	8.6	9.4	10.2
12	−5.0	−3.0	−1.0	0.5	2.0	3.3	4.4	5.5	6.7	7.7	8.7	9.5	10.9	11.2
13	−4.5	−2.0	−0.2	1.4	2.8	4.1	5.3	6.6	7.7	8.7	9.6	10.5	11.4	12.2
14	−3.2	−1.0	0.7	2.2	3.5	5.1	6.4	7.5	8.6	9.6	10.6	11.5	12.4	13.2
15	−2.3	−0.3	1.5	3.1	4.6	6.0	7.3	8.4	9.6	10.6	11.6	12.5	13.4	14.2
16	−1.3	0.5	2.4	4.0	5.6	7.0	8.3	9.5	10.6	11.6	12.6	13.4	14.3	15.2
17	−0.5	1.5	3.2	5.0	6.5	8.0	9.2	10.2	11.5	12.5	13.5	14.5	15.3	16.2
18	0.2	2.3	4.0	5.8	7.4	9.0	10.2	11.3	12.5	13.5	14.5	15.4	16.4	17.2
19	1.0	3.2	5.0	7.2	8.4	9.8	11.0	12.2	13.4	14.5	15.4	16.5	17.3	18.2
20	2.0	4.0	6.0	7.8	9.4	10.7	12.0	13.2	14.4	15.4	16.5	17.4	18.3	19.2
21	2.8	5.0	7.0	8.6	10.2	11.0	12.9	14.2	15.3	16.4	17.4	18.4	19.3	20.2
22	3.5	5.8	7.8	9.5	11.0	12.5	13.8	15.2	16.3	17.3	18.4	19.4	20.3	21.2
23	4.4	6.8	8.7	10.4	12.0	13.5	14.8	16.2	17.3	18.4	19.4	20.4	21.3	22.2
24	5.3	7.7	9.7	11.4	13.0	14.5	15.8	17.0	18.2	19.3	20.4	21.4	22.3	23.1
25	6.2	8.6	10.5	12.3	14.0	15.4	16.8	18.0	19.1	20.3	21.3	22.3	23.2	23.9
26	7.0	9.4	11.4	13.2	14.8	16.3	17.7	19.0	20.1	21.2	22.3	23.3	24.2	25.1
27	8.0	10.3	12.2	14.0	15.8	17.3	18.7	19.9	21.1	22.2	23.2	24.3	25.2	26.1
28	8.8	11.2	13.2	15.0	16.7	18.0	19.6	20.9	22.0	23.0	24.2	25.2	26.2	27.1
29	9.7	12.0	14.0	15.9	17.6	19.2	20.5	21.3	23.0	24.1	25.2	26.2	27.2	28.1
30	10.5	12.9	14.9	16.8	18.5	20.0	21.4	22.8	23.9	25.1	26.2	27.2	28.2	29.1
31	11.4	13.8	15.9	17.8	19.4	20.9	22.4	23.0	24.8	26.0	26.9	28.2	29.2	30.1
32	12.2	14.7	16.8	18.6	20.3	21.9	23.3	24.6	25.8	27.0	28.1	29.2	30.1	31.1
33	13.0	15.6	17.6	19.6	21.3	22.9	24.2	25.6	26.8	28.0	29.0	30.1	32.1	32.1
34	13.9	16.5	18.6	20.5	22.2	23.8	25.2	26.5	27.7	29.0	29.5	31.1	32.1	33.1
35	14.9	17.4	19.5	21.4	23.0	24.6	26.2	27.5	28.7	29.9	31.0	32.1	33.1	34.1
36	15.7	18.1	20.3	22.2	24.0	25.0	27.0	28.4	29.0	30.9	32.0	33.1	34.1	35.2
37	16.6	19.2	21.2	23.2	24.9	26.5	27.9	29.5	30.7	31.8	33.0	34.1	35.2	36.2
38	17.5	19.9	22.0	23.9	25.8	27.4	28.9	30.3	31.5	32.0	33.9	35.1	36.0	37.0
39	18.1	20.8	23.0	24.9	26.6	28.3	29.9	31.2	32.5	33.8	34.9	36.2	36.8	38.1
40	19.2	21.6	23.8	25.8	27.6	29.2	30.7	32.1	33.5	34.7	35.8	36.8	38.1	39.1

随着小功率（≤2000W）纯风冷手持激光焊的市场应用深入，采用环境中的空气强制对流实现激光器的散热，无需额外冷水装置，可有效避免冬季结冰胀裂风险。

（8）环境湿度危害　在湿度较大的环境下，使用带水冷装置的手持激光焊机比较常见的问题是激光器结露。虽然近些年很多激光器厂商考虑到激光焊的实际使用场景在钣金设计和结构上提高了整体的密封性，但这一物理规律仍然无法改变。当环境温度、湿度在表 8-1 深灰区域中运行时，将导致设备存在结露风险。结露情况比较严重时将严重损坏激光器内部元

器件或 QBH 接头，造成功率衰减，甚至光纤、激光器烧毁。图 8-3 所示为因结露造成的激光器 QBH 烧毁。

图 8-3 因结露造成的激光器 QBH 烧毁

随着小功率纯风冷手持激光焊机的市场应用的深入，利用环境中的空气做强制对流散热，无需额外的水冷装置，风冷与环境无温差，可有效避免结露风险。

（9）环境的灰尘、粉尘等危害　在粉尘环境下工作会增加枪头焊接保护镜片的消耗，并且在更换焊接保护镜片过程中，由于焊枪内部光路敞开，可能造成其他光学元器件的进一步污染，因此有条件的情况下，应尽可能在清洁的环境中更换光学镜片，并注意在更换过程中用纸胶带封闭焊枪上的开口。

与此同时，要注意粉尘的爆炸风险，与可燃气体的情况类似，当封闭空间内具有可燃性粉尘或可燃气体与空气混合形成气溶胶并达到爆炸极限时，焊枪所发射的激光以及焊接过程中产生的火花、熔池、飞溅物会点燃气溶胶而造成爆炸，在焊接铝并且伴随有打磨作业时要尤其要注意这种风险。如果工作场地具有强通风措施并配备规格正确的除尘设备将大大减小这种风险。

另外，在作业现场也应避免出现燃料、油漆、有机溶剂及木材等可燃物，避免这些物品因受到激光照射而引燃，并配备干粉灭火器等消防措施。

（10）环境中的电磁干扰危害　通常手持激光焊机所产生的电磁干扰相对于传统电弧焊机来说要小得多。在实际的情况中，它更多的是“被干扰”。如两种焊接方式在不同工件或同一工件的不同部位交叉甚至同时使用也是比较常见的场景。手持激光焊机内部精密的控制电路、高速摆动的振镜、较长的信号电缆等都是不利因素，由于设备的抗干扰性能不佳，因此在这些情况下可能发生因焊机控制系统死机、振镜摆动角度偏差而造成焊枪内部烧毁。近些年手持激光焊技术不断进步，例如手持焊枪内置振镜电机驱动电路，避免控制信号电缆长距离传输，可有效避免手持激光焊枪被干扰，上述情况已经有较大改善且较少发生。但是在现场出现设备异常时，暂停周围的其他电弧焊焊接作业以排查原因仍然是必要的。

（11）环境能见度危害　焊接作业本身是一项较为繁重又有一定精确度需求的作业，其本身理应处于照明良好的环境中。但要特别注意的是，激光焊机作为一个激光设备，可以发出大功率不可见光，同时作业环境中也会伴随各种波段的二次、多次反射光及漫反射光。在黑暗的环境中使用激光设备，由于人的瞳孔会本能地放大以弥补照度的不足，但又无法从视觉上直观地感受到强烈的激光，所以使得这种伤害会成倍增加并累积。因此，使用激光焊的场所必须具有明亮的照明环境并有不透光的安全隔离围挡，以减少对激光焊工位周围未佩戴激光安全防护装备人员的伤害。

4. 风险评估

风险是一个概率概念，即某个事件可能造成伤害的可能性。风险评估是一个遵循逻辑步骤的过程，以便系统地分析和评估与特定设备相关的风险，确定危害的严重程度及其发生的可能性，判断是否有必要降低风险，采取降低风险的措施。

风险评估遵循以下 4 个步骤。

1）确定手持激光制造机械/设备的工作边界，包括预期用途和合理可预见的误用。

2）根据 8.2 章节确定可能产生危害的情况。

3）确定每种危害的严重程度及其发生的可能性。

4）判断是否有必要降低风险，并采取降低风险的措施。

在设计、制造阶段纳入防护措施比用户采取措施防护风险更加有效。设计、制造阶段应以最大限度地降低风险为目标，这就要求设计者或制造商充分考虑设备在全生命周期各个阶段的安全性，实现设备预期功能和可操作性，降低制造、运行、拆卸及维护成本。

8.3 安全措施

1. 一般要求

采用安全措施的目的是消除危害，降低危害程度和危害发生的概率。安全措施采用遵循机械设计阶段的安全设计、预期使用时可能产生危害的防护措施和用户信息三个阶段。机械设计阶段的安全设计是唯一可以消除危害的阶段，机械设计如果能够充分考虑安全，则可以避免后续辅助防护措施的采用。如果在设计阶段不能消除的危害，则在预期使用以及合理可预见故障条件下，需采用必要的防护措施。尽管进行了安全设计，采用了保护措施，但如果风险仍然存在，则应在用户信息中明确。

2. 设计

设计阶段可以从以下两个方面考虑。

1）在设备生产制造阶段，设计是安全措施的第一步，也是最重要的降低风险的环节。在设计过程中，要充分考虑设备体积、物理因素（如运动速度、机械压力等）、环境因素、碰撞、稳定性、维修维护（如易操作、减少特殊工具或仪器的使用）、人体工程学、气压或液压，以及控制系统等。例如手持激光焊枪应避免光束垂直入射（避免损害光路系统），充分考虑“镜面反射”效应，基于焊接接头几何形状，设计适当的喷嘴，预置镜面反射锥等。

2）在设备使用阶段，要充分考虑设备使用整体环境，如采光、通风，环境温度、湿度、洁净度，控制噪声，以及防尘、防火等方面的因素，并结合具体应用场景和操作人员做好设备使用环境/厂房的设计。例如：操作员和观察员应了解每个加工部分的预期镜面反射锥，不要试图查看或将身体的任何部分放置在预期的镜面反射锥内；操作员和观察员还必须随时注意反射光束，避免人员正面接触激光辐射（受到激光辐射的照射）；对于安装激光器的房间要有明亮的光线（充足的照明），人在明亮光线（照明充足）的环境中，眼睛的瞳孔缩小，可减少人眼角膜接收的进光量，勿在黑暗环境下使用手持激光焊机（最大和最小瞳孔之间的透光面积相差 20 倍以上）；在手持激光焊机周围不要放置有镜面反射作用的物品。

3. 激光辐射安全要求

（1）确定激光产品的安全类别　为了对激光产品进行正确的安全分类，需要测量/计算其可达发射水平（Accessible Emission, AE），通过可达发射与可达发射极限（Accessible Emission Limit, AEL）的比较，确定激光产品的安全类别。分类过程遵循以下 6 个步骤。

第一步：确定激光辐射的基本参数，包括波长 λ、光束直径 d_{63}，光束发散全角 φ，输出功率 Φ。

第二步：选择可能的激光产品的安全类别。

第三步：依据 GB 7247.1—2024 选择时间基准。

第四步：根据波长和选择的时间基准，依据 GB 7247.1—2024||IEC 60825-1：2014《激光产品的安全　第 1 部分：设备分类和要求》计算可达发射极限 *AEL*。

第五步：计算可达发射 *AE*。

通过给定的测量距离来计算在测量距离 L 处的光束直径 D_L、通过计算 η 系数来确定可达发射。

D_L 采用式（8-1）计算，即

$$D_L = \sqrt{D_0^2 + L^2\varphi^2} \tag{8-1}$$

式中　D_0——光束束腰直径（cm）；

　　L——给定的测量距离（cm）；

　　φ——光束发散角（rad）。

在测量距离 L 处，*AE* 以式（8-2）计算，即

$$AE = \eta \times Q \tag{8-2}$$

式中　Q——总辐射能量（或功率）（J 或 W）；

　　η——系数。

第六步：通过 *AE* 与 *AEL* 的比较类确定激光产品的安全类别。

例题：

将一个输出功率为 50mW、光束直径为 3mm、光束发散角为 1mrad 的 CW HeNe 激光器（λ=633nm）进行分类。其步骤如下。

第一步：确定激光辐射的基本参数。

Φ=50mW、D_0=3mm、φ=1mrad、λ=633nm。

第二步：选择可能的激光产品的安全类别，见表 8-2。

可选择 3R 类或 3B 类激光产品，如不能确定，可选择 1 类、2 类、3R 类和 3B 类分别进行计算比较。

第三步：选择时间基准（依据 GB 7247.1—2024 中 4.3e），见表 8-2。

表 8-2　选择时间基准

激光产品的类别	1 类	2 类	3R 类	3B 类
时间基准/s	100	0.25	0.25	100

第四步：计算可达发射极限 *AEL*（依据 GB 7247.1—2024 中表 3、表 5、表 6、表 8），见表 8-3。

表 8-3　计算可达发射极限（*AEL*）

激光产品的类别	1 类	2 类	3R 类	3B 类
可达发射极限值 *AEL*	3.9×10^{-4}W=0.39mW	$C_6\times10^{-3}$W=10^{-3}W=1mW C_6=1mW	5×10^{-3}W=5mW	0.5W

第五步：依据 GB 7247.1—2024 表 10 确定可达发射 AE。

条件 1：孔径光阑 D_f=50mm、距离 L=2000mm。

$$D_L=\sqrt{D_0^2+L^2\varphi^2}=\sqrt{3^2+(2000)^2\times(10^{-3})^2}=3.61\text{mm}$$

$$\eta=1-e^{-\frac{D_f^2}{D_L^2}}=1-e^{-\left(\frac{50}{3.61}\right)^2}\approx 1$$

所以，条件 1 下可达发射 AE=50mW×1=50mW。

条件 2：孔径光阑 D_f=7mm、距离 L=70mm。

$$D_L=\sqrt{D_0^2+L^2\varphi^2}=\sqrt{3^2+(70)^2\times(10^{-3})^2}\text{mm}=3\text{mm}$$

$$\eta=1-e^{-\frac{D_f^2}{D_L^2}}=1-e^{-\left(\frac{7}{3}\right)^2}=0.996$$

所以，条件 2 下可达发射 AE=50mW×0.996=49.8mW。

条件 3：孔径光阑 D_f=7mm、距离 L=100mm。

$$D_L=\sqrt{D_0^2+L^2\varphi^2}=\sqrt{3^2+(100)^2\times(10^{-3})^2}\text{mm}=3\text{mm}$$

$$\eta=1-e^{-\frac{D_f^2}{D_L^2}}=1-e^{-\left(\frac{7}{3}\right)^2}=0.996$$

所以，条件 3 下可达发射 AE=50mW×0.996=49.8mW。

第六步：通过 AE 与 AEL 的比较，确定激光产品为 3B 类激光产品。

如果测量可达发射 AE，则测量必须在下列条件下进行。

1）在可达发射水平达到最大的情况下和过程中进行测量，包括激光产品的起动、稳定发射及关闭，并利用操作、维护及检修说明书中所列的所有控制和调节措施进行综合调节以获得辐射的最大可达发射水平。

2）使用可能增加辐射危害的附件也必须进行测量（如平行光镜片），这些附件是由制造厂商提供或建议与产品一起使用的，包括任何不使用工具或联锁失效时可能出现的配置，也包括操作和维护指南中予以警告的配置和设置。例如，当在光路上的光学元件（如滤光镜、发散透镜或透镜）不使用工具就可移开时，产品必须在导致最高危害水平的配置下进行测量。

3）对激光产品而非激光系统来说，激光器必须与由激光产品制造厂商指定，并与激光器匹配的激光驱动源相连，以保证激光产品产生最大可达辐射。

4）在测量可达发射水平的操作过程中，应对人员可能接触的空间各点（例如，如果操作时要求移开防护罩的某些部分，且安全联锁失效，则必须在产品外壳内可能接触的部位）进行测量。

5）测量仪器的探测器相对激光产品的位置和方向，应使测量仪器测量到最大的辐射探测值。

6）应采取适当的方法，以避免或消除间接辐射对测量的干扰。

（2）工程防护措施　防护罩、挡板、安全联锁、遥控联锁连接器、钥匙控制器、可闻或可视的激光辐射发射警告装置、光束终止器或衰减器、控制器、光学观察器、扫描安全装置和急停控制装置等工程防护措施，在明确激光产品安全分类的基础上，依据 GB 7247.1—2024，GB/T 18490.1—2017 和 GB/T 18490.2—2017 的要求执行。

激光焊机的操作面板及发射指示灯如图 8-4 所示。设备应具有红色的急停按钮，在规定的时间极限内立即关断执行机构的电源、停止激光发射，同时关闭气源和水源。并配有可防止未经授权的用户开启激光设备与装置，如对钥匙开关或开机密码进行授权管理。手持激光焊机除了电源开关外，还应具有发射安全开关（如脚踏开关、触板互锁等）及指示。根据 GB/T 18490.2—2017 中 5.4.4 章节的规定，手持激光焊机还应具有激光辐射指示器装置，即应设有一个光学和/或声学的指示器（如 LED），用来表示发射的激光辐射在 3R 类以上。激光的触发方式通常为压发，一旦释放开关则光束自动关闭，如图 8-4 所示。

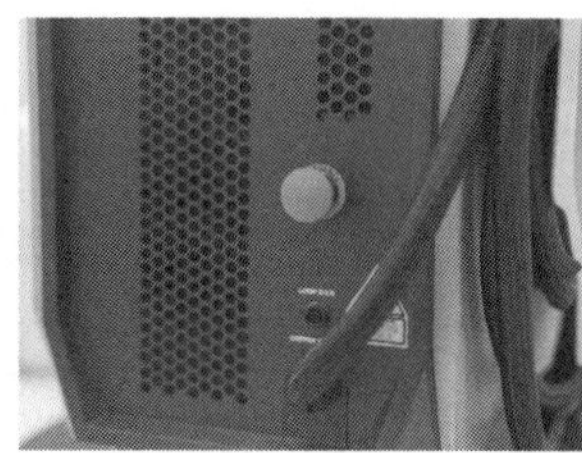

图 8-4　手持激光焊机的操作面板、状态指示灯及急停控制按钮

（3）安全准入　安全准入的依据是标称眼危害距离（Nominal Ocular Hazard Distance，NOHD）或标称眼危害区域（Nominal Ocular Hazard Area，NOHA）。NOHD 和 NOHA 指在正常观察下，无论直射、反射或散射光束辐照度或辐照量等于相应最大允许照射量（Maximum Permissible Exposure，*MPE*）的距离或区域。因此，NOHD 和 NOHA 计算基础是人眼最大允许照射量（*MPE*）。*MPE* 是人眼受到激光照射的安全极限值。最大允许照射量（*MPE*）如图 8-5 所示。

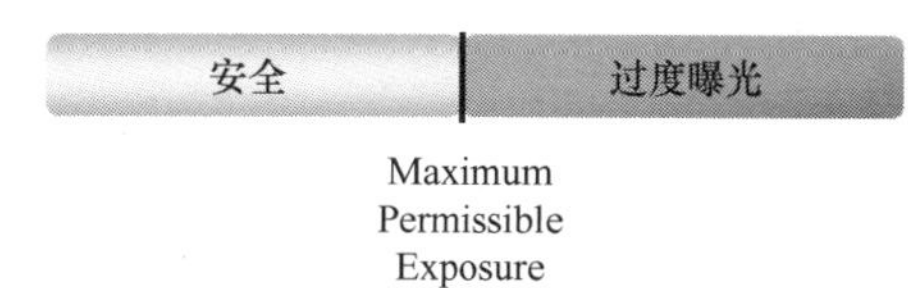

图 8-5　最大允许照射量（*MPE*）

NOHD 和 NOHA 的计算考虑束内观察（见图 8-6）、通过透镜观察（见图 8-7）、通过透镜和镜面反射观察（见图 8-8）以及漫反射观察（见图 8-9）4 种情况。

1）束内观察。

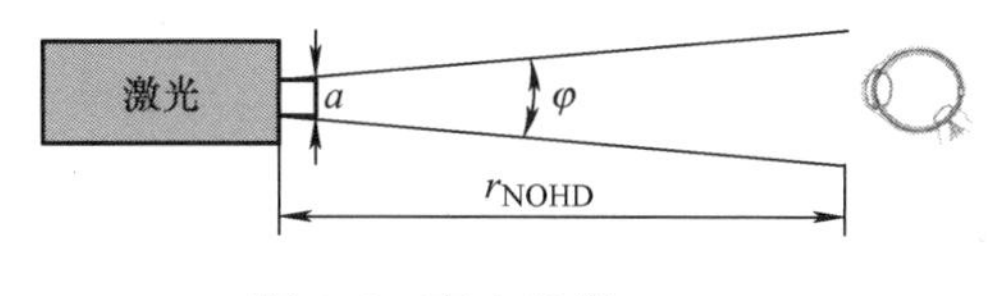

图 8-6　束内观察 NOHD

束内观察时的 NOHD 以式（8-3）计算，即

$$r_{\mathrm{NOHD}}=\frac{1}{\varphi}\left[\left(\frac{4\Phi}{\pi MPE}\right)-a^{2}\right]^{\frac{1}{2}} \tag{8-3}$$

式中　φ——光束发散角（rad）；

Φ——辐射通量（辐射功率）（W）；

a——激光器出光口的光束直径（cm）。

2）通过透镜观察。

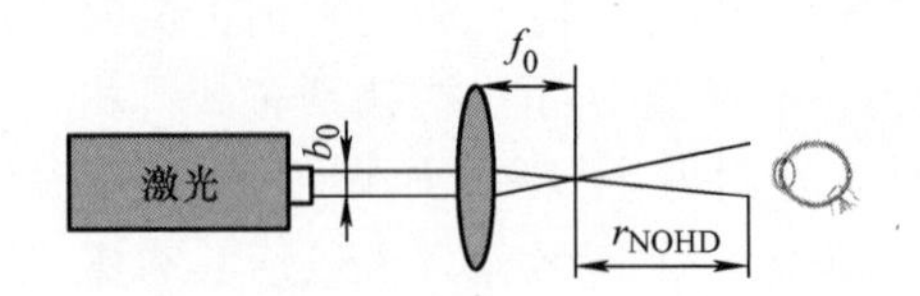

图 8-7　通过透镜观察 NOHD

通过透镜聚焦观察时的 NOHD 以式（8-4）计算，即

$$r_{NOHD}=\frac{f_0}{b_0}\left(\frac{4\Phi}{\pi MPE}\right)^{\frac{1}{2}} \tag{8-4}$$

式中　f_0——聚焦镜的焦距（cm）；

Φ——辐射通量（辐射功率）（W）；

b_0——聚焦光束束腰直径（cm）。

3）通过透镜和镜面反射观察。

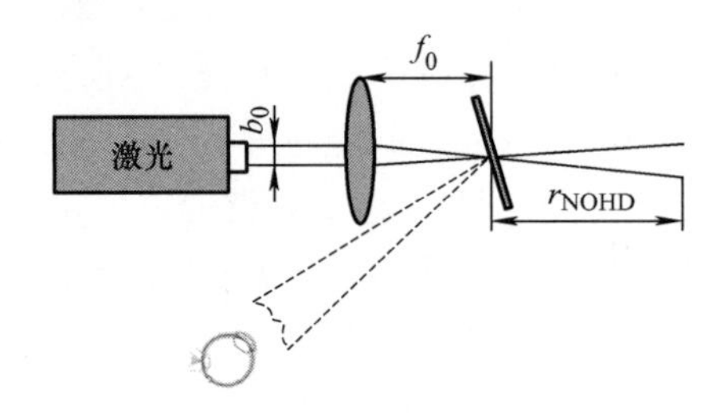

图 8-8　通过透镜和镜面反射观察 NOHD

通过透镜和镜面反射观察时的 NOHD 以式（8-5）计算，即

$$r_{NOHD}=\frac{f_0}{b_0}\left(\frac{4\Phi\rho}{\pi MPE}\right)^{\frac{1}{2}} \tag{8-5}$$

式中　f_0——聚焦镜的焦距（cm）；

Φ——辐射通量（辐射功率）（W）；

b_0——聚焦光束束腰直径（cm）；

ρ——反射率（%）。

4）漫反射观察。

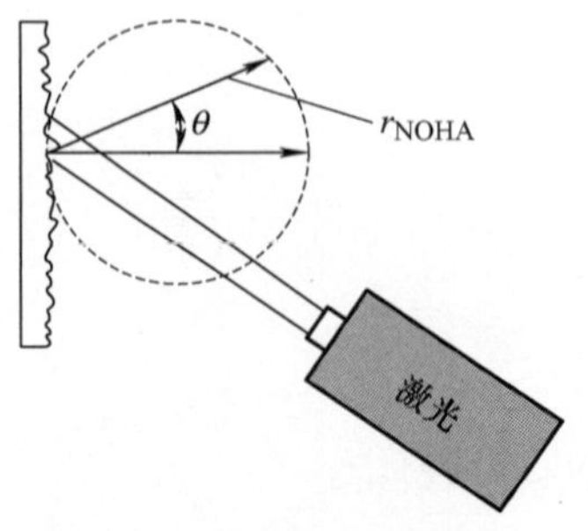

图 8-9　漫反射观察 NOHA

因光束向各个方向散射，漫反射观察时的 NOHA 以式（8-6）计算，即

$$r_{\text{NOHA}}=\left(\frac{\rho\Phi\cos\theta}{\pi MPE}\right)^{\frac{1}{2}} \tag{8-6}$$

式中　Φ——辐射通量（辐射功率）（W）；

ρ——反射率（%）；

θ——方位角（rad）。

（4）激光护目镜　个人防护控制措施主要考虑护目镜的选择。必要时，个人防护宜考虑防护服、防护手套等。护目镜尽可能选择透射（光）密度 *OD* 值大于适用波长激光衰减至 *MPE* 以下时需要的 *OD* 值。一般情况下，$E_{\text{transmitted}}$=MPE。*OD* 值计算 E_{incident} 和 $E_{\text{transmitted}}$ 的关系如图 8-10 所示。

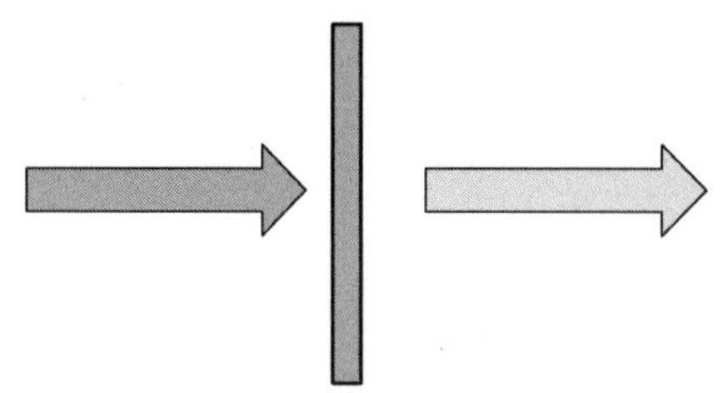

图 8-10　*OD* 值计算 E_{incident} 和 $E_{\text{transmitted}}$ 的关系

根据透射（光）密度公式可知

$$D(\lambda)=OD=\log_{10}\frac{E_{\text{incident}}}{E_{\text{transmitted}}}=\log_{10}\tau \tag{8-7}$$

以 *OD* 值表示的衰减和透过入射光能显示倍数见表 8-4。*OD* 值宜与人眼可接触的激光辐射波长相适应，其依据的 *MPE* 值的限制孔径宜参考表 8-5。

表 8-4　*OD* 值表示的衰减和透过入射光能显示倍数

OD	衰减	透过
1	10	0.1
2	100	0.01
3	1000	0.001
4	10000	0.0001
5	100000	0.00001
6	1000000	0.000001

表 8-5　计算透射光密度（*OD*）的限制孔径

波长λ/nm	照射持续时间 t/s	限制孔径/mm	
		视网膜	角膜
180～<400	10^{-9}～<0.3	—	1.0
	0.3～<10	—	$1.5t^{0.375}$
	10～3×10^4	—	3.5

（续）

波长λ/nm	照射持续时间 t/s	限制孔径/mm	
		视网膜	角膜
400～<1200	10^{-13}～3×10^{4}	7.0	—
1200～<1400	10^{-13}～<0.3	7.0	1.0
	0.3～<10	7.0	$1.5t^{0.375}$
	10～3×10^{4}	7.0	3.5
1400～<10^{5}	10^{-9}～<0.3	—	1.0
	0.3～<10	—	$1.5t^{0.375}$
	10～3×10^{4}	—	3.5
10^{5}～10^{6}	10^{-9}～3×10^{4}	—	11.0

注：*t* 为最大允许照射时间。

例题：

计算功率为45W，光束直径为2mm的连续Nd:YAG激光的眼部透射光密度（*OD*）值。

第一步：计算透射比的倒数 τ

$$E_{\text{incident-avg}}=\frac{\Phi_{\text{incident}}}{\text{Area}}=\frac{45}{0.385}=117\,\text{W/cm}^2$$

$$\tau=\frac{E_{\text{incident-avg}}}{E_{\text{transmitted}}}=\frac{E_{\text{incident-avg}}}{MPE}=\frac{117}{0.005}=23400$$

第二步：计算透射光密度（*OD*）值

$$OD=\log_{10}\tau=\log_{10}(23400)=4.37$$

所以，至少应选择 *OD*≥5 的护目镜。

防护眼镜另一个重要参数就是可见光的透过率，通常希望防护眼镜在能够阻挡激光的同时，还具有较高的可见光透光率，以获得清晰明亮的视野。由于焊接本身还会伴随有明亮的闪光，因此为了保护视力，宜选用可见光通过率较低的型号。但这也要求焊接现场有良好的照明，以补偿照度的损失。

4. 激光辐射的安全标识、标记

除GB 7247.1—2024规定的激光产品安全标记、警告标记和窗口标记，宜增加设备责任人的姓名和联系方式、可视警示灯和可闻警示、准入标记等信息。

5. 管理（行政）防护

管理（行政）防护宜同时建立自上而下和自下而上的流程，包括激光安全管理委员会制定高功率激光制造设备安全运行的战略、监管风险，规划培训和认证；还包括激光安全员对安全运行程序的积极建议和有效反馈。管理防护宜包括准入制度、安全教育和培训。

6. 机械、电气安全要求

IEC 62061：2021 规范了电气控制系统功能的安全要求。欧盟安全指令 DIRECTIVE 2006/42/EC 规范了机械安全。

手持激光焊产品应根据 GB 7247.1—2024 的要求，具有挡板和安全联锁、遥控联锁连接器、人工复位、激光辐射发射警告、光束终止器或衰减器，以及控制器等工程防护措施。双通道外部连锁及安全继电器、复位开关构成安全回路用于连接外部的安全设备，如安全锁、脚踏开关、安全光幕及安全地毯等用于检测是否有人员进入激光危险区。在安全联锁中断时应能快速自动地停止发射激光。另外，还需注意，由于外部安全联锁的两个通道不是两个独立的安全回路，因此应连接到相同的安全功能上，以确保系统安全冗余。此外，枪头具有镜片温度检测及报警功能，主机具有气压检测及报警互锁，可进一步提高使用过程中设备自身的安全性。部分枪头还设计了两段式扳机开关，可进一步提高安全性，避免误触发。如图 8-11 所示为手持激光焊机安全回路接线端子接口。

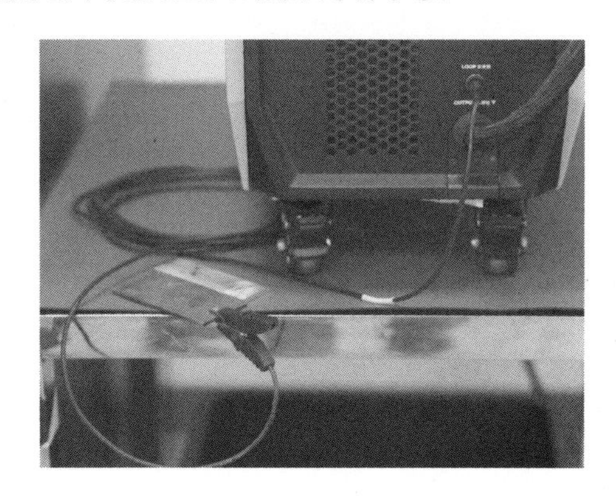

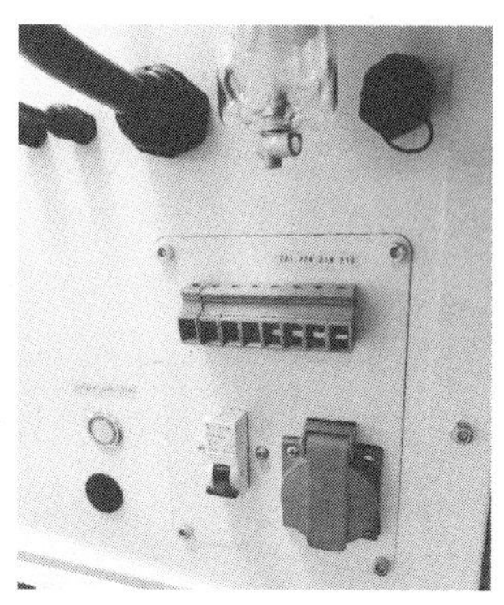

图 8-11 安全回路接线端子接口

7. *用户资料/文件留存*

宜留存备案的设备文件包括但不限于以下几个方面。

1）高功率激光制造设备制造商的明细信息，包括但不限于制造商名称、地址、联系电话等。

2）激光焊机制造商的明细信息。

3）使用说明书或用户手册。

4）购买文件。

5）年中检查、年度检查、随访检查记录。

6）培训记录。

7）医疗检查记录。

8）事故处理记录。

8.4 安全培训

1. *一般要求*

一般情况下，激光安全培训有初级培训、中级培训和高级培训 3 种类型。培训宜有考核。

2. 初级培训

初级培训的目的是确保相关人员具备必要的激光安全意识和基础能力。初级培训内容宜包括但不限于以下几个方面。

1）激光原理基础知识。

2）激光辐射对眼睛和皮肤的损伤。

3）激光产品的安全分类、警告标记和说明标记。

4）非光辐射危害。

5）工程/行政/个人防护措施。

3. 中级培训

中级培训的目的是确保相关人员在了解激光辐射与生物组织相互作用机理的基础上，熟悉激光辐射危害评估的基本参数，能够判断激光产品的辐射水平并对可能产生的危害尽到注意责任。中级培训内容在初级培训的基础上，宜包括但不限于以下几个方面。

1）激光辐射与生物组织相互作用的机理。

2）国际国内激光安全标准和规则。

3）了解激光辐射危害参数。

4）激光护目镜。

5）激光安全事故教训。

4. 高级培训

高级培训的目的是确保相关人员掌握激光辐射危害参数的计算，能够执行、监督和维护激光安全运行程序，处理激光安全事故。高级培训内容在初级培训和中级培训的基础上，宜包括但不限于以下几个方面。

1）计算激光辐射危害参数。

2）了解激光安全运行程序和要求。

3）监督、维护、改进激光安全运行程序。

4）应急事故处理。

5）实践操作。

对于有条件的客户十分有必要在激光焊接工位划分出一个隔离的激光控制区或封闭的激光防护室。该区域具有不透光的围栏，以及通风除尘设备，并具有安全警示标识和安全联锁装置，将整个加工过程的设备及工件完全与周围环境及不相干的人员、物品隔绝开。这些措施将大大减少激光使用过程中的风险。如图 8-12 所示为激光危险标志。

图 8-12　激光危险标志

第9章

手持激光焊接工艺

9.1 概述

本章重点介绍碳素钢、不锈钢、铝合金的手持激光焊接工艺，包括接头形式、焊接位置、焊接工艺特点、焊接质量的主要影响因素及焊前准备工作等。

9.2 接头形式及焊接位置

目前，手持激光焊接主要应用于中薄板（板厚＜5mm）碳素钢、不锈钢、铝合金的焊接。

（1）接头形式　接头形式主要以角接、搭接和对接为主，也可进行叠焊、卷边焊等，手持激光焊接的常用接头形式如图 9-1 所示。

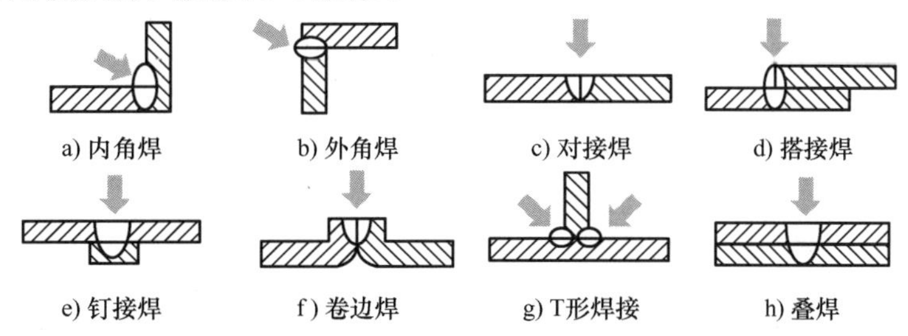

图 9-1　手持激光焊接的常用接头形式

（2）焊接位置　焊接位置是指施焊时，焊缝对于施焊者的相对空间位置。常见的焊接位置有平焊、横焊、立焊、仰焊。

根据不同的焊缝类别和焊接位置，相关焊接标准进行了细分并采用代号进行区分，板材对接焊缝和角焊缝的焊接位置代号见表 9-1，焊接位置如图 9-2 所示。

表 9-1　板材对接焊缝和角焊缝的焊接位置代号

焊缝类别	焊接位置	代号
板材对接焊缝	平焊	1G
	横焊	2G
	立焊	3G
	仰焊	4G
板材角焊缝	平焊	1F
	横焊	2F
	立焊	3F
	仰焊	4F

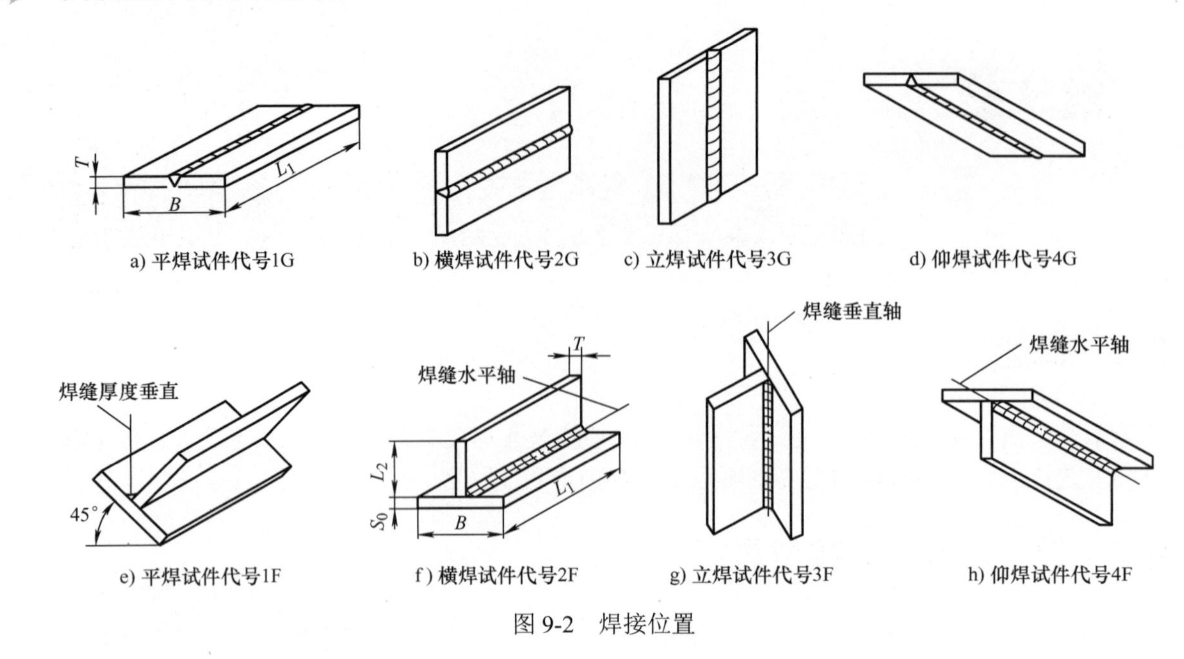

a) 平焊试件代号1G　b) 横焊试件代号2G　c) 立焊试件代号3G　d) 仰焊试件代号4G

e) 平焊试件代号1F　f) 横焊试件代号2F　g) 立焊试件代号3F　h) 仰焊试件代号4F

图 9-2　焊接位置

9.3　焊接工艺特点

激光焊接是以激光作为焊接热源对材料进行加热熔化从而实现材料连接的焊接工艺方法。按行业标准，手持激光焊接的激光额定输出功率≤3000W，主要使用于板厚 5mm 以下的薄板金属材料焊接，具有如下显著特点。

1）激光具有良好的单色性、方向性，能量密度高，属于高能束焊接。

2）焊缝深宽比大。

3）焊接速度快。

4）热输入低，焊接变形和残余应力小。

5）虽然激光焊接可以在大气中进行，但大都需要根据焊接材料的特性选择合适的保护气体。

6）激光源、光学系统和控制系统等关键部件都需要高精度和稳定性。

9.4　焊接质量的主要影响因素

1. 焊接热输入的影响

焊接热输入，通常称为焊接线能量。激光焊接的热输入主要由激光功率和焊接速度决定。激光功率和焊接速度是激光焊接中两个关键的参数，对焊接质量有着重要的影响。

激光功率直接决定了输入到焊接区域的能量大小。功率较高时，提供的热量多，能够增加焊缝的熔深和熔宽，有助于形成良好的焊缝接头，但功率过高可能导致焊缝过度熔化、产生气孔、飞溅等缺陷，甚至会烧穿焊件。

焊接速度则影响着热量在焊件上的分布和作用时间。焊接速度较慢时，单位长度上的热量输入较多，焊缝的熔深和熔宽增加，容易出现焊缝熔宽大、热影响区增大、变形严重等问题。焊接速度过快时，可能导致焊缝未熔合、焊缝不连续、气体不易排出、强度不足等缺陷。因此，在实际焊接过程中，需要根据焊件的材质、厚度、接头形式和焊接位置等因素，合理地匹配激光功率和焊接速度，以获得高质量的焊接接头。

图 9-3 所示为相同激光功率条件下焊接速度对焊缝成形的影响。

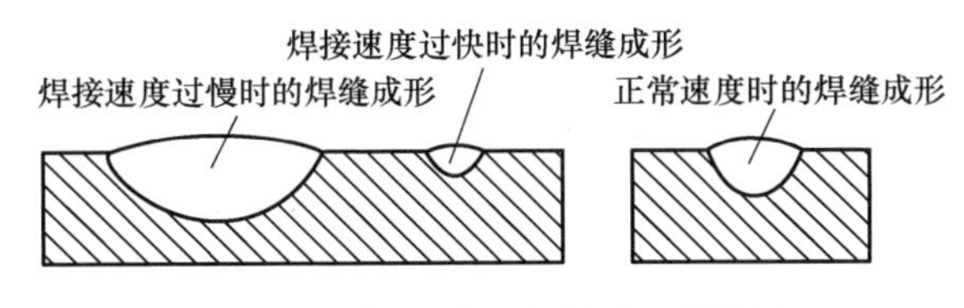

图 9-3　焊接速度对焊缝成形的影响

2. 离焦量的影响

离焦量是激光焦点距离作用物质间的距离。激光焦点在工件表面上方称为正离焦，激光焦点在工件内部或下方称为负离焦，如图 9-4 所示。

离焦量对熔深有显著影响。当离焦量为正离焦时，激光光斑直径增大，能量密度降低，熔深相对较浅。这是因为激光能量在较大的区域内分散，单位面积上的能量输入减少。当离焦量为负离焦时，焦点作用于熔池内部或下方，更多的激光能量集中在较小的区域，从而提高了激光对焊件的穿透能力，使熔深增大。通常情况下采用零离焦量即可获得良好的焊接效果。

对熔深有要求时可采用负离焦，此时激光能向材料更深处传递，可获得更大的熔深；当焊接薄板时可采用正离焦。然而，离焦量的选择并非单纯取决于对熔深的要求，还需要综合考虑焊接材料的特性、焊接速度、保护气体等多种因素，以获得理想的焊接质量。

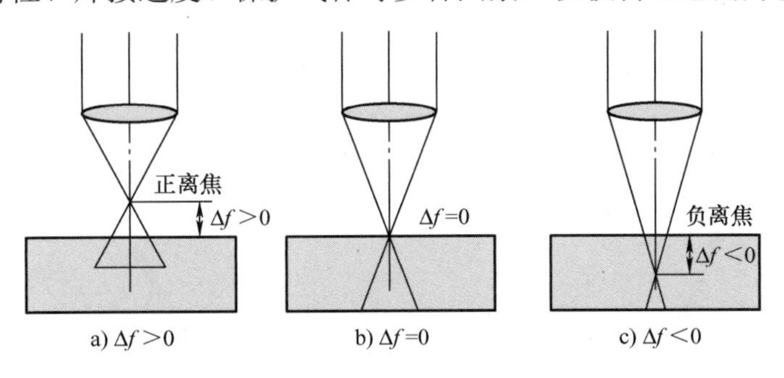

图 9-4　离焦量图示

3. 激光束位置的影响

当焊接等厚板时，若焊丝不居中，可能引起未焊透、焊缝偏移等缺陷，激光束应在焊缝中心线上。而焊接不等厚板时，为了使焊缝成形合理，激光束应偏于厚板一侧，焊接位置对焊缝成形的影响如图 9-5 所示。

4. 保护气体的影响

在激光焊接过程中，保护气体具有多方面的重要影响。

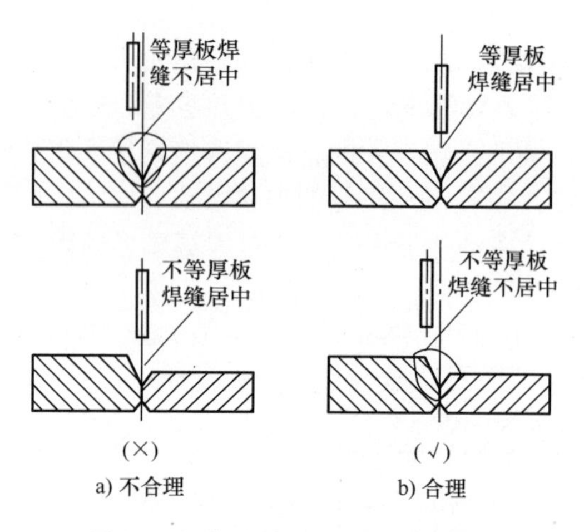

图 9-5 焊接位置对焊缝成形的影响

保护气体在焊接区域形成一层气体屏障，隔绝空气中的氧气和其他有害气体，减少氧化反应的发生和其他有害杂质的形成，保证焊缝的质量。保护气体影响焊缝的冷却速度和熔池凝固过程，有助于形成均匀、美观的焊缝形状。再者，保护气体有助于去除焊接过程中产生的金属蒸气和等离子体，提高激光能量的传输效率。此外，不同种类的保护气体（如氩气、氦气、氮气等）及其流量大小，也会对焊接质量产生不同的影响。例如，氦气的传热性能较好，适用于高功率、高速焊接、焊接质量要求高的应用场景，但成本较高；氩气可满足绝大多数应用场景的激光焊接需求，成本可接受，常用于一般的焊接工艺；氮气获取方便，成本较低，可应用于焊接接头质量要求不高的场景。

综上所述，选择合适的保护气体种类和流量对于获得满足质量要求和成本要求的激光焊接接头至关重要。

在激光焊接中，正确吹入保护气体会有效保护焊缝熔池减少甚至避免被氧化，减少焊接过程中产生的飞溅。目前，常用的保护气体吹入方式主要有两种：同轴吹式保护和旁轴侧吹保护，如图 9-6 所示。

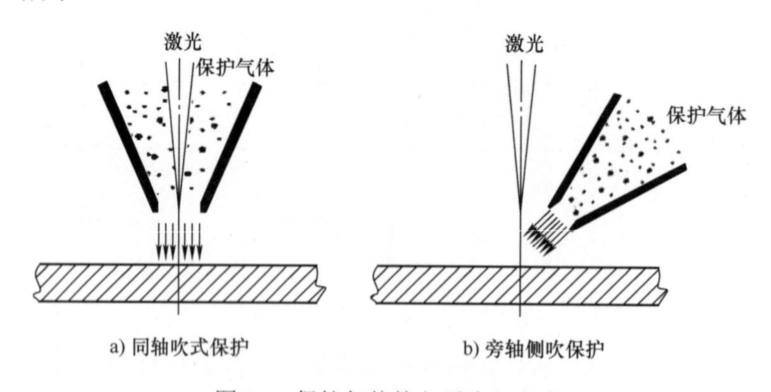

图 9-6 保护气体的主要吹入方式

1）同轴吹式保护：保护气体通过与激光束同轴的喷嘴吹出。这种方式可以使保护气体与激光束同步作用于焊接区域，保护效果较为集中和均匀，尤其适用于深熔焊接和对保护要求较高的场合。

2）旁轴侧吹保护：保护气体从焊接区域的侧面吹入，气体沿着焊缝的两侧流动，能在一定程度上保护焊缝，但对于一些复杂的焊接结构，可能无法完全覆盖焊接区域，保护效果不能满足要求。

此外，也有用到环形吹式保护方式的，保护气体以环形的方式吹向焊接区域。它能够形成一个较为完整的保护圈，对焊缝进行全方位的保护，虽然有效防止空气侵入，但可能会对焊接过程中的熔池流动产生一定影响。

不同的吹入方式各有优缺点，具体选择哪种方式取决于焊接工艺的要求、焊件的形状和尺寸、焊接参数等因素。

9.5　焊前准备

1. 手持激光焊机

手持激光焊机主要由含有激光源的主机、手持激光焊枪、送丝机等组成，如图 9-7 所示。

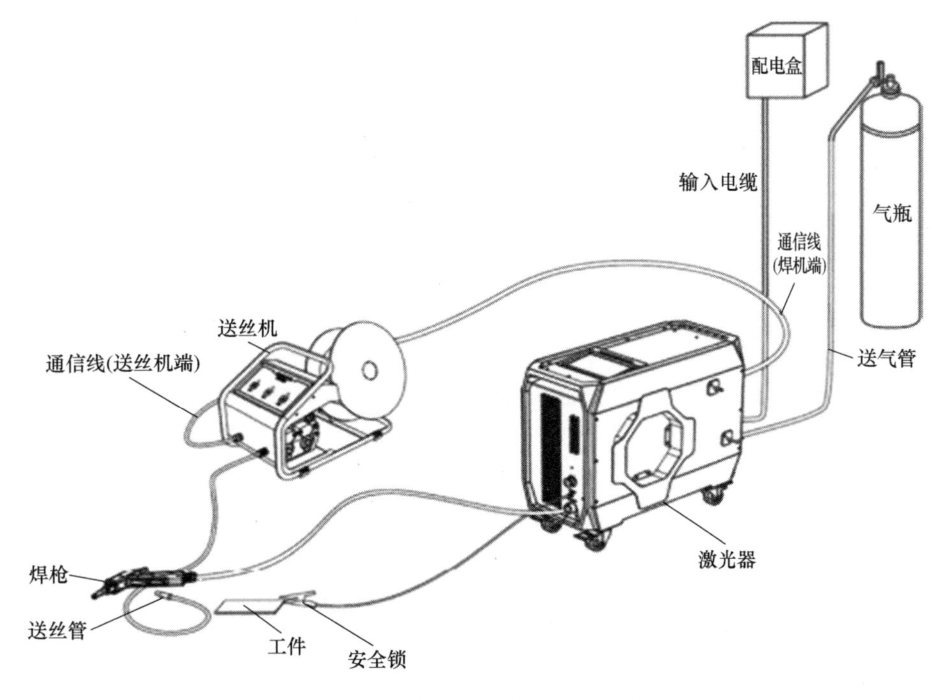

图 9-7　手持激光焊机组成及工作接线

（1）手持激光焊主机　主要由激光器、冷却系统（如冷水机）、控制系统等组成。

1）激光器。它是手持激光焊机的最核心部件，是手持激光焊机选型最优先考虑的内容。市面上手持激光焊机的激光器功率一般有 500W、800W、1000W、1200W、1500W、2000W 和 3000W 等。应根据工件的板厚、材质、结构形式、工艺和质量要求选择一定功率的激光器。

2）冷却系统。也是手持激光焊接的关键部件。目前，手持激光焊机的冷却系统主要有水冷、风冷和水冷+风冷一体化系统，应用比较广泛的是冷水机。制冷量是手持激光焊机选择冷水机的硬性指标之一。激光冷水机的制冷量要匹配激光器的发热量。

一般优先选择大制冷量的焊机，确保制冷量足够。但制冷量大的冷水机体积大、质量重，给运输和搬运等都带来不便。因此，应该根据实际情况综合考虑手持激光焊机的制冷量，不能太小，也不必冗余太多。风冷式手持激光焊机近几年发展较快，对于户外或经常移动的焊接作业条件具有优势。

3）控制系统是手持激光焊机的中枢，控制手持激光焊机的正常工作，包括安全控制，调节激光器出光功率、激光摆动宽度和频率，开气延时、开光延时、关光延时和关气延时等参数，并具有工艺数据储存和调用功能。

手持激光焊机通常设置多处安全警报、主动安全断电、断光设置等安全保护措施。当手持激光焊枪头与工件接触时才出光，离开工件后自动断光，确保激光使用安全。

（2）手持激光焊枪　它分单摆和双摆模式。单摆焊枪有一个振镜系统，激光束做往复直线运动（一字形）；双摆焊枪内有两个振镜系统，激光束可以做往复直线运动，也可做二维摆动（如O形画圆、三角形、8字形）。目前使用最多的是单摆模式焊枪，操作简单，性价比高。手持激光焊枪的主要技术参数应与手持激光焊机主机相关参数匹配，如激光输出功率范围、适用激光波长等。此外，还有光斑调节范围、垂直调焦范围、聚焦焦距等参数。

（3）送丝机　它是手持激光自动填丝焊配套装置。驱动电动机分伺服电动机、印刷电动机和永磁电动机，送丝机构分两轮式和四轮式。其主要技术参数有送丝机功率、送丝速度范围、适用焊丝直径等。送丝速度是激光焊接的重要工艺参数。送丝速度的确定受焊接速度、接头间隙及焊丝直径等因素影响。送丝速度过快或过慢，会导致熔化金属过多或过少，会影响激光、母材与焊丝三者之间的相互作用和焊缝成形。

（4）耗材　手持激光焊枪保护镜片和喷嘴。

2. 主要耗材的选用

（1）喷嘴的选用　喷嘴有多重作用。激光焊接是一种高温过程，在焊接过程中周围会产生金属粉尘和火花。喷嘴可以保护激光焊枪的保护镜片，减少焊接过程中的飞溅物和杂质对镜片的损害。焊接时，喷嘴紧贴工件，引导手持激光焊枪沿焊接线移动，保证激光束对中焊缝中心线。喷嘴还有控制调节保护气气流方向、增加气体流速的作用。与手动弧焊比较，焊接过程中喷嘴支撑焊枪，焊工握持焊枪的稳定性要求大大降低，劳累程度大幅减轻。

根据工件的接头形式选择适合的喷嘴（见图9-8）：平板对接和内角焊接时选用AS、BS型号的喷嘴，外角焊接时选用CS型号的喷嘴。同时结合焊丝粗细选用不同规格的喷嘴，如焊丝直径1.2mm应选用AS-12。

a) AS型号

b) BS型号

c) CS型号

图9-8　喷嘴

（2）焊丝的选用　根据待焊工件的材质、接头质量要求、板厚、焊缝尺寸、激光器功率等信息综合后进行选择，焊丝一般选择与母材相同材质的。如果焊丝选用不当，可能导致焊接接头强度、韧性、耐蚀性等指标下降，焊缝尺寸不能满足质量要求，甚至出现裂纹、未熔合等焊接缺陷，另外也会影响到焊接速度和焊接效率。

（3）气体的选用　激光焊接需要使用保护气体来保护熔池不被氧化。常用的保护气体有氩气、氮气和氦气等。保护气体流量推荐≥15L/min，压力≥3MPa。保护气体在保护焊缝区域提高焊接质量的同时，还具有抑制飞溅、吹散金属粉尘，达到保护焊枪光学镜片等目的。

3. 焊接注意事项

焊接时，手持激光焊枪需与焊件之间保持一定的角度，通常在 30°～70° 内，如图 9-9 所示。

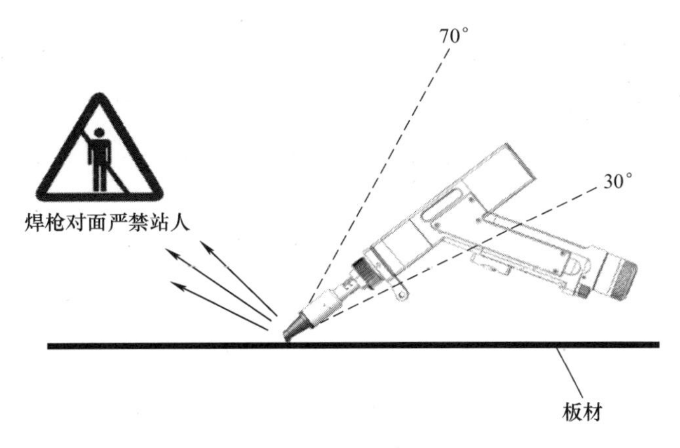

图 9-9　激光焊枪焊接角度

焊前应检查焊枪的性能，包括出光位置、摆动电动机工作情况以及聚焦位置（调整刻度管的数值）。检查激光安全防护措施是否满足要求，戴好激光防护镜。接地夹与工件夹持，不允许直接夹在焊枪部件，防止意外出光对人造成伤害。

9.6　常见金属材料的激光焊接工艺

手持激光焊适用的材料范围较为广泛，可以焊接各种金属材料，包括碳素钢、不锈钢、铝合金等，也可用于热塑性塑料和热塑性弹性体的焊接，包括聚丙烯、聚碳酸酯材料、聚氯乙烯和涤纶树脂等塑料制品。

下面介绍几种最常见金属材料的手持激光焊接主要工艺参数。

9.6.1　碳素钢的焊接

1. 碳素钢

以碳素钢 Q235 为例，焊接参数见表 9-2。

表 9-2 Q235 碳素钢焊接参数

母材厚度/mm	焊丝直径/mm	激光功率/W	摆动宽度/mm	摆动频率/Hz	送丝速度/(cm/min)	保护气体	焊丝牌号	接头形式及焊接位置
0.5	0.8	300	1.5	50	60	Ar	TIG-J50	1G
1	0.8	350	1.8	50	60	Ar	TIG-J50	1G
	1.0	500	2.2	50	60	Ar	TIG-J50	1G
	1.2	600	3	50	60	Ar	TIG-J50	1G
1.5	0.8	400	2	50	60	Ar	TIG-J50	1G
	1.0	700	2.5	50	60	Ar	TIG-J50	1G
	1.2	700	3	50	60	Ar	TIG-J50	1G
2	0.8	450	2	50	60	Ar	TIG-J50	1G
	1.0	800	2.5	50	60	Ar	TIG-J50	1G
	1.2	900	3	50	60	Ar	TIG-J50	1G
2.5	1.0	1000	2.5	50	60	Ar	TIG-J50	1G
	1.2	1200	3	50	60	Ar	TIG-J50	1G
3	1.2	1200	3	50	60	Ar	TIG-J50	1G
	1.6	1500	3	50	60	Ar	TIG-J50	1G
4	1.2	1200	3	50	60	Ar	TIG-J50	1G
	1.6	1500	3	50	60	Ar	TIG-J50	1G
5	1.6	1700	3	50	60	Ar	TIG-J50	1G

2. 镀锌板

（1）镀锌板 DX51D+Z 镀锌板 DX51D+Z 的一般对接焊参数见表 9-3，焊缝外观如图 9-10～图 9-12 所示。

表 9-3 镀锌板 DX51D+Z 的一般对接焊参数

母材厚度/mm	焊丝直径/mm	激光功率/W	摆动宽度/mm	摆动频率/Hz	送丝速度/(cm/min)	保护气体	焊丝牌号	接头形式及焊接位置
1	1.0	385	3	60	60	N_2	E7015	2F
1	1.0	385	3	60	60	N_2	E7015	1G
2	1.0	455	3	60	60	N_2	E7015	1G
2	1.0	990	3	60	60	N_2	E7015	1G

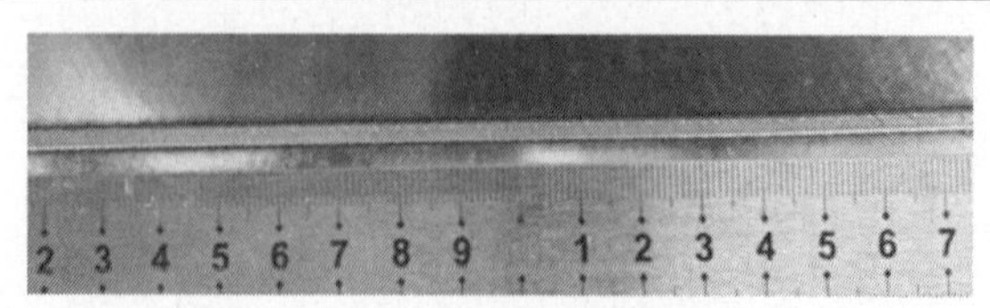

图 9-10 内角焊 2F（ϕ1.0mm、功率 385W、宽度 3mm、单摆）

（2）不同摆动模式 手持激光焊枪有单摆和双摆两种类型。单摆是单个摆动电动机作用振镜，激光束只在一个方向上做直线摆动；双摆是两个摆动电动机作用振镜，激光束可以在二维平面上摆动（以下以 O 形双摆为例）。镀锌板 DX51D+Z 在不同摆动模式下的焊接参数见

表 9-4。焊缝外观如图 9-13～图 9-19 所示。

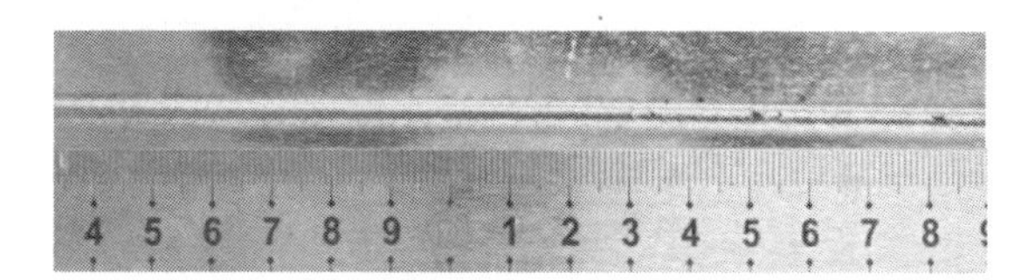

图 9-11　平焊 1G（ϕ1.0mm、功率 385W、宽度 3mm、单摆）

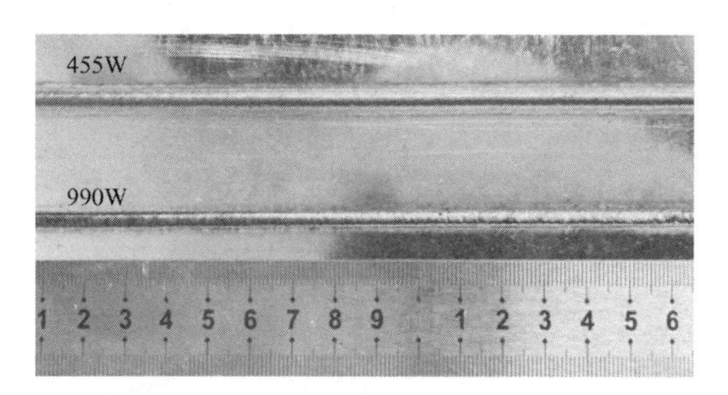

图 9-12　平焊 1G（ϕ1.0mm、功率 455W 和 990W、宽度 3mm、单摆）

表 9-4　镀锌板 DX51D+Z 在不同摆动模式下的焊接参数

摆动模式	母材厚度/mm	焊丝直径/mm	激光功率/W	摆动宽度/mm	摆动频率/Hz	送丝速度/(cm/min)	保护气体	焊丝牌号	接头形式及焊接位置
双摆	0.8	0.8	330	1.4	30	60	Ar	E7015	2F
单摆	0.8	0.8	450	1.4	200	60	Ar	E7015	2F
单摆	1.2	0.8	525	1.4	200	60	Ar	E7015	2F
双摆	2	1.0	550	1.8	30	60	Ar	E7015	2F
单摆	2.5	1.0	825	1.8	160	60	Ar	E7015	2F
单摆	2.8	1.6	1500	4	150	60	Ar	E7015	1G
单摆	5	1.6	2000	4	150	60	Ar	E7015	1G

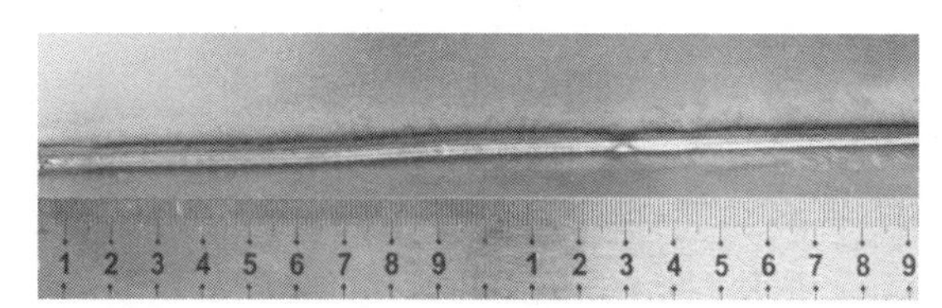

图 9-13　内直角焊 2F（ϕ0.8mm、功率 330W、宽度 1.4mm、双摆）

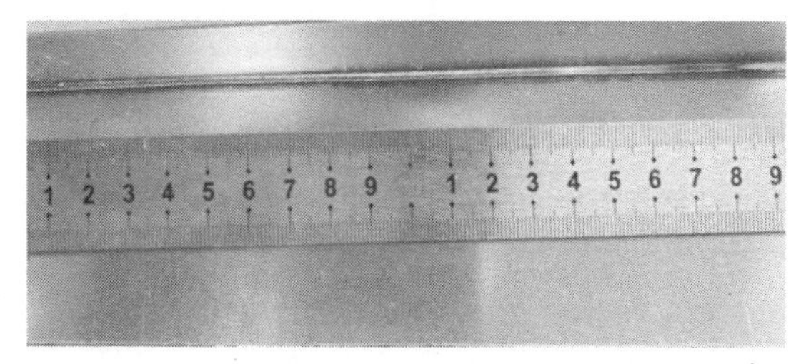

图 9-14　内直角焊 2F（ϕ0.8mm、功率 450W、宽度 1.4mm、单摆）

图 9-15　内直角焊 2F（ϕ0.8mm、功率 525W、宽度 1.4mm、单摆）

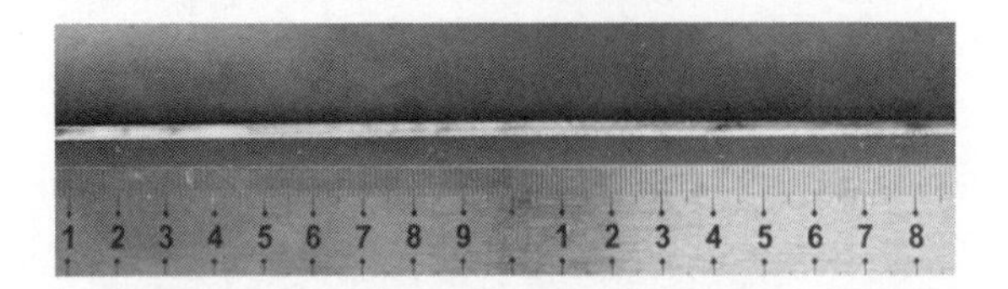

图 9-16　内直角焊 2F（ϕ1.0mm、功率 550W、宽度 1.8mm、双摆）

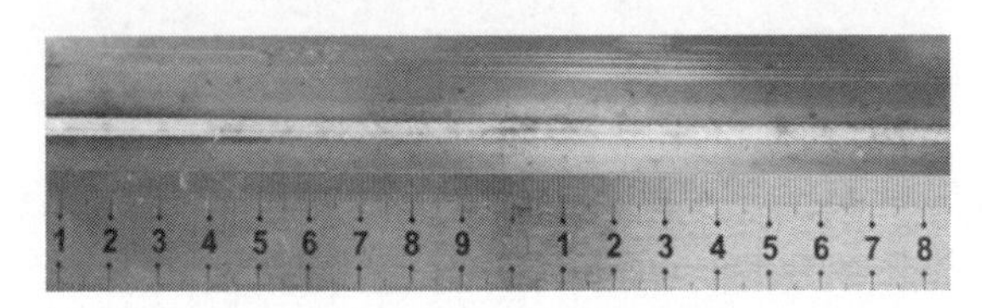

图 9-17　内直角焊 2F（ϕ1.0mm、功率 825W、宽度 1.8mm、单摆）

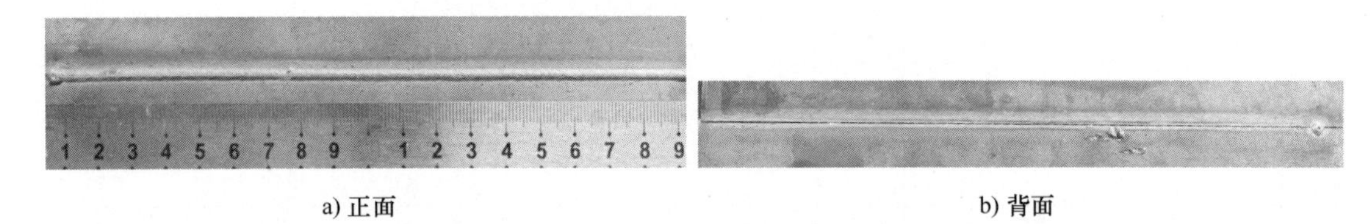

a) 正面　　b) 背面

图 9-18　平焊 1G（ϕ1.6mm、功率 1500W、宽度 4mm、单摆）

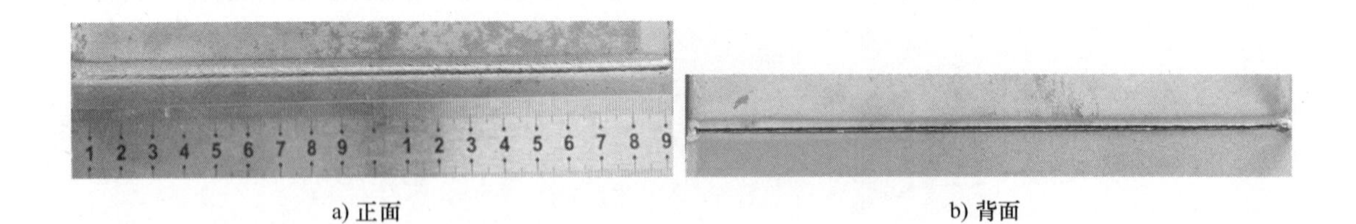

a) 正面　　b) 背面

图 9-19　平焊 1G（ϕ1.6mm、功率 2000W、宽度 4mm、单摆）

（3）不同保护气体　镀锌板 DX51D+Z 在不同保护气体对应的焊接参数见表 9-5，焊缝外观如图 9-20～图 9-24 所示。

表 9-5　镀锌板 DX51D+Z 在不同保护气体对应的焊接参数

保护气体	母材厚度 /mm	焊丝直径 /mm	激光功率 /W	摆动宽度 /mm	摆动频率 /Hz	送丝速度 /(cm/min)	焊丝牌号	接头形式及焊接位置
Ar	1.5	1.0	350	2.5	50	60	E7015	1G
N_2	1.5	1.0	350	2.5	50	60	E7015	1G

（续）

保护气体	母材厚度/mm	焊丝直径/mm	激光功率/W	摆动宽度/mm	摆动频率/Hz	送丝速度/(cm/min)	焊丝牌号	接头形式及焊接位置
Ar	1.5	1.0	350	2.5	50	60	E7015	2F
N_2	1.5	1.0	350	2.5	50	60	E7015	2F
Ar	1.5	1.0	500	2.5	50	60	E7015	1G
N_2	1.5	1.0	500	2.5	50	60	E7015	1G
Ar	1.5	1.0	500	2.5	50	60	E7015	2F
N_2	1.5	1.0	500	2.5	50	60	E7015	2F
80%Ar+20%CO_2	2.5	1.0	750	2.5	50	60	E7015	2F
Ar	2.5	1.0	750	2.5	50	60	E7015	2F

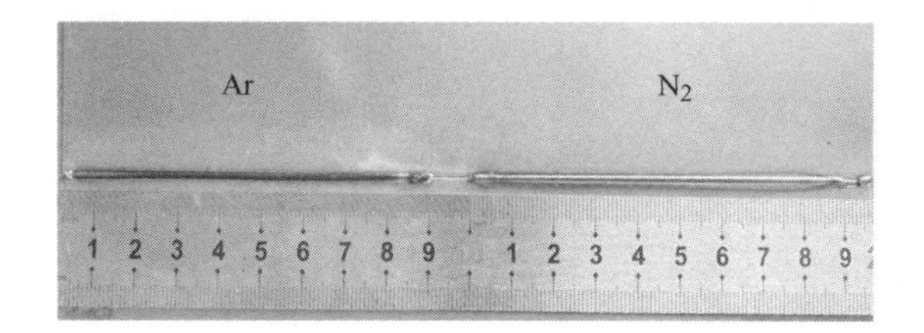

图 9-20　平焊 1G（ϕ1.0mm、功率 350W、宽度 2.5mm、单摆）

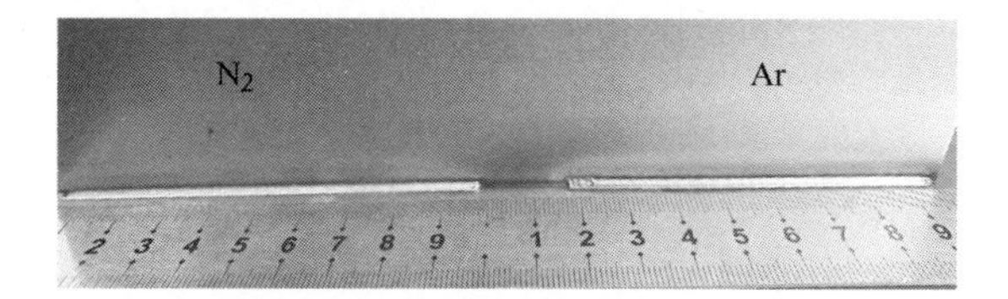

图 9-21　内角焊 2F（ϕ1.0mm、功率 350W、宽度 2.5mm、单摆）

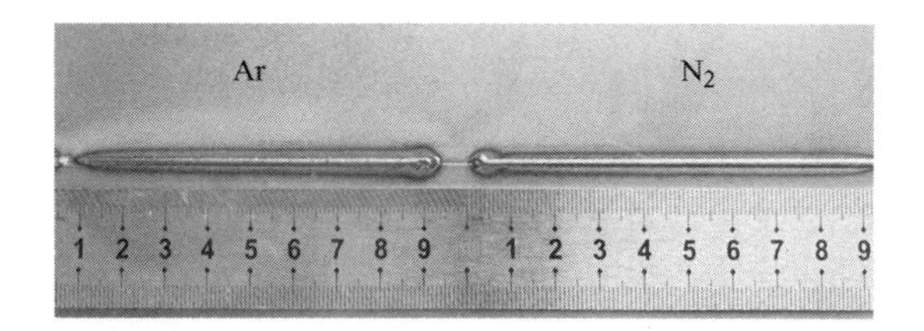

图 9-22　平焊 1G（ϕ1.0mm、功率 500W、宽度 2.5mm、单摆）

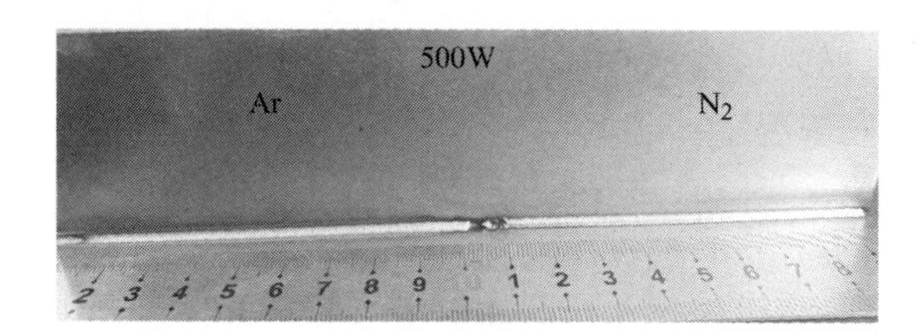

图 9-23　内直角焊 2F（ϕ1.0mm、功率 500W、宽度 2.5mm、单摆）

（4）双丝　镀锌板 DX51D+Z 双丝焊接参数见表 9-6。焊缝外观如图 9-25、图 9-26 所示。

图 9-24　内直角焊 2F（ϕ1.0mm、功率 750W、宽度 2.5mm、单摆）

表 9-6　镀锌板 DX51D+Z 双丝焊接参数

母材厚度 /mm	焊丝直径 /mm	激光功率 /W	摆动宽度 /mm	摆动频率 /Hz	送丝速度 /(cm/min)	保护气体	焊丝牌号	接头形式及焊接位置
5	1.6	1500	4	50	60	Ar	E7015	2F

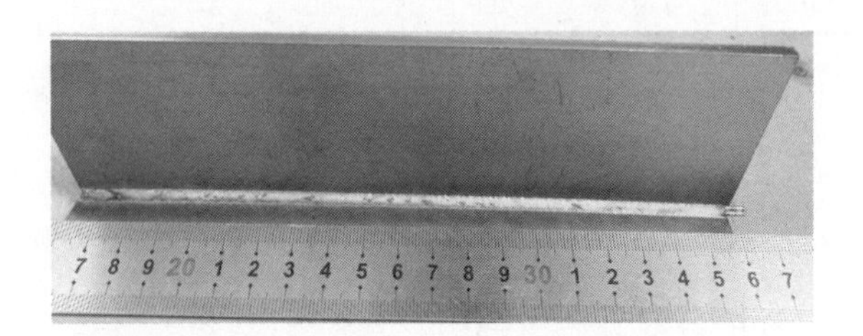

图 9-25　内直角焊 2F（ϕ1.6mm、功率 1500W、宽度 4mm、单摆）

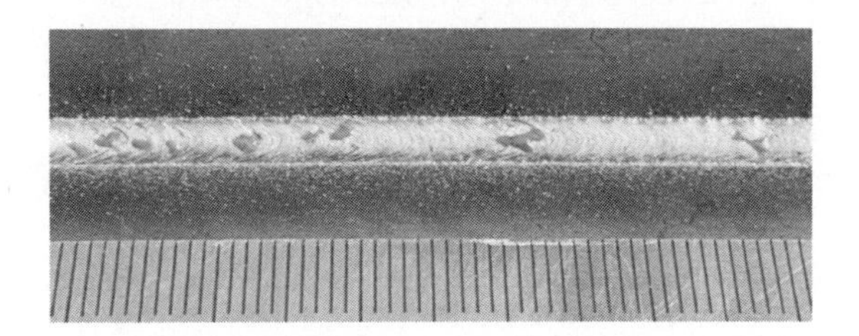

图 9-26　焊缝放大图（ϕ1.6mm、功率 1500W、宽度 4mm、单摆）

当焊缝尺寸较大时，ϕ1.6mm 的单焊丝已不能满足填充要求，采用双丝较为合适。双丝需要更高的激光功率。

9.6.2　不锈钢的焊接

不锈钢的热膨胀系数高，焊接热输入对变形影响较大，传统的电弧焊热输入较高，热影响区相对较大，焊接变形严重。而手持激光焊能量密度高，整体热输入远小于电弧焊，焊接热影响区相对较小，因此在焊接不锈钢时产生的热变形小。

与碳素钢比较，不锈钢的手持激光焊接有以下显著特点。

1）冷却速度慢，相同情况下比碳素钢所需的激光能量要少 50～100W。

2）焊缝表面易被氧化，呈蓝色或黑色；焊接过程易产生较多的黑烟。

3）当母材表面较粗糙时，利于激光能量的吸收，激光功率可适当减小；当母材表面光滑时，因为反射较强，需要适当增加激光功率。

4）由于光滑表面易产生强烈的反射，焊接过程中应确保激光反射光路上没有人员及易燃易爆物品。

1. 不同厚度

不同厚度 304 不锈钢推荐的焊接参数见表 9-7，焊缝外观如图 9-27～图 9-30 所示。

表 9-7 不同厚度 304 不锈钢推荐的焊接参数

母材厚度/mm	焊丝直径/mm	激光功率/W	摆动宽度/mm	摆动频率/Hz	送丝速度/(cm/min)	保护气体	焊丝牌号	接头形式及焊接位置
0.5	0.8	300	1.4	110	80	Ar	ER304	1G
1.5	0.8	400	1.8	80	80	Ar	ER304	1G
2.5	1.0	530	2.2	70	80	Ar	ER304	1G
3	1.2	750	3.2	45	80	Ar	ER304	2F

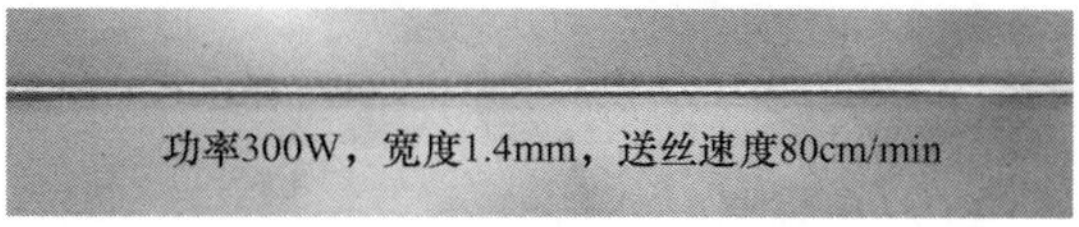

功率300W，宽度1.4mm，送丝速度80cm/min

图 9-27 平焊 1G（ϕ0.8mm、功率 300W、宽度 1.4mm、单摆）

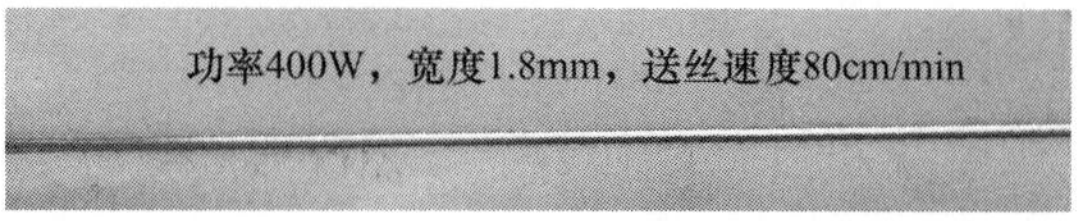

功率400W，宽度1.8mm，送丝速度80cm/min

图 9-28 平焊 1G（ϕ0.8mm、功率 400W、宽度 1.8mm、单摆）

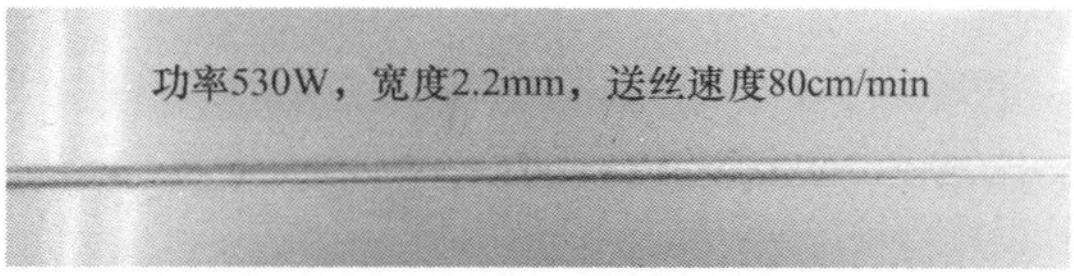

功率530W，宽度2.2mm，送丝速度80cm/min

图 9-29 平焊 1G（ϕ1.0mm、功率 530W、宽度 2.2mm、单摆）

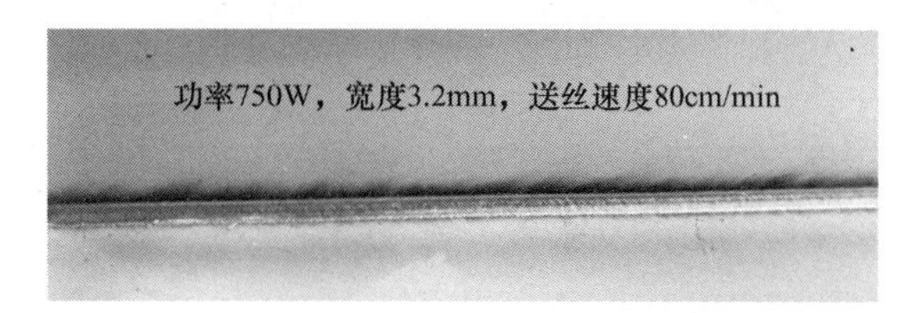

图 9-30 角焊 2F（ϕ1.2mm、功率 750W、宽度 3.2mm、单摆）

2. 不同保护气体

304 不锈钢使用不同保护气体对应的焊接参数见表 9-8，焊缝外观如图 9-31～图 9-34 所示。

表 9-8 304 不锈钢使用不同保护气体对应的焊接参数

保护气体	母材厚度/mm	焊丝直径/mm	激光功率/W	摆动宽度/mm	摆动频率/Hz	送丝速度/(cm/mim)	焊丝牌号	接头形式及焊接位置
Ar	1.5	1.0	350	2.5	50	60	ER304	1G
N_2	1.5	1.0	350	2.5	50	60	ER304	1G

（续）

保护气体	母材厚度/mm	焊丝直径/mm	激光功率/W	摆动宽度/mm	摆动频率/Hz	送丝速度/(cm/mim)	焊丝牌号	接头形式及焊接位置
Ar	1.5	1.0	350	2.5	50	60	ER304	2F
N_2	1.5	1.0	350	2.5	50	60	ER304	2F
Ar	1.5	1.0	500	2.5	50	60	ER304	1G
N_2	1.5	1.0	500	2.5	50	60	ER304	1G
Ar	1.5	1.0	500	2.5	50	60	ER304	2F
N_2	1.5	1.0	500	2.5	50	60	ER304	2F

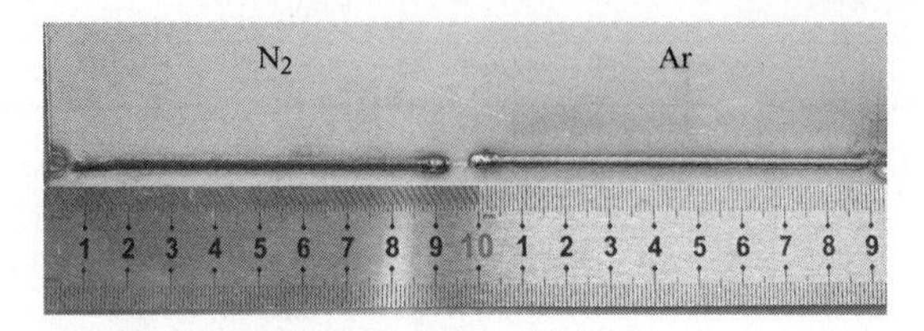

图 9-31　平焊 1G（ϕ1.0mm、功率 350W、宽度 2.5mm、单摆）

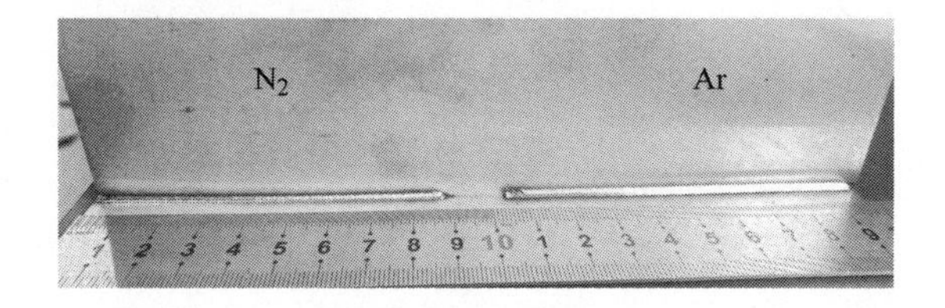

图 9-32　角焊 2F（ϕ1.0mm、功率 350W、宽度 2.5mm、单摆）

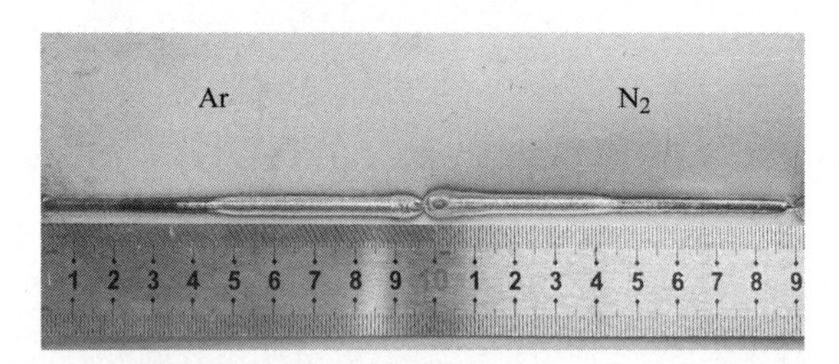

图 9-33　平焊 1G（ϕ1.0mm、功率 500W、宽度 2.5mm、单摆）

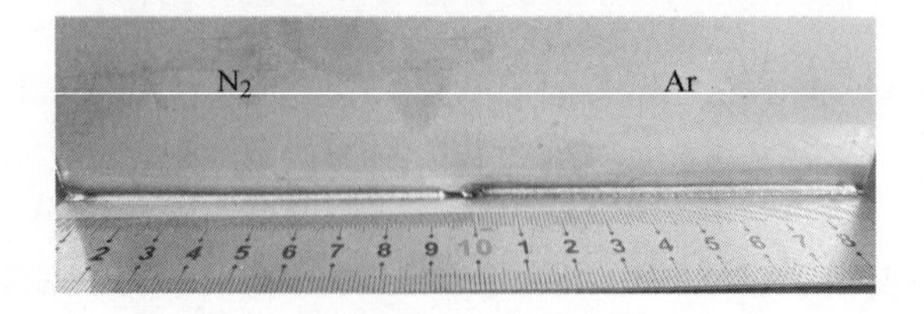

图 9-34　内直角焊 2F（ϕ1.0mm、功率 500W、宽度 2.5mm、单摆）

9.6.3　铝合金的焊接

与碳素钢和不锈钢相比，铝合金手持激光焊有以下显著特点。

1）铝合金对激光的反射率高，对激光能量的吸收率低，需要较高的激光能量才能熔化母材。适当的表面预处理也可以降低激光反射率。

2）铝合金表面有铝合金氧化膜，其熔点较高，焊前需要清理焊缝及附近位置的氧化膜，并且激光能量应适当增加。

3）铝合金导热速度快，手持激光焊接速度也快，熔池冷凝速度快，导致焊缝中的气体来不及逸出，焊缝易产生气孔。

4）焊接过程易产生较多的黑烟，使焊缝边缘发黑。可能的原因有气体保护效果不好，激光功率不合适，离焦量未调为合适的数值，或激光镜片受损等。

1．6063 铝合金不同厚度的焊接参数

6063 铝合金典型厚度的焊接参数见表 9-9，焊缝外观如图 9-35～图 9-37 所示。

表 9-9　6063 铝合金典型厚度的焊接参数

母材厚度/mm	焊丝直径/mm	激光功率/W	摆动宽度/mm	摆动频率/Hz	送丝速度/(cm/min)	保护气体	焊丝牌号	接头形式及焊接位置
1	1.0	500	2.2	68	90	Ar	ER5356	2F
1.5	1.0	600	2.2	68	90	Ar	ER5356	2F
2.5	1.0	800	2.2	68	90	Ar	ER5356	2F

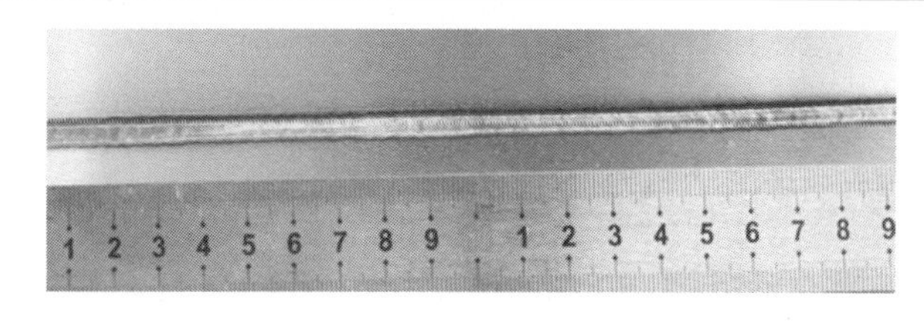

图 9-35　内直角焊 2F（ϕ1.0mm、功率 500W、宽度 2.2mm、单摆）

图 9-36　内直角焊 2F（ϕ1.0mm、功率 600W、宽度 2.2mm、单摆）

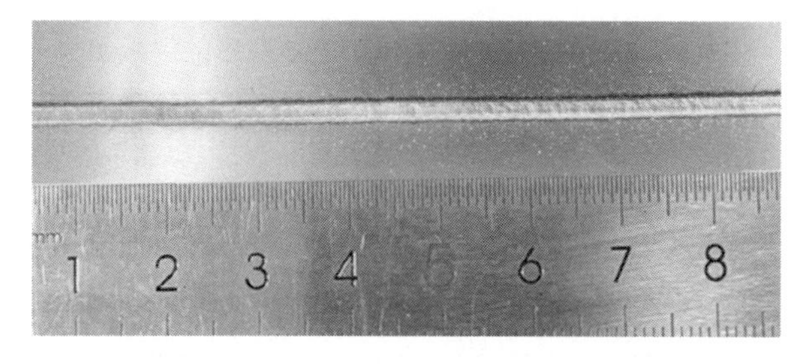

图 9-37　内直角焊 2F（ϕ1.0mm、功率 800W、宽度 2.2mm、单摆）

2. 不同摆动宽度

6063 铝合金不同摆动宽度的焊接参数见表 9-10，焊缝外观如图 9-38～图 9-40 所示。

表 9-10　6063 铝合金不同摆动宽度的焊接参数

母材厚度 /mm	焊丝直径 /mm	激光功率/W	摆动宽度 /mm	摆动频率 /Hz	送丝速度 /(cm/min)	保护气体	焊丝牌号	接头形式及焊接位置
1.0	1.0	750	2.2	35	60	Ar	ER5356	2F
1.0	1.0	675	1.8	40	60	Ar	ER5356	2F
1.0	1.0	645	1.6	45	60	Ar	ER5356	2F

图 9-38　内直角焊 2F（ϕ1.0mm、功率 750W、宽度 2.2mm、单摆）

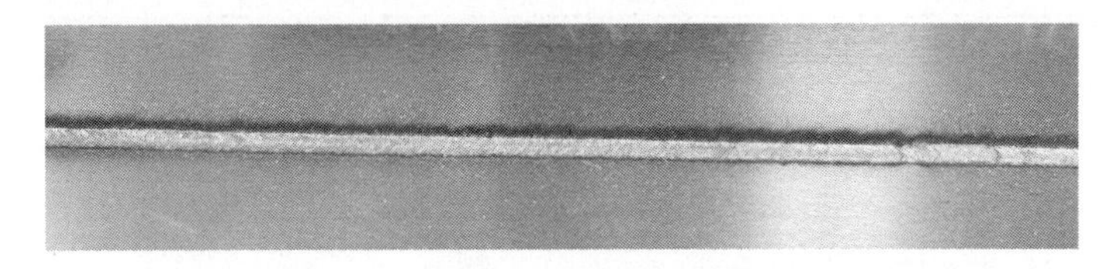

图 9-39　内直角焊 2F（ϕ1.0mm、功率 675W、宽度 1.8mm、单摆）

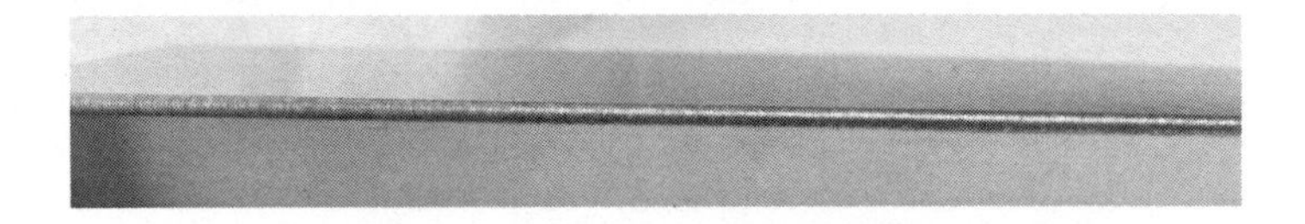

图 9-40　外直角焊 2F（ϕ1.0mm、功率 645W、宽度 1.6mm）

3. 不同保护气体

6063 铝合金不同保护气体对应的焊接参数见表 9-11，焊缝外观如图 9-41、图 9-42 所示。

表 9-11　6063 铝合金不同保护气体对应的焊接参数

保护气体	母材厚度 /mm	焊丝直径 /mm	激光功率 /W	摆动宽度 /mm	摆动频率 /Hz	送丝速度 /(cm/min)	焊丝牌号	接头形式及焊接位置
Ar	1.5	1.0	550	2.5	50	60	ER5356	2F
N_2	1.5	1.0	550	2.5	50	60	ER5356	2F
Ar	1.5	1.0	750	2.5	50	60	ER5356	2F
N_2	1.5	1.0	750	2.5	50	60	ER5356	2F

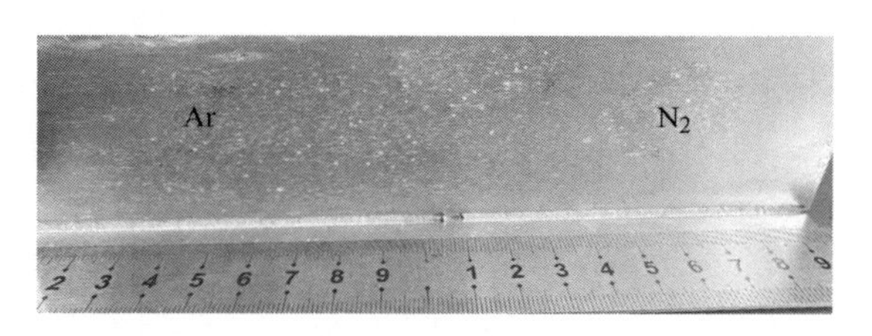

图 9-41 内角焊缝 2F（ϕ1.0mm、功率 550W、宽度 2.5mm、单摆）

图 9-42 内角焊缝 2F（ϕ1.0mm、功率 750W、宽度 2.5mm、单摆）

第10章 手持激光焊接应用案例

10.1 概述

手持激光焊接具有焊接速度快、生产效率高、焊缝美观、焊后变形小、操作简单易学、焊接生产综合成本低等优势，近些年在国内外得到飞速发展，正在大量替代传统的焊条电弧焊、手工氩弧焊和半自动气保焊。按目前的行业标准，手持激光焊机的最大功率不超过3000W，主要应用于材料板厚5mm以下的薄板和中薄板的焊接加工制造行业。在实际工程应用中，也存在一些需要重视的课题，包括激光辐射安全、焊缝冷却速度快、熔深大易烧穿、焊枪与母材接触不良易断光等问题。

本章重点介绍一些手持激光焊接的实际工程应用案例，给出的焊接工艺未必是最优的方案，仅供参考。从手持激光焊机和手持激光焊接技术的发展现状和实践看，对其焊接工艺应用有如下观点。

1）目前母材材质主要应用于碳素钢、不锈钢和铝合金，其他金属材料的手持激光焊接工艺尚不成熟，存在不同程度的质量问题。如镀锌层较厚的镀锌板，虽然焊接功率小，焊缝成形较好，但强度难以满足要求；若功率大，焊接过程飞溅大，焊缝表面容易出气孔。铜及铜合金对激光的反射和散射严重，导热速度快，熔池较难成形；当功率较大时，散射的激光极易对焊工产生危害。钛合金虽然焊缝成形较好，焊接速度也快，但极易氧化，焊缝部位需要严密的气体防护，目前现场应用案例较少。

2）母材板厚应用的最佳板厚是0.5～3mm，手持激光焊能够轻松熔透。由于手工操作不稳定的原因，板厚0～0.5mm焊接时容易烧穿工件。板厚3～6mm的焊接，虽然其熔透可以达到，但需要较大的激光能量，而此时飞溅会增大，设备的损耗会增加。

3）焊接接头主要是对接和角接，只要无遮挡光路，激光可以达到，就可以焊接，但由于激光能量高，焊接速度快，焊缝间隙要小，否则熔池不饱满、易烧穿。

4）焊接位置以平焊、平角焊为主，也可以适应仰焊、立焊等焊接位置，操作也较方便。

5）焊缝质量方面。激光焊熔深大，强度不低于氩弧焊；焊缝呈亮银色，成形美观，产品外观质量提升明显。

6）焊接操作激光比电弧稳定，参数调节简单，手持焊枪的操作也简单、易上手。

10.2 碳素钢焊接应用案例

1. 水箱箱体焊接

（1）概述　水箱箱体材质主要是Q235碳素钢板，厚度1～3mm，焊丝采用ER50-6，以平位焊缝为主。焊缝质量要求：①焊缝表面成形好。②余高低，免打磨或少打磨。③有一定的强度，且不漏水。

焊接现场如图 10-1 所示，水箱部件如图 10-2 所示。采用激光焊接速度快，焊缝成形美观，返修率低，节约了时间成本和售后成本。

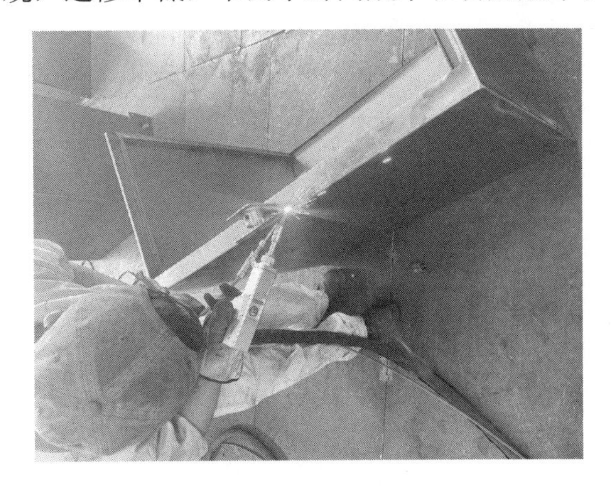

图 10-1　水箱焊接现场

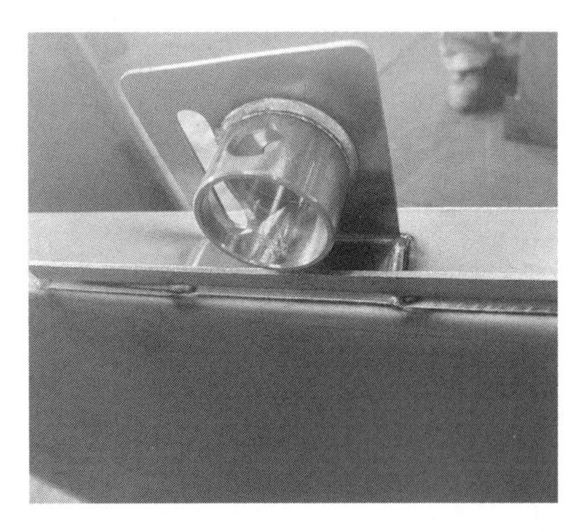

图 10-2　水箱成品（焊缝先在平位焊）

（2）焊接工艺

1）焊前状态及准备。水箱箱体手持激光焊焊前状态见表 10-1。

表 10-1　焊前状态

材质	板厚/mm	焊接位置	接头形式
碳素钢板	1～3	平焊	角接

2）焊接参数。水箱箱体手持激光焊焊接参数见表 10-2。

表 10-2　手持激光焊焊接参数

主要参数	激光功率/W	激光束摆动宽度/mm	送丝速度/（cm/min）	焊丝直径/mm	保护气体	气体流量/（L/min）
	800～1200	3	80	1.2	Ar	20
辅助参数	出光模式	激光束摆动速度/（mm/s）	激光功率上升时间/ms	激光功率下降时间/ms	出光提前送气时间/ms	停光滞后停气时间/ms
	连续	300	50	200	200	200

注：填丝焊接，焊接过程稳定，焊缝成形美观，焊缝表面成形均匀，呈亮白色或金黄色。

2. 水管连接头焊接

（1）概述　水管连接头所用材质主要是碳素钢 Q235，厚度 3mm，焊丝采用 ER50-6，圆环角焊缝板，成品如图 10-3 所示。

产品焊缝质量要求：①焊缝表面成形好。②余高低，免打磨或少打磨。③有较高的强度，且不漏水。采用激光焊时焊接速度快，焊缝成形美观，返修率低，节约了时间成本和售后成本。

图 10-3　水管连接头成品

（2）焊接工艺

1）焊前状态及准备。水管连接头手持激光焊焊前状态见表 10-3。

表 10-3　焊前状态

材质	板厚/mm	焊接位置	接头形式
碳素钢板	3	平角焊	角接

2）焊接参数。水管连接头手持激光焊焊接参数见表 10-4。

表 10-4　手持激光焊焊接参数

主要参数	激光功率/W	激光束摆动宽度/mm	送丝速度/（cm/min）	焊丝直径/mm	保护气体	气体流量/（L/min）
	1000	3	80	1.2	Ar	20
辅助参数	出光模式	激光束摆动速度/（mm/s）	激光功率上升时间/ms	激光功率下降时间/ms	出光提前送气时间/ms	停光滞后停气时间/ms
	连续	300	50	200	200	200

注：填丝焊接，焊接过程稳定，焊缝成形美观，焊缝表面成形均匀，呈亮白色。

3. 通风管道焊接

（1）概述　通风管道所用材质主要是镀锌碳素钢板，厚度 1mm，焊丝采用 ER50-6，接头形式为管对接焊缝，成品如图 10-4 所示。焊缝质量要求：①焊缝表面成形好。②余高低，免打磨或少打磨。③有一定的强度。因为焊缝较长，采用电弧焊时变形较大，且对焊工技能要求非常高。采用激光焊时焊接速度快，焊缝成形美观，返修率低，普通焊工也可以完成操作。

图 10-4　通风管道成品

（2）焊接工艺

1）焊前状态及准备。通风管道手持激光焊焊前状态见表 10-5。

表 10-5　焊前状态

材质	板厚/mm	焊接位置	接头形式
镀锌碳素钢板	1	平焊	对接

2）焊接参数。通风管道手持激光焊焊接参数见表 10-6。

表 10-6　手持激光焊焊接参数

主要参数	激光功率/W	激光束摆动宽度/mm	送丝速度/（cm/min）	焊丝直径/mm	保护气体	气体流量/（L/min）
	750	3	80	1.2	Ar	20
辅助参数	出光模式	激光束摆动速度/（mm/s）	激光功率上升时间/ms	激光功率下降时间/ms	出光提前送气时间/ms	停光滞后停气时间/ms
	连续	300	50	200	200	200

注：填丝焊接，焊接过程稳定，焊缝成形美观，焊缝表面成形均匀，呈金黄色，由于镀锌层的原因，因此部分位置略发黑。

4. 空调箱体焊接

（1）概述　空调箱体所用材质主要是镀锌碳素钢板，厚度 1mm，焊丝采用 ER50-6，原材料如图 10-5 所示，焊接场景如图 10-6 所示。焊缝质量要求：①焊缝表面成形好。②余高低，免打磨或少打磨。③有一定的强度。

图 10-5　空调箱体原材料

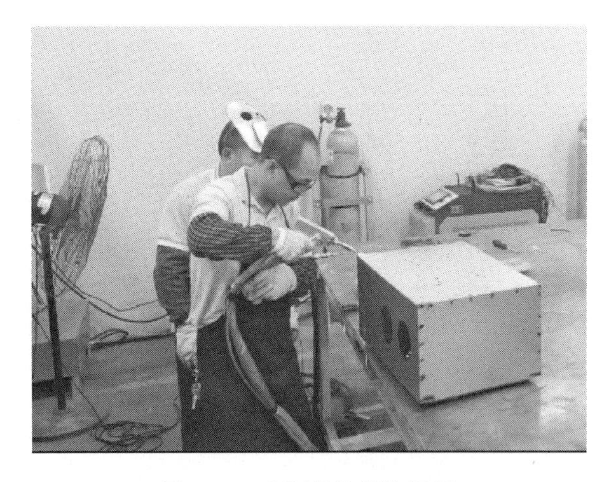

图 10-6　空调箱体焊接场景

焊缝较长，传统焊接易变形、焊接烟尘大、焊缝发黑，而采用手持激光焊则可以改善和缓解这些问题，且焊接速度快，返修率低，节约了时间成本。

（2）焊接工艺

1）焊前状态及准备。空调箱体手持激光焊焊前状态见表 10-7。

表 10-7　焊前状态

材质	板厚/mm	焊接位置	接头形式
镀锌碳素钢板	1	平角焊	角接

2）焊接参数。空调箱体手持激光焊焊接参数见表 10-8。

表 10-8　手持激光焊焊接参数

主要参数	激光功率/W	激光束摆动宽度/mm	送丝速度/（cm/min）	焊丝直径/mm	保护气体	气体流量/（L/min）
	350	2	60	1.0	Ar	20
辅助参数	出光模式	激光束摆动速度/（mm/s）	激光功率上升时间/ms	激光功率下降时间/ms	出光提前送气时间/ms	停光滞后停气时间/ms
	连续	600	50	200	200	200

注：填丝焊接，焊接过程稳定，焊缝成形美观，焊缝表面成形均匀，呈亮白色。

5. 管体焊接

（1）概述　碳素钢管体，其材质是低碳钢板 Q235，板厚 3mm，焊丝采用 ER50-6。焊缝质量要求：①焊缝表面成形好。②余高低，免打磨或少打磨。③有一定的强度和密封性。成品的外形如图 10-7 所示，焊接场景如图 10-8 所示。

图 10-7　管体成品

图 10-8　管体焊接场景

碳素钢管与管环形对接焊缝，采用手持激光焊效率与气保焊效率相当，但其飞溅少，焊接完成后不用后续的打磨工作，节约了时间成本。

（2）焊接工艺

1）焊前状态及准备。管体手持激光焊焊前状态见表 10-9。

表 10-9　焊前状态

材质	板厚/mm	焊接位置	接头形式
低碳钢管	3	平焊	对接

2）焊接参数。管体手持激光焊焊接参数见表 10-10。

表 10-10　手持激光焊焊接参数

主要参数	激光功率/W	激光束摆动宽度/mm	送丝速度/（cm/min）	焊丝直径/mm	保护气体	气体流量/（L/min）
	900	3	60	1.0	Ar	20
辅助参数	出光模式	激光束摆动速度/（mm/s）	激光功率上升时间/ms	激光功率下降时间/ms	出光提前送气时间/ms	停光滞后停气时间/ms
	连续	600	50	200	200	200

注：填丝焊接，焊接过程稳定，焊缝成形美观，焊缝表面成形均匀，呈亮白色。

6. 三轮车车体焊接

（1）概述　三轮车车体，其材质是碳素钢板 Q235，板厚为 1～1.5mm，焊丝采用 ER50-6，焊缝质量要求：①焊缝表面成形好。②余高低，免打磨或少打磨。③有一定的强度。成品如图 10-9 所示。

图 10-9　三轮车车体成品

板与板连接的断续焊缝，板薄易变形，接头间隙大，采用ϕ1.6mm 的焊丝，常用手持激光焊，焊接速度快，返修率低，节约了时间成本。

（2）焊接工艺

1）焊前状态及准备。三轮车车体手持激光焊焊前状态见表 10-11。

表 10-11　焊前状态

材质	板厚/mm	焊接位置	接头形式
碳素钢板	1～1.5	平焊、立焊、仰焊、横焊	角接

2）焊接参数。三轮车车体手持激光焊焊接参数如表 10-12 所示。

表 10-12　手持激光焊焊接参数

主要参数	激光功率/W	激光束摆动宽度/mm	送丝速度/（cm/min）	焊丝直径/mm	保护气体	气体流量/（L/min）
	700～1000	3	100	1.6	Ar	20
辅助参数	出光模式	激光束摆动速度/（mm/s）	激光功率上升时间/ms	激光功率下降时间/ms	出光提前送气时间/ms	停光滞后停气时间/ms
	连续	300	50	200	200	200

注：填丝焊接，焊缝表面成形均匀，呈亮白色，部分间隙较大时，需要先进行打底焊，然后进行盖面焊接，如图 10-10～图 10-12 所示。

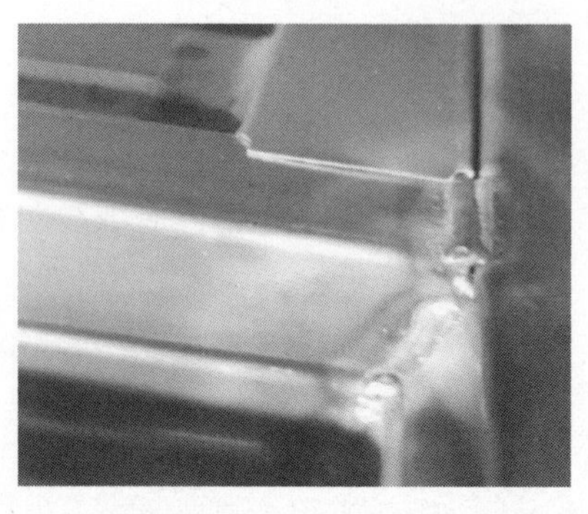

图 10-10　车体激光焊焊缝

a) 平焊

b) 仰焊

图 10-11　车体平焊和仰焊焊接位置

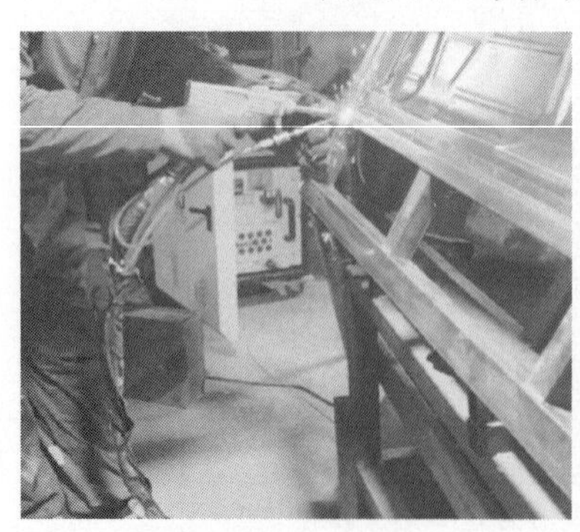

a) 立焊

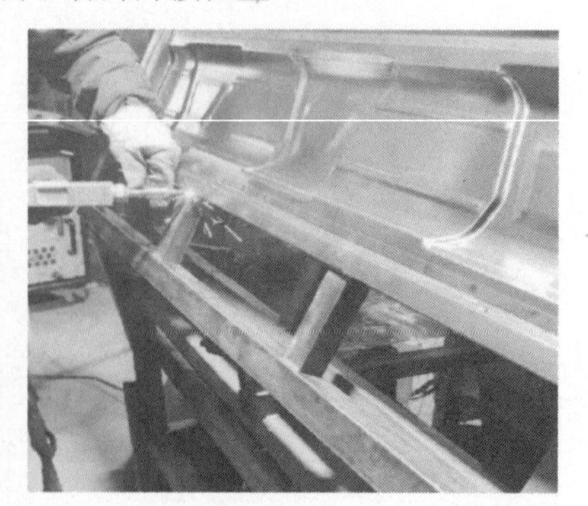

b) 横焊

图 10-12　车体立焊和横焊焊接位置

7. 汽车四门内板焊接

（1）概述 目前，汽车行业激光拼焊生产零部件应用最广的是四门内板（激光焊缝用线框标出），材质是碳素钢板 Q235，板厚 1～1.5mm，焊丝采用 ER50-6，焊缝质量要求：①焊缝表面成形好。②余高低，免打磨或少打磨。③有一定强度。具体应用如图 10-13 所示。

图 10-13a 所示为某车型左右前门内板，厚度不等且板料牌号不同，最厚板料为 1.4mm，最薄板料为 0.7mm。

图 10-13b 所示为某车型左右后门内板，厚度不等且板料牌号不同，最厚板料为 1.2mm，最薄板料为 0.7mm。

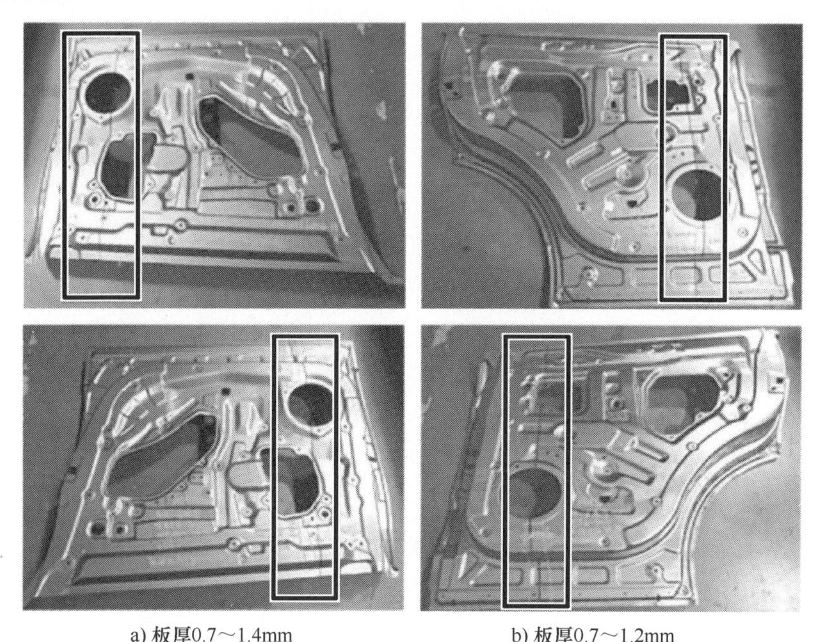

a) 板厚0.7～1.4mm　　b) 板厚0.7～1.2mm

图 10-13 某车型四门内板激光拼焊

激光拼焊板的应用，提高了整车四门匹配的精度，节约整车匹配调整时间，降低了人工成本，并且减少了四门总成件的重量，减少焊接线压合前需做的密封工作，提高焊接生产效率及总成交付质量。此外，通过将不同厚板拼焊提高了门铰链的刚性，同时增加了整体门的强度，提高匹配公差精度，也提高了市场竞争优势，同时给车企带来降本、增效、工艺优化等利益，也对环境保护做出了一定的贡献。

（2）焊接工艺 参考三轮车车体焊接工艺。

10.3 不锈钢焊接应用案例

1. 机械薄配件焊接

（1）概述 机械零件配件，材质不锈钢 304，板厚 1～2mm，采用 ER308 焊丝，焊缝质量要求：①焊缝表面成形好。②余高低，免打磨或少打磨。③有一定的强度。有直焊缝和环形焊缝两种，利用手持激光焊焊接速度快、效率高、焊缝成形好，钣金件焊缝如图 10-14 所示。

a) 工件一　b) 工件二　c) 工件三　d) 工件四

图 10-14　钣金件焊缝

（2）焊接工艺

1）焊前状态及准备。薄配件手持激光焊焊前状态见表 10-13。

表 10-13　焊前状态

材质	板厚/mm	焊接位置	接头形式
不锈钢 304	1～2	平角焊	角接

2）焊接工艺。薄配件手持激光焊焊接参数见表 10-14。

表 10-14　手持激光焊焊接参数

主要参数	激光功率/W	激光束摆动宽度/mm	送丝速度/（cm/min）	焊丝直径/mm	保护气体	气体流量/（L/min）
	500	3	80	1.2	Ar	20
辅助参数	出光模式	激光束摆动速度/（mm/s）	激光功率上升时间/ms	激光功率下降时间/ms	出光提前送气时间/ms	停光滞后停气时间/ms
	连续	600	50	200	200	200

注：焊接过程稳定，焊缝表面成形均匀，呈亮白色，或金黄色。

2. 高档家具焊接

（1）概述　定制家具支撑和骨架以不锈钢板和不锈钢管为主，牌号为 304L 和 316，板厚为 1～3mm。焊缝质量要求：①焊缝表面成形好。②余高低，免打磨。③有一定的强度。焊前不锈钢表面处理状态分别为亚光或镜面，产品原材料如图 10-15 所示，成品外形如图 10-16 所示。

a) 镜面

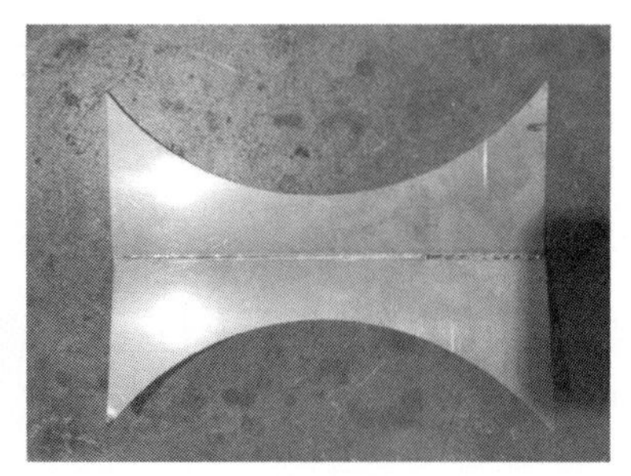

b) 亚光面

图 10-15　原材料表面

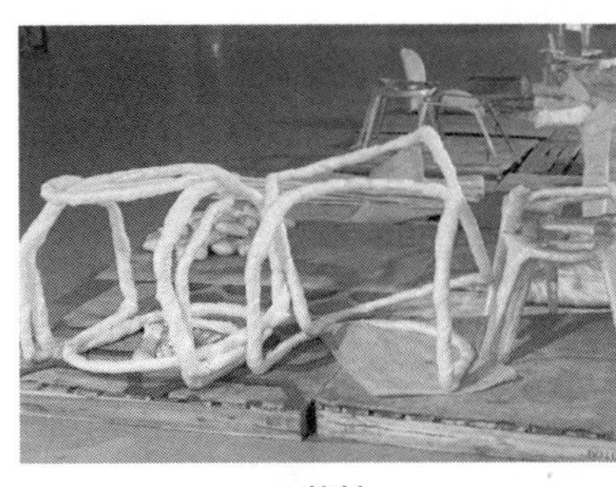

a) 管材

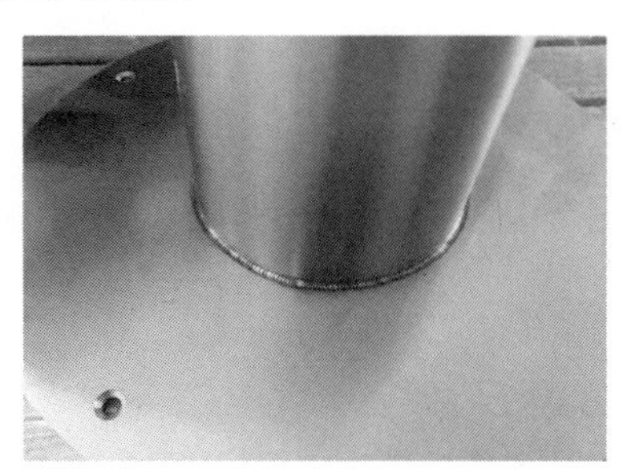

b) 板材

图 10-16　成品外形

不锈钢板与管连接、板与板的连接，要求焊接的焊缝长度长，焊后抛光电镀，采用钨极氩弧焊存在以下两个突出的问题。

1）焊后成品变形大。

2）焊缝背面氧化程度高，打磨后依然有被氧化的黄色或黑色，影响最后成形颜色的美观（成品表面是亮镜面和亮白色）。

利用手持激光焊激光能量集中、焊缝窄、热影响区小、变形小的特点，来解决上述的两个问题。

（2）焊接工艺

1）焊前状态及准备。高档家具手持激光焊焊前状态见表 10-15。

表 10-15　焊前状态

材质	板厚/mm	焊接位置	接头形式
不锈钢	1.5	平焊	对接/角接

2）焊接参数。高档家具手持激光焊焊接参数见表 10-16。

表 10-16　手持激光焊焊接参数

主要参数	激光功率/W	激光束摆动宽度/mm	送丝速度/（cm/min）	焊丝直径/mm	保护气体	气体流量/（L/min）
	300	2	—	—	Ar	20

（续）

辅助参数	出光模式	激光束摆动速度/（mm/s）	激光功率上升时间/ms	激光功率下降时间/ms	出光提前送气时间/ms	停光滞后停气时间/ms
	连续	600	50	200	200	200

注：激光自熔焊接，焊接过程稳定，焊缝表面成形均匀，呈亮白色，焊缝背面偶有轻微的黄色，氧化程度不高，打磨或激光清洗可以轻松清除，这样既能满足熔深达到强度方面的要求，又能达到变形小和颜色方面的要求。

3．水箱焊接

（1）概述　不锈钢水箱和水罐，材料为不锈钢板和不锈钢管，牌号有304L和316，板厚为2～5mm，焊丝采用ER308，要求焊后有一定的强度和密封性，焊前不锈钢表面处理状态为亚光。

不锈钢板与管连接、板与板的连接，焊接的焊缝长度较长，传统采用钨极氩弧焊进行定位焊和缝焊，焊后变形较大，焊接效率低，如图10-17所示。采用手持激光焊焊后变形明细减小，焊接效率显著提高。

a) 焊接现场

b) 定位焊

图10-17　钨极氩弧焊缝焊外形

采用手持激光焊，在提高了焊接速度和改善变形的同时，可以做到单面焊双面成形，强度和密封性也有提高，长焊缝的激光焊缝如图10-18所示。

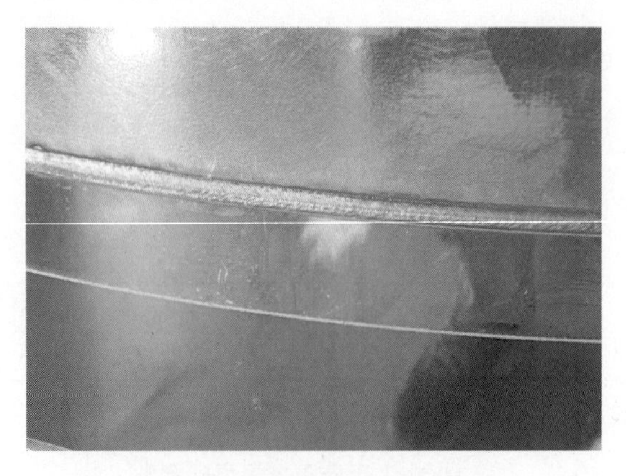

图10-18　长焊缝的激光焊缝

（2）焊接工艺

1）焊前状态及准备。水箱手持激光焊焊前状态见表10-17。

表 10-17　焊前状态

材质	板厚/mm	焊接位置	接头形式
不锈钢	3	平焊	对接

2）焊接参数。水箱手持激光焊焊接参数见表 10-18。

表 10-18　手持激光焊焊接参数

主要参数	激光功率/W	激光束摆动宽度/mm	送丝速度/（cm/min）	焊丝直径/mm	保护气体	气体流量/（L/min）
	1000～1500	3	60	1.2	Ar	20
辅助参数	出光模式	激光束摆动速度/（mm/s）	激光功率上升时间/ms	激光功率下降时间/ms	出光提前送气时间/ms	停光滞后停气时间/ms
	连续	600	50	200	200	200

注：填丝焊接，焊缝双面成形，成形较好，焊接速度相比氩弧焊快，满足熔深以及焊缝强度和变形的要求。

4. 环保设备焊接

（1）概述　环保设备材质为不锈钢 304，板厚为 3mm 和 5mm 两种，产品直径约 2m，焊丝采用 ER308。焊缝质量要求：①焊缝表面成形好。②余高低，免打磨。③有较高的强度和密封性。焊接位置外形如图 10-19 所示。

a) 筒体焊接

b) 筒板焊接

图 10-19　环保设备焊接位置外形

焊缝有两种：一种是不锈钢管与板的连接，要求满焊；另一种是不锈钢管与管的连接，采用激光焊可以一次性熔透 5mm，达到单面焊双面成形的效果，且焊接速度快，返修率低，节约了时间成本。

（2）焊接工艺

1）焊前状态及准备。环保设备手持激光焊焊前状态见表 10-19。

表 10-19　焊前状态

材质	板厚/mm	焊接位置	接头形式
不锈钢 304	3/5	平焊/平角焊	角接

2）焊接参数。环保设备手持激光焊焊接参数见表 10-20。

表 10-20　手持激光焊焊接参数

主要参数	激光功率/W	激光束摆动宽度/mm	送丝速度/（cm/min）	焊丝直径/mm	保护气体	气体流量/（L/min）
	1500～2000	3～3.5	60	1.6	Ar	20
辅助参数	出光模式	激光束摆动速度/（mm/s）	激光功率上升时间/ms	激光功率下降时间/ms	出光提前送气时间/ms	停光滞后停气时间/ms
	连续	300	50	200	200	200

注：填丝焊接，焊缝表面成形均匀，呈亮白色。

5. 食品箱体焊接

（1）概述　家禽刮毛箱体，其材质是 304 的不锈钢板和管，厚度为 1.5～2mm，焊丝采用 ER308。焊缝质量要求：①焊缝表面成形好。②余高低，免打磨。③有一定的强度和密封性。产品呈圆柱体外框架，成品外形如图 10-20 所示。

图 10-20　食品箱体外形

不锈钢管与板的连接，要求满焊，采用手持激光焊效率与气保焊效率相当，且飞溅少，一定程度上节约了时间成本。

（2）焊接工艺

1）焊前状态及准备。食品箱体手持激光焊焊前状态见表 10-21。

表 10-21　焊前状态

材质	厚度/mm	焊接位置	接头形式
不锈钢 304	2	平焊	对接

2）焊接工艺。食品箱体手持激光焊焊接参数见表 10-22。

表 10-22　手持激光焊焊接参数

主要参数	激光功率/W	激光束摆动宽度/mm	送丝速度/（cm/min）	焊丝直径/mm	保护气体	气体流量/（L/min）
	500	2.5	60	1.2	Ar	20
辅助参数	出光模式	激光束摆动速度/（mm/s）	激光功率上升时间/ms	激光功率下降时间/ms	出光提前送气时间/ms	停光滞后停气时间/ms
	连续	600	50	200	200	200

注：填丝焊接，焊缝表面成形均匀，呈亮白色。

6. 医药箱体焊接

（1）概述　药水盛装箱体，其材质是 316L 的不锈钢板和管，厚度为 1.5～2mm，焊丝采用 ER316。焊缝质量要求：①焊缝表面成形好。②余高低，免打磨。③有一定的强度和密封性。产品做成圆柱体外框架，焊接位置为全位置，成品外形焊接位置如图 10-21～

图 10-24 所示。

不锈钢管与板的连接，要求全焊缝，采用激光焊可比氩弧焊的效率高，且几乎无飞溅，极大地节约了时间成本。

图 10-21　医药箱体仰焊位置外形

图 10-22　医药箱体立焊位置外形

图 10-23　医药箱体横焊位置外形

图 10-24　医药箱体平焊位置外形

（2）焊接工艺

1）焊前状态及准备。医药箱体手持激光焊焊前状态见表 10-23。

表 10-23　焊前状态

材质	厚度/mm	焊接位置	接头形式
不锈钢 316L	2	平焊、立焊 横焊、仰焊	对接

2）焊接参数。医药箱体手持激光焊焊接参数见表 10-24。

表 10-24　手持激光焊焊接参数

主要参数	激束功率/W	激光束摆动宽度/mm	送丝速度/（cm/min）	焊丝直径/mm	保护气体	气体流量/（L/min）
	600	2.5	60	1.2	Ar	20
辅助参数	出光模式	激光束摆动速度/（mm/s）	激光功率上升时间/ms	激光功率下降时间/ms	出光提前送气时间/ms	停光滞后停气时间/ms
	连续	600	50	200	200	200

注：填丝焊接，焊缝表面成形均匀，呈亮白色，焊接速度快，焊缝成形好。

7. 水管三通焊接

水管三通除了对外观有要求外，其气密性要求也是非常严格的。而手持激光焊在外观和气密性方面具有一定优势，相比传统焊接方式，使用激光焊接不锈钢三通，具有焊接速度快、效率高、少耗材或无耗材等优点。

此外，激光能量密度高、热影响区小，焊接完成后几乎不会出现发黑、变色、变形等现象，解决了使用氩弧焊出现的发黑、变形大等焊接质量问题；焊后焊缝呈银白色或金黄色，省去了抛光环节。

8. 罐体焊接

不锈钢罐体焊接效果，如图 10-25 所示。不锈钢罐体焊接对密封性要求较高，使用手持激光焊不锈钢罐体，具有密封性强、焊接灵活、焊接速度快等优点。

9. 火锅焊接

不锈钢火锅传统的制造方式以氩弧焊为主，热影响区大，容易出现焊疤，影响厨具美观，后续打磨工序费时费力。

采用手持激光焊接生产的火锅厨具品质较高，精致美观，如图 10-26 所示。

图 10-25　不锈钢罐体焊接效果

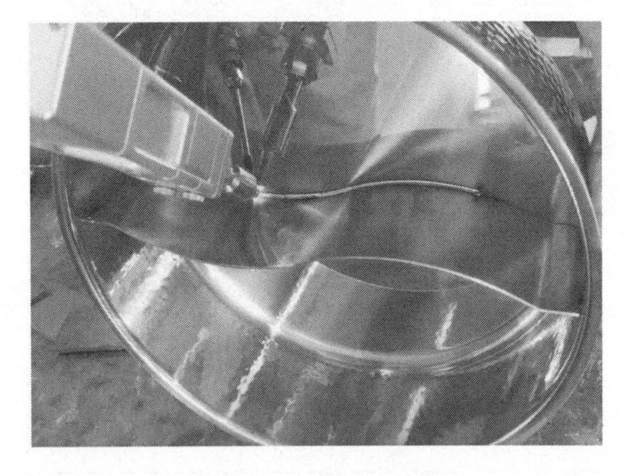

图 10-26　火锅焊接效果

激光焊接是利用高能量的激光对材料进行微小区域内的局部加热，将材料熔化后形成熔池。手持激光焊机焊接时热输入极低，厨具焊接后的变形量很小，焊缝平滑漂亮，焊后处理很少，能够大大减少后续打磨和整平工序上的人工成本。

10. 厨具焊接

手持激光焊应用在厨具角焊缝工件的焊接，主要工艺参数见表 10-25，焊缝及焊接效果如图 10-27、图 10-28 所示。

表 10-25　手持激光焊焊接参数

主要参数	激光功率/W	激光束摆动宽度/mm	送丝速度/（cm/min）	焊丝直径/mm	保护气体	气体流量/（L/min）
	700	3	75	1.2	Ar	20

（续）

辅助参数	出光模式	激光束摆动速度/（mm/s）	激光功率上升时间/ms	激光功率下降时间/ms	出光提前送气时间/ms	停光滞后停气时间/ms
	连续	600	50	200	200	200

注：填丝焊接，焊缝表面成形均匀，呈亮白色。

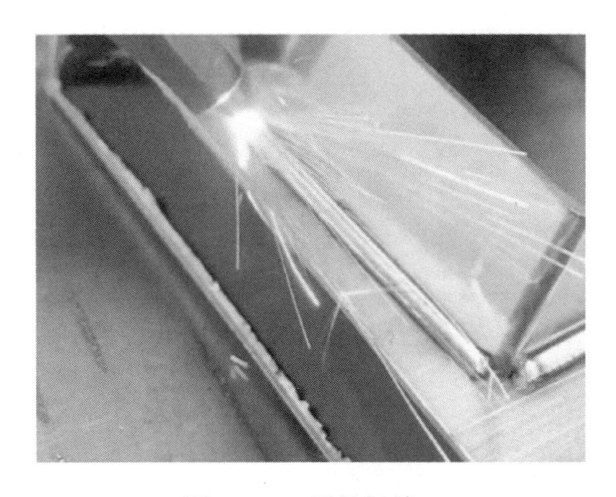

图 10-27　厨具焊缝

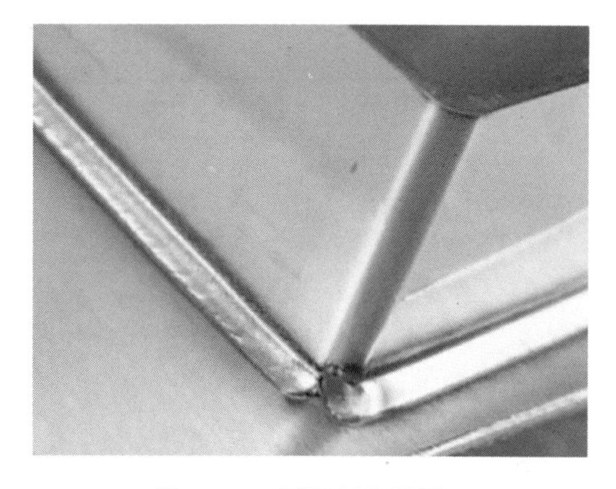

图 10-28　厨具焊接效果

金属厨具材质以不锈钢为主。不锈钢材料外观美观大方，清洁保养方便，可直接用清洁剂擦试，不易变色，表面细腻平顺。采用不锈钢氩弧焊时，对焊工技能要求较高，易因操作不当而引起焊缝质量问题，而手持激光焊对焊工技能要求相对较低，更容易获得成形良好的焊缝。

10.4　铝合金焊接应用案例

1. 门窗框架焊接

（1）概述　门窗框架的支撑和骨架以 6063 铝合金方管为主，壁厚为 1.5mm，焊丝采用 ER5356，焊缝质量要求：①焊缝表面成形好。②余高低，免打磨。③有一定的强度。成品外形如图 10-29、图 10-30 所示。

图 10-29　框架焊缝激光焊焊缝

a) 角接焊缝

b) 焊接现场

图 10-30　方管连接角焊缝激光焊

氩弧焊焊接速度慢，焊缝余高大（见图 10-31），焊后需要打磨。手持激光焊可以提高焊接效率，焊后少打磨。

图 10-31　氩弧焊焊缝

（2）焊接工艺

1）焊前状态及准备。门窗框架手持激光焊焊前状态见表 10-26。

表 10-26　焊前状态

材质	厚度/mm	焊接位置	接头形式
6063 铝合金	1.5	平焊	对接

2）焊接参数。门窗框架手持激光焊焊接参数见表 10-27。

表 10-27　手持激光焊焊接参数

主要参数	激光功率/W	激光束摆动宽度/mm	送丝速度/（cm/min）	焊丝直径/mm	保护气体	气体流量/（L/min）
	900	3	75	1.2	Ar	20
辅助参数	出光模式	激光束摆动速度/（mm/s）	激光功率上升时间/ms	激光功率下降时间/ms	出光提前送气时间/ms	停光滞后停气时间/ms
	连续	600	50	200	200	200

注：填丝焊接，焊缝表面成形均匀，呈亮白色。

2. 空调箱体焊接

（1）概述　空调箱体的支撑、骨架和面板以 5356 铝合金板材为主，板厚为 2.5mm，焊丝采用 ER5356，焊缝质量要求：①焊缝表面成形好。②余高低，免打磨。③有一定的强度。箱体外形如图 10-32 所示。

氩弧焊焊接速度慢，焊缝余高大，焊后需打磨。手持激光焊焊接效率高，焊缝成形美观，焊后不打磨，空调箱体焊接如图 10-33 所示。

图 10-32　空调箱体外形

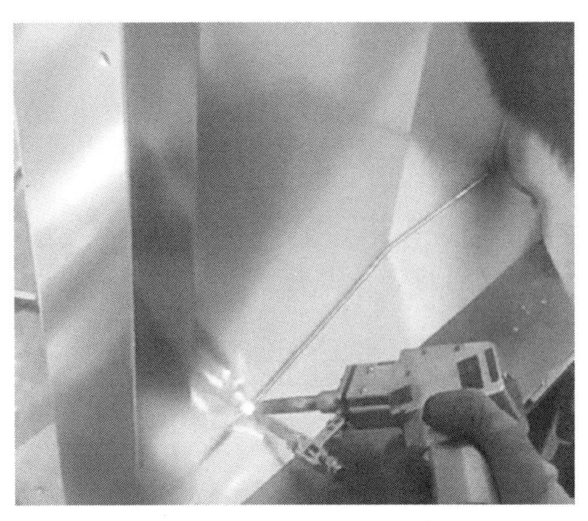

图 10-33　空调箱体焊缝

（2）焊接工艺

1）焊前状态及准备。空调箱体手持激光焊焊前状态见表 10-28。

表 10-28　焊前状态

材质	厚度/mm	焊接位置	接头形式
5356 铝合金	2.5	平角焊	角接

2）焊接参数。空调箱体手持激光焊焊接参数见表 10-29。

表 10-29　手持激光焊焊接参数

主要参数	激光功率/W	激光束摆动宽度/mm	送丝速度/（cm/min）	焊丝直径/mm	保护气体	气体流量/（L/min）
	1300	3	90	1.2	Ar	20
辅助参数	出光模式	激光束摆动速度/（mm/s）	激光功率上升时间/ms	激光功率下降时间/ms	出光提前送气时间/ms	停光滞后停气时间/ms
	连续	300	50	200	200	200

注：填丝焊接，焊缝表面成形均匀，呈亮白色。

3. 灯具框架焊接

（1）概述　灯具框架的支撑和骨架以 5356 铝合金管材为主，厚为 1mm，自熔焊接，产品外形如图 10-34 所示。采用激光焊，焊接速度快、成形好、变形小。

图 10-34　灯具框架外形

（2）焊接工艺

1）焊前状态及准备。灯具框架手持激光焊焊前状态见表 10-30。

表 10-30　焊前状态

材质	厚度/mm	焊接位置	接头形式
5356 铝合金	1	平焊	对接

2）焊接参数。灯具框架手持激光焊焊接参数见表 10-31。

表 10-31　手持激光焊焊接参数

主要参数	激光功率/W	激光束摆动宽度/mm	送丝速度/（cm/min）	焊丝直径/mm	保护气体	气体流量/（L/min）
	300	2	—	—	Ar	20
辅助参数	出光模式	激光束摆动速度/（mm/s）	激光功率上升时间/ms	激光功率下降时间/ms	出光提前送气时间/ms	停光滞后停气时间/ms
	连续	600	50	200	200	200

注：自熔焊接，焊接过程稳定，焊缝表面成形均匀，呈亮白色。

第11章

手持激光焊接防护用品

11.1　概述

手持激光焊机所用的激光器属于 4 类激光产品（大于 500mW），激光光斑单位面积的亮度比太阳光要强千万倍，激光辐射对皮肤、眼睛都可能造成不可逆的伤害，因此在使用时要特别注意防护，绝不能掉以轻心。

手持激光焊接过程中，人会暴露在有激光存在的环境中。在安全防护方面，个人比较容易忽视，经常为了操作便利不佩戴防护眼镜就开始操作，这是非常危险的做法。激光焊接过程中的激光辐射、烟雾微粒、有害气体和焊接后母材的局部高温，都会对人体带来危害，且手持激光焊机的使用场景同传统氩弧焊或气体保护焊有相同之处，也需要注意类似的安全隐患。在焊接过程中除了配备激光防护眼镜外，焊接防护面罩、防护服、防护鞋、防护手套和呼吸防护用品等都需要佩戴。

激光安全应满足 GB 7247.1—2024《激光产品的安全　第 1 部分：设备分类和要求》、GB/T 41643—2022《高功率激光制造设备安全和使用指南》、IEC 60825-1：2014《激光产品的安全　第 1 部分：设备的分类和安全》、IEC 60825-4：2022《激光产品的安全性-第 4 部分:激光防护装置》、IEC/TR 60825-16：2009《强激光光源应用于人体和动物的安全要求》、ISO 11553-1：2020《激光加工设备　第 1 部分：通用安全要求》、ISO 11552-2：2008《机械安全-激光加工机械-第 2 部分：手持式激光加工设备的安全要求》、T/CWAN 0064—2022《手持激光焊机》、美国 ANSI Z136 标准和欧盟 EN 207：2017《个人护目镜-防激光辐射滤光镜和护目镜（激光护目镜)》的要求。

11.2　防护眼镜及防护屏

小于 400nm 激光束，伤害眼球浅层，蒸发泪液层，引发结膜疼痛，致使角膜水肿及白斑，促使晶状体混浊及白内障早发。400～1400nm 激光束，可贯穿并伤害眼球的全层光路。蒸发泪液层，眼睛干燥，导致疲劳，并引发结膜疼痛，致使角膜水肿及白斑，促使晶状体混浊及白内障早发，引起玻璃体混浊及飞蚊症。蓝光可引起视网膜荧光效应。绿光可导致短暂失明。不同波长激光束对人眼的影响如图 11-1 所示。

“光纤激光”人眼不感光，设备功率成千上万瓦，危害更大。

大于 1400nm 激光束，虽然相对于人眼安全，但暴露于大功率激光环境中，依然会造成对结膜、角膜及皮肤的热伤害。

激光防护眼镜分为：镀膜反射型和材料吸收型。镀膜放射型是在光学玻璃表面蒸镀反射膜，玻璃易碎，有潜在危险。玻璃镀膜即使短时使用，只要出现了镀膜划伤，眼镜防护性能立即失效。材料吸收型目前主流材料是：PC（聚碳酸酯，高强度抗冲击塑料）注塑做镜片，吸收材料均匀混合在 PC 镜片中，表面强化处理，即使表面划痕也不影响整体防护性能。

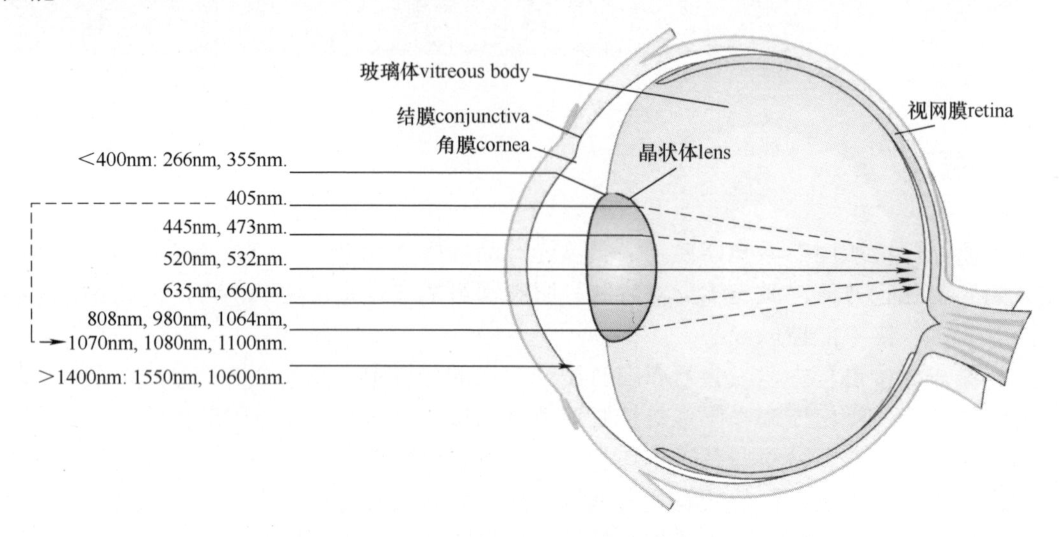

图 11-1　不同波长激光束对人眼的影响

激光加工设备或车间的观察窗口，应使用激光防护板。激光防护板选用吸收型材质。

吸收型激光防护眼镜和防护板启用后，约 3 年的有效期。吸收原理是将工作激光转化为热量和可见光。长期使用于“大剂量的激光辐射环境”中，会使材料的吸收转换能力不断降低。使用完眼镜后，应放回黑色眼镜盒中，并置于阴暗处。为达到最佳的安全效能，建议在镜片及板材上做好启用日期标示，并及时提示用户更换。

即使采用激光防护眼镜和防护板，也只能防护漫反射和散射激光。通过防护吸收阈值试验：1W1064nm 激光，10mm 光斑，约 30s，防护镜片或防护屏起泡后被击穿。如果防护镜片或防护板出现起泡，应立即关闭激光焊机，彻底检查工件的位置，消除激光强反射隐患，更换损坏的眼镜或防护屏。

目前，主流的激光防护眼镜的国际标准是美国的 ANSI Z136 和欧盟 CE 认证的 EN 207:2017。我国也有相关的激光眼镜的安全标准 GB/T 17736—1999《激光防护镜主要参数测试方法》，主要的参数和规则都是基于前两项国际标准。好的激光防护眼镜会把各大标准要求的参数直接印到镜片上，例如防护波段、光学密度 *OD* 值、L 等级和 CE 标志，达到一目了然的效果。

ANSI Z136.1：2014 标准《激光设备使用的安全性标准》的特点是简单直观，易于理解，可直观的获取防护镜片对激光的阻挡效果。ANSI Z136.1：2014 标准的防护眼镜通过光密度（*OD*，Optical Density）来进行衡量。光密度表示激光防护眼镜承受激光辐射的能力，其和透射率的对数成反比，光密度 *OD* 与透过率 *T*（Transmission）之间的逻辑关系如下。

$$OD = \log_{10}\left(\frac{1}{T}\right)$$

光密度与透过率对应关系表见表 11-1。

表 11-1　光密度与透过率对应关系表

光密度	透过率（%）	衰减系数
0	100	1
1	10	10
2	1	100
3	0.1	1000
4	0.01	10000
5	0.001	100000
6	0.0001	1000000
7	0.00001	10000000

“入射光”1064nm 激光功率调到 10000mW，接触防护屏的光斑直径约 20mm，功率计在“激光防护板”下，探测到的“透射光”功率如下。

1）若是 1mW，则入射光 10000/透射光 1=10000，对数 $\log_{10}10000=4$，对应 *OD* 值就是 4。

2）若是 2mW，则入射光 10000/透射光 2=5000，对数 $\log_{10}5000=3.7$，对应 *OD* 值就是 3.7（*OD* 值越高，防护性能越好）。

欧盟的 EN 207：2017 标准则相对复杂一些，其主要特点是考虑了防护效果随激光脉宽的变化。首先，将激光按脉宽的不同分 4 类：连续激光、脉冲模式、巨脉冲模式和锁模激光。其次，对于不同的激光模式、镜片和镜框必须达到 10s 或 100 个脉冲以上的标称防护水平。L 等级由 3 部分组成：波长范围、激光模式和比例系数。激光模式及脉冲持续时间见表 11-2。

表 11-2　激光模式及脉冲持续时间

激光模式	所刻标志	脉冲持续时间
连续波	D	＞0.25s
脉冲模式	I	1μs～0.25s
巨脉冲模式	R	1ns～1μs
锁模	M	＜1ns

用户在选择激光护目镜时，需根据比例数和波长范围、激光模式名称，来判断激光眼镜是否达到对给定激光的最低防护级别要求，EN 207：2017 激光安全等级和标准见表 11-3。

表 11-3　EN 207：2017 激光安全等级和标准

波长范围/nm	激光模式	最大功率密度或最大能量密度
180～315	D	$1\times10^{n-3}$ W/m^2
	I 和 R	$3\times10^{n+1}$ J/m^2
	M	$1\times10^{n+10}$ W/m^2　$1\times10^{n+10}$ W/m^2
315～1400	D	$1\times10^{n+1}$ W/m^2
	I 和 R	$5\times10^{n-3}$ J/m^2
	M	$1.5\times10^{n-4}$ J/m^2
1400～1000000	D	$1\times10^{n+3}$ W/m^2
	I 和 R	$1\times10^{n+2}$ J/m^2
	M	$1\times10^{n+11}$ W/m^2

光纤激光器的波长为1064nm，因此激光防护眼镜或防护屏要求防800～1100nm波短激光*OD*6+以上的产品。常见激光防护眼镜如图11-2所示，常见激光焊防护板如图11-3所示：

图11-2　常见激光防护眼镜

图11-3　常见激光焊防护板

除了是否满足安全标准和激光防护等级的高低，用户在选择激光防护眼镜时还可以考虑以下几点。

1）激光器的参数：输出波长、脉宽、功率密度。

2）激光防护眼镜的光密度：*OD*数值越大，激光防护眼镜的防护能力越强。

3）激光防护眼镜的L等级：L等级越高，激光防护能力越强。

4）可见光透率：光透率越高，戴上眼镜后的视觉影响越小。

11.3　防护面罩

焊接防护面罩是用于防御有害光辐射、熔融金属飞溅及热辐射对焊接操作人员的眼镜和面部的损伤。

焊接防护面罩的形式多种多样，依据结构形式的不同，防护面罩可分为手持式、头戴式和组合式三类。手持式焊接防护面罩最大的特点就是价格便宜。对于有较高焊接质量及效率要求或特殊工位焊接作业，头戴式焊接防护面罩具有明显优势。

手持激光焊接中建议使用头戴式焊接防护面罩。头戴式焊接防护面罩由面罩壳、头箍及附件、滤光片、保护片等部分组成，头箍可根据头部尺寸进行调节，以便舒适佩戴，面罩通常可以掀起或放下，适合各种焊接作业。另外一类是特殊的头戴式焊接面罩——组合式焊接防护面罩，焊接面罩被连接在安全帽上，在保护焊工眼睛和面部的同时提供头部防护。

头戴式焊接防护面罩的非视窗部分，如帽壳材料、尺寸及重量等项目要符合GB/T 3609.1—2008《职业眼面部防护　焊接防护　第1部分：焊接防护具》要求。视窗部分采用激光防护板。常见头戴式焊接防护面罩如图11-4所示。

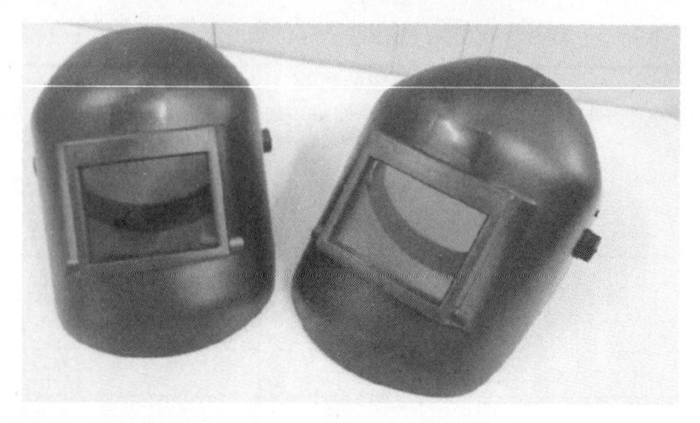

图11-4　头戴式焊接防护面罩

11.4 防护服和防护手套

在现代制造业中，激光焊接以其高效、精准的特性，成为众多企业必备的焊接设备。然而在使用过程中，对于操作人员的安全防护也是一项不可忽视的问题。这就需要借助防护服来达到保护目的，而激光焊接防护服的防御性则显得尤为重要。

1）耐热性。激光焊接过程中会产生大量的热量，防护服需具有良好的耐热性，能够抵御高温的冲击和辐射，从而保护操作人员免受伤害。经过科学设计的防护服能有效阻挡和反射热源，降低对人体皮肤的直接伤害。

2）抗辐射性。由于激光焊接产生强烈的光线和辐射，防护服必须具备良好的抗辐射性，才能确保操作人员的眼睛和皮肤不受到强光和辐射的伤害。高效的防护服通常采用特殊的抗辐射材料制成，降低辐射对人体的影响。

3）防电性。在激光焊接过程中，可能会产生静电或电磁场，如果没有合适的防护措施，可能会对操作人员造成伤害。防护服必须具备良好的防电性，能够隔绝和导出静电，减少电磁辐射的影响。

4）耐磨性。在实际操作过程中，防护服需要经受各种物理冲击和摩擦，因此防护服的耐磨性也是一个重要的考量因素。采用强韧耐用的面料，可以调高防护服的使用寿命，保证其持久的防护效果。

5）舒适性。虽然防护性能至关重要，但不能忽视防护服的舒适性。一款设计合理、穿着舒适的防护服不仅能提高操作人员的工作效率，同时也能增加使用者对防护服的喜爱度，进一步提高防护服的使用率。

图 11-5～图 11-7 所示为符合 EN 60825：2021 标准《激光产品的安全 第 1 部分：设备分类、要求》）的 1064nm 激光防护服及手套。采用三层结构，外层是阻燃防静电布料，内层为涤纶布料，夹层是激光防护布料。激光防护布料使用特殊涂层的复合材料，两侧是耐高温硅胶涂层，中间是玻璃纤维防火布。

图 11-5 激光防护服（正面）

图 11-6 激光防护服（反面）

图 11-7　激光防护手套

11.5　焊接工作服

焊接工作服面料的制作通常是以织物、皮革或通过贴膜和喷涂铝等物质复合而成，并将这些材料通过缝制工艺制作成焊接工作服，可防御焊接时的熔融金属、火花和高温灼烧人体。常见焊接工作服如图 11-8 所示。

图 11-8　常见焊接工作服

焊接工作服外还可配用围裙、袖套、套袖、披肩和鞋盖等附件。其产品质量技术要求要符合 GB 8965.2—2009《防护服装 阻燃防护 第 2 部分：焊接服》规定。

1）棉织布及其他织物经向断裂强力应≥91N，纬向断裂强力应≥411N；牛面革＞$16N/mm^2$，猪面革＞$16N/mm^2$。

2）缝纫线单线强力≥800N/50cm，焊接工作服的静电阻抗值≥0.1MΩ。

3）阻燃性能。续燃时间≤4s；阴燃时间≤4s；损毁长度≤100mm。

4）经 15 滴金属熔滴冲击后，试验样品温升≤40K。

作业人员在从事体力劳动时，为了保护身体，一般要求裸露部分少些，覆盖部分多些，并采用撕破强度高的面料。但较厚的面料制成的焊接工作服在穿着时会显得笨重，并不利于人体活动。设计合理的焊接工作服应同时兼具轻、薄、软，以及强度高、耐撕破、耐拉伸和耐摩擦的特点。轻、薄、软为操作者的工作提供舒适和便捷；强度高、耐撕破、耐拉伸为安全提供保障。

通常，在从事体力劳动时，人体会正常排出汗水来散发热量。透湿性较差的服装因大量汗水的积聚而粘在身上，使人产生不舒适感。作为与肌肤亲密接触的防护服，焊接工作服应具有优良的透湿性能，避免工作人员身体过度潮湿，始终保持工作中的舒适性。

当人体排汗时，皮肤的毛孔处于高度扩张的“呼吸”状态，此时身体对外界有害物质的防御功能有所降低。焊接工作服最好选择符合 Oeko-Tex Standard 100 的染料，在保证产品色牢度耐久性的同时，确保服装中不含对人体有害的物质，真正做到对操作者的防护。

在白天工作时，人们处于不断活动状态中，因此，设计合理的防护服必须对人们的活动没有阻碍，伸展自如，保证穿着舒适性。

11.6　防护鞋

焊接过程的火焰、电弧、炽热的工件、飞溅的金属熔滴、红热的焊条头和熔渣等，是造成焊接灼烫事故的主要热源；而某些材料焊前必须对工件进行预热，预热温度可达150～300℃；另外，焊接操作时，接触电的机会也很多，如由焊接设备或线路故障引起的火线与零线错接，以及焊接设备内部电路的绝缘损坏等，都会造成220V、380V电压出现在焊枪或工作台等回路上，因此触电也是焊接操作的危险之一。综上所述，焊接工作鞋必须是耐热、绝缘且耐磨防滑的劳动防护鞋。常见焊接防护鞋如图11-9所示。

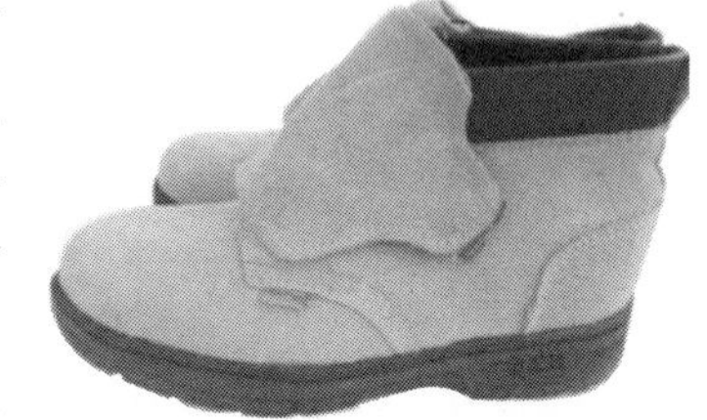

图11-9　常见焊接防护鞋

焊接防护鞋的鞋帮一般采用牛（正、修、绒）面革、猪（正、修、绒）面革或其他的阻燃革制成。鞋帮应具有耐燃性，要求燃烧速度≤1m/s。帮底结合采用模压工艺成形，高腰款式，鞋口用泡沫塑料软皮滚口，既穿着舒适，又能保护踝部避免摩擦。

原劳动部于1991年8月颁布了“焊接防护鞋”标准（LD4-91），各生产厂生产焊接防护鞋应按如下标准生产。

（1）耐热性　低耐热型的焊接防护鞋，要求鞋底耐热温度为150℃，高耐热型的焊接防护鞋，要求鞋底耐热温度为250℃。

鞋的耐热性要求是将鞋放在可调温度的加热板上，鞋内装入钢珠。然后将砂填在鞋周围，砂的高度达到鞋底上缘，但不超过鞋帮。待温度上升到150℃，稳定20min。然后冷却到室温，观察试样，鞋不应出现熔化、变形或分离现象。

（2）隔热性　焊接防护鞋要求有良好的隔热性。鞋的中底应是绝缘性好的材料。试验设备与耐热试验相同。试验方法是：装加热板温度调到150℃，保持20min，将样品压进砂浴中的加热板上。在150℃试验进行40min，每隔5min记录一次鞋内底表面温度，然后计算（从试样放在加热板上时开始）出平均温度，算出温升，其与试验前内表温度之差不得超过22℃。

（3）绝缘性　焊接防护鞋的电气绝缘性能与GB 12011—2009《足部防护　电绝缘鞋》的要求一致，应耐电压6kV，泄漏电流不超过3mA。

（4）力学性能　焊接防护鞋鞋底的物理力学性能与成鞋剥离强度要求符合QB/T 1002—2005《皮鞋》的规定。

附录A

手持激光焊机及关键零部件生产企业名录

目前，市场上手持激光焊机品牌众多，产品技术水平和质量参差不齐。为方便相关单位和读者了解行业状况和选购产品，本书收集整理了部分手持激光焊机及关键零部件生产企业的信息，供大家参考。

安徽省

安徽龙太电气科技有限公司
电话：400 021 9096
网址：http://www.shlongtai.com/

安徽智朗机电设备有限公司
电话：0556-5555 285
网址：http://www.ahzhilang.com/

合肥利晟激光科技有限公司
电话：191 5519 9858
网址：http://www.hflslaser.com/

合肥能擎激光智能装备有限公司
电话：186 5699 5399
网址：http://www.nqlaser.cn/

合肥旭丰和机电科技有限公司
电话：189 5604 0458
网址：https://xfhlaser.com/

北京市

北京凯普林光电科技股份有限公司
电话：400 922 0010
网址：https://www.bwt-bj.com/

北京博奥镭创激光科技有限公司
电话：010-8289 5922
网址：http://boaolaser.com.cn/

北京楚天激光设备有限公司
电话：010-6787 1808
网址：http://www.bjctlaser.com/

北京正天恒业数控技术有限公司
电话：400 016 1621
网址：http://www.ztcnc.com/

重庆市

重庆初刻智能机械设备有限公司
电话：023-8602 3033
网址：http://www.dabiaoji66.com/

重庆金多利科技有限公司
电话：023-6853 9071
网址：http://www.jdl868.com/

福建省

福建松科机器人有限公司
电话：0592-5388 168

注：本附录中的企业信息均来源于互联网，整理时间为 2025 年 2 月。

网址：http://www.skc.com.cn/

世纪镭杰明（厦门）科技有限公司
电话：0592-5712 475
网址：http://www.ljmlaser.com/

广东省

深圳市创鑫激光股份有限公司
电话：400 900 9588
网址：www.maxphotonics.com/

深圳市桓日激光有限公司
电话：400 699 3806
网址：http://www.huanrilaser.com/

深圳市联赢激光股份有限公司
电话：400 885 4168
网址：https://www.uwlaser.com/

深圳市瑞凌实业集团股份有限公司
电话：0755-2734 5888
网址：http://www.riland.com.cn/

深圳市佳士科技股份有限公司
电话：0755-2965 1666
网址：https://www.jasic.com.cn/

深圳市麦格米特焊接技术有限公司
电话：400 666 2163
网址：https://www.megmeet-welding.com/

深圳市杰普特光电股份有限公司
电话：0755-2952 8181/2/3
网址：https://www.jptoe.com/

深圳市耐恩科技有限公司
电话：181 2987 5116
网址：http://www.ninelaser.com/

深圳市蓝濂科技有限公司
电话：188 2544 9055
网址：http://www.lanlyntech.com/

广东威尔泰克科技有限公司
电话：0760-8828 3266
网址：https://www.gdweldtec.com/

广东镱宝电机有限公司
电话：133 0225 8048
网址：http://www.epowermotor.com/

广东省鑫全利激光智能装备有限公司
电话：400 030 8885
网址：http://www.xqllaser.com/

广东骐麟激光科技有限公司
电话：180 2878 8964
网址：https://www.qilinlaser.cn/

东莞赛硕激光科技有限公司
电话：400 8363 088
网址：http://www.dgsslaser.cn/

东莞市迈创机电科技有限公司
电话：0769-2638 4404
网址：https://www.mactrontech.cn/

东莞欧得激光科技有限公司
电话：147 3722 6315
网址：http://www.ouco-gmbh.com/en/

东莞市澜速实业有限公司
电话：0769-8122 1176
网址：http://www.dgslsjg.com/

东莞市力星激光科技有限公司
电话：400 8322 988
网址：https://www.glorylaser.cn/

东莞市五岳激光科技有限公司
电话：159 2020 1400
网址：http://topulaser.com/

东莞市正信激光科技有限公司
电话：0769-8990 9148
网址：http://www.dgzx-laser.com/

东莞市星博激光设备有限公司
电话：0769-2166 2873
网址：http://www.xinbolaser.com/

东莞市信优达智能装备有限公司
电话：139 2586 1802
网址：http://www.synutarlaser.cn/

东莞市壹号激光科技有限公司
电话：0769-8285 5767
网址：http://yihaolaser.com/

东莞市合力激光设备有限公司
电话：400 678 2086
网址：http://www.helilaser.com/

东莞市创鸿激光智能科技有限公司
电话：0769-8312 3689
网址：http://www.chlaser.cn/

大极激光科技（深圳）股份有限公司
电话：400 8383 093
网址：http://www.dajilaser.com/

大粤激光科技（深圳）有限公司
电话：0755-2843 2309
网址：https://www.dylaser.com/

大族激光科技产业集团股份有限公司
电话：400 666 4000
网址：https://cn.hanslaser.net/

大展智能装备（广东）有限责任公司
电话：400 7633 520
网址：http://www.laserdz.com/

佛山市南海银象焊接技术有限公司
电话：0757-8677 2830
网址：http://www.yin-xiang.com.cn/

佛山汇百盛激光科技有限公司
电话：400 008 8807
网址：http://www.fshbslaser.com/

佛山市安第斯智能装备有限公司
电话：189 8852 0003
网址：http://www.andes-i.com/

佛山市君道科技有限公司
电话：0757-8185 3525
网址：http://www.jundaokeji.com/

佛山市众力数控焊割科技有限公司
电话：400 0757 929
网址：http://www.fs-zl168.com/

广东辰威机器人有限公司
电话：400 1033 663
网址：http://www.gdchenwei.com/

广东大民激光科技有限公司
电话：0769-2277 3325
网址：http://www.daminlaser.com/

广东德益激光科技股份有限公司
电话：189 3854 1670
网址：http://www.dgdylaser.com/

广东大族粤铭激光集团股份有限公司
电话：0769-8983 8888
网址：https://www.ymlaser.com/

广东国玉科技股份有限公司
电话：400 6610 728
网址：https://www.nbilaser.com/

广东宏石激光技术股份有限公司
电话：400 8076 388
网址：https://www.fshsl.com/

广东普电自动化科技股份有限公司
电话：400 0882 2398
网址：https://www.gd-pw.com/

广东铨冠智能科技有限公司
电话：0769-8552 1588
网址：https://www.dgqianguan.com/

广州广源激光科技有限公司
电话：020-2209 6335
网址：http://www.gdgylaser.com/

广州汉牛机械设备有限公司
电话：400 8227 833
网址：http://www.hanlaser.com/

广州码清激光智能装备有限公司
电话：400 0388 378
网址：https://www.cf388.com/

广州汉马自动化控制设备有限公司
电话：400 1616 918
网址：https://www.chineselaser.com.cn/

华科激光技术（深圳）有限公司
电话：0755-2301 1869
网址：http://www.huakejiguang.com/

惠州市镭凌激光科技有限公司
电话：400 0752 499
网址：http://www.laser0752.com/

深圳市星汉激光科技股份有限公司
电话：0755-8259 6207
网址：https://www.xinghanlaser.com/

深圳市恒川激光技术有限公司
电话：0755-2324 5522
网址：http://www.henclaser.com/

深圳镭镁激光科技有限公司
电话：0755-2359 7905
网址：http://www.leading-laser.com/

深圳欧斯普瑞智能科技有限公司
电话：0755-8522 5225
网址：http://www.ospri.cn/

深圳市奥华激光科技有限公司
电话：0755-8886 9818
网址：https://www.ahlaser.com/

深圳市博特精密设备科技有限公司
电话：400 0071 218
网址：http://www.botetech.com/

深圳市超米激光科技有限公司
电话：0755-3697 6853
网址：http://www.szcmlaser.com/

深圳市创想激光科技有限公司
电话：0755-8923 1666
网址：http://www.jiguanghanjieji.cn/

深圳市大鹏激光科技有限公司
电话：400 900 9228
网址：http://www.dapenglaser.com/

深圳市丰麟激光技术有限公司
电话：400 8670 114
网址：http://www.zyfenglin.com/

深圳市方拓激光设备有限公司
电话：181 2419 6671
网址：http://www.fangtuolaser.com/

深圳市海维激光科技有限公司
电话：400 0360 198
网址：https://www.hwgd.com.cn/

深圳市汉威激光设备有限公司
电话：135 1014 4159
网址：http://www.hwlaser.cn/

深圳市华龙新力激光科技有限公司
电话：0755-3660 4175
网址：http://www.hualongxl.com/

深圳市慧之光科技有限公司
电话：0755-2868 8321
网址：http://www.hzglaser.com/

深圳市海镭激光科技有限公司
电话：400 611 0366
网址：http://www.haileilaser.com/

深圳市力捷科激光技术有限公司
电话：0755-2997 6819
网址：http://www.ljklaser.com/

深圳市镭康机械设备有限公司
电话：0755-2747 1680
网址：http://www.lklaser.cn/

深圳市麦特激光技术有限公司
电话：0755-2334 8503
网址：https://www.matlaser.cn/

深圳市铭镭激光设备有限公司
电话：400 6899 119
网址：https://www.herolaser.com/

深圳市深明大鑫激光智能装备有限公司
电话：166 2090 9093
网址：https://www.smdxlaser.com/

深圳市骐麟激光应用科技有限公司
电话：0755-2799 9931
网址：http://www.qilinlaser.com/

深圳市睿法智能科技有限公司
电话：0755-2314 3635
网址：https://www.relfar.com/

深圳市思博威激光科技有限公司
电话：0755-2592 9959
网址：http://www.sw-laser.cn/

深圳市通发激光设备有限公司
电话：400 8168 880
网址：http://www.tflaser.com/

深圳市天策激光科技有限公司
电话：0755-6685 0377
网址：http://www.sztclaser.com/

深圳市万顺兴科技有限公司
电话：400 8368 816
网址：http://www.wsxlaser.com/

深圳市众联激光智能装备有限公司
电话：400 6400 059
网址：http://www.zl-laser.com/

深圳市智博泰克科技有限公司
电话：136 9742 2619
网址：http://www.zhibo-tech.com/

深圳市优控激光科技有限公司
电话：0755-2322 9631
网址：http://www.uklaser88.com/

珠海市金锐焊接设备科技有限公司
电话：0760-8713 8799
网址：https://www.jinruihanji.com/

深圳市德工激光智能技术有限公司
电话：186 2007 4925
网址：http://www.degonglaser.cn/

深圳市茂和兴精密机械有限公司
电话：0755-2868 5784
网址：http://zgmhx.cn/

珠海吉光科技有限公司
电话：131 6963 0088
网址：https://www.keycom-tech.com/

河北省

沧州拓胜激光机械设备制造有限公司
电话：150 3075 5466
网址：http://tuoshengcnc.com/

河北创力机电科技有限公司
电话：400 0888 086
网址：https://www.canlee.cn/

河北汉智数控机械有限公司
电话：0514-8206 7681
网址：http://www.hanzhicnc.cn/

河北喜鹊激光科技有限公司
电话：0312-8990 692
网址：http://www.magpielaser.com/

邢台凯环激光设备制造有限公司
电话：151 3131 2821
网址：http://www.xtkhjg.com/

河南省

河南肯普森激光科技有限公司
电话：400 0082 255
网址：http://www.kpsjg.com/

河南富盛昌自动化设备有限公司
电话：186 3735 7376
网址：https://www.fushengchang.cn/

晖耀激光科技（洛阳）有限公司
电话：400 0379 096
网址：http://www.lyhylaser.com/

洛阳科巨激光技术有限公司
电话：400 8003 513
网址：http://www.kdjwlaser.com/

洛阳信成精密机械有限公司
电话：400 6700 379
网址：http://www.lyxc.com/

郑州市天正科技发展有限公司
电话：0371-6376 7078
网址：http://www.tzdbj.com/

湖北省

武汉锐科光纤激光技术股份有限公司
电话：027-8133 8818-8137
网址：https://www.raycuslaser.com/

华工法利莱切焊系统工程有限公司
电话：400 8888 866
网址：https://www.farleylaserlab.cn/

武汉创恒世纪激光科技有限公司
电话：400 0278 558
网址：http://www.ch027.com/

武汉楚天激光（集团）股份有限公司
电话：400 9606 856
网址：http://www.chutianlaser.com/

武汉飞能达激光技术有限公司
电话：027-8753 1511
网址：http://www.fedlaser.com/

武汉华俄激光工程有限公司
电话：400 0193 868
网址：https://www.helaser.cn/

武汉华工激光工程有限责任公司
电话：400 8888 866
网址：https://www.hglaser.com/

武汉宏骏泽激光科技有限公司
电话：027-8138 6686
网址：http://www.hjzlaser.net/

武汉鸿镭激光科技有限公司
电话：027-5185 8988
网址：https://www.chinalasers.com/

武汉和谐天域激光标记有限公司
电话：180 7102 2830
网址：https://www.whhxty.com/

武汉嘉信激光有限公司
电话：027-8678 8280
网址：http://www.whjxl.com/

武汉可为光电自动化科技股份有限公司
电话：027-8787 0818
网址：http://www.kwlaser.com/

武汉科一光电科技有限公司
电话：027-8743 0008
网址：http://www.keyilaser.com/

武汉立匠激光科技有限公司
电话：181 2056 9118
网址：http://www.lijianglaser.com/

武汉瑞丰光电技术有限公司
电话：027-6784 5367
网址：http://www.rflaser.com/

武汉双成激光设备制造有限公司
电话：400 1806 058
网址：http://www.whsclaser.com/

武汉天琪激光设备制造有限公司
电话：400 6388 027
网址：http://www.tqlaser.com/

武汉天兴通光电科技有限公司
电话：027-6552 3998
网址：http://www.txtlaser.cn/

武汉兴弘光电技术有限公司
电话：027-8130 3883
网址：http://www.xhoptoelec.cn/

武汉中光谷激光设备有限公司
电话：027-8720 7888
网址：http://www.zgglaser.com/

武汉中谷联创光电科技股份有限公司
电话：027-8794 8976
网址：http://www.whzglc.com/

武汉奥森迪科智能科技股份有限公司
电话：027-8229 7086
网址：https://www.au3tech.com/

武汉翔明激光科技有限公司
电话：173 4335 4890
网址：https://www.skylasertech.com/

武汉华宇诚数控科技有限公司
电话：189 8629 0037
网址：http://www.158cnc.com/

湖南省

湖南中南智能激光科技有限公司
电话：137 5515 4725
网址：http://www.zeqp.net/

长沙天辰激光科技有限公司
电话：0731-2233 7599
网址：http://www.cstclaser.com/

株洲特装智能装备有限公司
电话：400 8892 871
网址：http://www.crrctz.com/

江苏省

无锡汉神电气股份有限公司
电话：0510-8547 0001/2/
138 0151 0132
网址：http://www.hanshen.com.cn/

无锡超强伟业科技有限公司
电话：177 6637 6317
网址：https://www.suplasercut.com/

江苏科镭激光设备有限公司
电话：0519-8201 1611
网址：https://www.keleilaser.com/

江苏奥龙电气科技有限公司
电话：400 0707 018
网址：http://www.aolohj.com/

江苏凯普林光电科技有限公司
电话：400 9220 010
网址：https://www.bwt-bj.com/

昆山华恒焊接股份有限公司
电话：0512-5732 8118
网址：https://www.huahengweld.com/

无锡洲翔激光设备有限公司
电话：187 5156 7896
网址：http://www.zhouxianglaser.com/

江苏孚尔姆焊业股份有限公司
电话：0510-8668 8137
网址：http://www.fuermu.com/

常州名扬激光科技有限公司
电话：181 1505 5221
网址：http://www.mylaser99.com/

创琦激光科技（扬州）有限公司
电话：0514-8208 8929
网址：http://www.yzcqjg.com/

大匠激光科技（苏州）有限公司
电话：400 8787 216
网址：https://www.dgelaser.com/

江苏大金激光科技有限公司
电话：400 1659 088
网址：http://www.jsdjjg.com/

江苏海尚智能装备有限公司
电话：0512-5744 9990
网址：http://www.suhisun.com/

江苏库贝米特激光科技有限公司
电话：0527-8188 1006
网址：http://www.corbeil.com.cn/

江苏昆太工业装备有限公司
电话：400 7100 700
网址：https://www.ktzdh.com/

江苏瑞宏光电科技有限公司
电话：0527-8051 0093

网址：http://www.ruihonglaser.com/

江苏一言机械科技有限公司
电话：400 6369 598
网址：http://jiangsuyiyan.cn/

昆山泰乙昌激光设备有限公司
电话：0512-5717 2024
网址：http://www.tyclaser.com/

雷腾光电技术（昆山）有限公司
电话：186 8864 4966
网址：http://www.leitenggd.com/

南京奥博纳激光科技有限公司
电话：025-8328 6373
网址：https://www.cn.auroralaser.net.cn/

南京帝耐激光科技有限公司
电话：025-6803 5051
网址：http://www.dn-laser.com/

南京集萃激光智能制造有限公司
电话：138 5228 7216
网址：http://jicuilaser.com/

苏州楚天激光有限公司
电话：400 8076 096
网址：http://www.ctszlaser.cn/

苏州创轩激光科技有限公司
电话：400 0177 663
网址：https://www.chanxan.cn/

苏州锐智熠激光科技有限公司
电话：400 0512 800
网址：http://www.rzylaser.com/

苏州格菱激光科技有限公司
电话：180 5509 0602
网址：http://www.gellaser.com/

苏州光谷光电科技有限公司
电话：0512-6673 3122
网址：https://www.szguanggu.com/

苏州亨莱士智能科技有限公司
电话：139 1558 0842
网址：http://www.henres.com.cn/

苏州海奕激光科技有限公司
电话：400 0735 105
网址：http://www.laserhy.com/

苏州凯格激光科技发展有限公司
电话：0512-6855 7910
网址：http://www.kaigelaser.com/

苏州律明激光设备有限公司
电话：0512-6620 9782-8008
网址：http://www.lvminglaser.com/

苏州玛迪科激光智能装备有限公司
电话：0512-6585 1445
网址：http://www.mdklaser.com/

苏州铭匠激光科技有限公司
电话：400 0131 558
网址：http://www.mingjane.com/

苏州普拉托激光科技有限公司
电话：182 5116 6288
网址：http://www.pratolaser.cn/

苏州维强激光科技有限公司
电话：0512-5773 4550
网址：http://www.wflaser.com/

苏州西比科光电有限公司
电话：400 0611 838

网址：http://www.spklaser.com/

苏州小巨人激光智能科技有限公司
电话：0512-6724 1945
网址：http://www.xjrlaser.com/

苏州迅镭激光科技有限公司
电话：400 1164 888
网址：https://www.quicklaser.com/

苏州优顺激光装备有限公司
电话：195 2273 7631
网址：http://www.yosoon.cn/

苏州纵通激光科技有限公司
电话：0512-5890 3554
网址：http://www.zontolaser.com/

苏州市弘远激光智能科技有限公司
电话：400 6603 335
网址：http://www.hongyhj.com/

苏州纽芬奇机电科技有限公司
电话：0512-6601 6539
网址：http://www.nuferci.com/

无锡精工焊接设备有限公司
电话：0510-8860 2111
网址：http://www.hjsb.cn/

无锡桥联恒通激光科技有限公司
电话：400 0880 510
网址：http://www.wxqlht.com/

无锡庆源激光科技有限公司
电话：400 0009 276
网址：http://www.qy-laser.com/

无锡一网激光设备有限公司
电话：0510-8870 3162
网址：http://www.ewlaser.com/

徐州惠尔德自动化科技有限公司
电话：0516-8503 0069
网址：https://www.xzhed.com/

盐城市丽泰合金电器有限公司
电话：0515-8989 8863
网址：http://www.ycdrg.com/

张家港汇能达激光科技有限公司
电话：400 1806 682
网址：http://www.hndlaser.com/

常州特尔玛科技股份有限公司
电话：0512-3691 1319
网址：https://trm-welding.com/

昆山质子激光设备有限公司
电话：0512-3691 1319
网址：https://www.protonlaser.cn/

常州市海宝焊割有限公司
电话：0519-8837 0668
网址：http://www.chinahyper.cn/

南通思凯光电有限公司
电话：0513-8619 0556
网址：http://www.ntskgd.com/

辽宁省

辽宁双华焊割装备有限公司
电话：400 0246 006
网址：https://www.lnshhg.com/

沈阳华维激光设备制造有限公司
电话：138 4001 0221
网址：http://www.syhuaweijg.com/

鞍山华科大激光科技有限公司
电话：0412-5232 529
网址：http://ashklaser.com/

山东省

山东奥太电气有限公司
电话：0531-8887 2807/400 0531 772
网址：http://www.aotaidianqi.com/

山东光之聚激光科技有限公司
电话：139 6442 1018
网址：http://www.honorlaser.com/

济南邦德激光股份有限公司
电话：400 9917 771
网址：https://www.bodor.cn/

山东产研强远激光科技有限公司
电话：0635-8686 608
网址：http://www.sdqylaser.com/

德州起焌自动化设备有限公司
电话：152 6690 6570
网址：www.qijunjiguang.com

建邦激光科技（济南）有限公司
电话：0531-8456 8667
网址：http://www.jnjbjg.com/

济南多维光电设备有限公司
电话：400 9690 789
网址：https://www.dwlaser.com/

济南宏牛机械设备有限公司
电话：400 6581 989
网址：https://www.hongniucnc.com/

济南汉腾激光技术有限公司
电话：0531-8878 9173
网址：http://www.jnhanser.com/

济南飞秒激光科技有限公司
电话：0531-8863 3380
网址：http://www.fmjg.cn/

济南金强激光数控设备有限公司
电话：400 6259 996
网址：http://www.jqlaser.cn/

济南金威刻激光科技股份有限公司
电话：400 8061 521
网址：https://www.wklaser.cn/

济南精准科技有限公司
电话：0531-8866 4606
网址：http://www.jnjzkj.cn/

济南镭曼数控设备有限公司
电话：400 0602 018
网址：http://lasermen.cn/

济南领秀激光设备有限公司
电话：400 1015 576
网址：http://www.lingxiulaser.com/

济南森峰激光科技股份有限公司
电话：400 8888 470
网址：http://www.jnsenfeng.com/

济南新德激光设备有限公司
电话：0531-8120 3371
网址：http://www.xd-laser.com/

济南新天科技有限公司
电话：187 5317 2161
网址：http://www.sdxtkj.com/

聊城方德激光科技有限公司

电话：0635-8814 567
网址：https://www.founderlaser.com/

聊城市经纬激光设备有限公司
电话：0635-7702 200
网址：https://zh.chinajwlaser.com/

聊城市东昌府区科泰激光设备有限公司
电话：400 0635 060
网址：http://www.ketailaser.com/

临清市尔珩激光设备有限公司
电话：0635-2101 118
网址：http://www.ehdzkj.com/

青岛瑞镭激光科技有限公司
电话：0532-6776 8810
地址：http://www.qdrlaser.com/

青岛海朋激光科技有限公司
电话：0532-6895 9411
网址：http://www.haipengjiguang.com/

青岛铭族激光科技有限公司
电话：132 1011 3758
网址：https://www.qdmingzu.com/

青岛瑞镭激光科技有限公司
电话：0532-6776 8810
网址：http://www.qdrlaser.com/

青岛通用激光科技有限公司
电话：134 0681 4178
网址：https://www.ty-laser.com/

青岛星成激光科技有限公司
电话：400 6863 669
网址：http://www.xclaser.com/

青岛通快光电科技有限公司
电话：400 9699 887
网址：https://www.t-klaser.com/

山东鸿光电子科技有限公司
电话：0537-4459 788
网址：http://www.sddbj.com/

山东科锐尔激光设备有限公司
电话：135 6217 1112
网址：http://www.coral-laser.com/

山东浪起激光科技有限公司
电话：0531-8880 4789
网址：https://www.goldlaser.cn/

山东欧锐激光科技有限公司
电话：400 9601 123
网址：https://www.oreelaser.cn/

山东鹏沃激光科技有限公司
电话：0534-8310 772
网址：http://www.pw-laser.cn/

山东锐图激光科技有限公司
电话：400 0120 201
网址：http://www.raytu.com/

山东三旗激光科技有限公司
电话：0635-8800 088
网址：http://www.sanqilaser.com/

山东启航数控设备有限公司
电话：0534-2725 556
网址：https://www.qihangjg.com/

山东立为激光科技有限公司
电话：400 9669 173
网址：https://www.mornlaser.cn/

泰安市泰山汇鑫激光科技有限公司
电话：0538-6239 680
网址：http://www.huixinjiguang.com/

潍坊天宏数控设备有限公司
电话：0536-8325 348
网址：http://www.wfthsk.cn/

青岛通哲工业装备有限公司
电话：400 1006 029
网址：http://www.tonchel.com/

陕西省

西安荷佐里机电科技有限公司
电话：029-3362 9100
网址：http://www.hzlaser.com.cn/

上海市

光惠（上海）激光科技有限公司
电话：400 0111 976
网址：https://www.gwlaser.tech/

上海通用电焊机股份有限公司
电话：021-5137 7777
网址：http://www.sh-tayor.com/

上海沪工焊接集团股份有限公司
电话：021-5121 5999
网址：https://www.hugong.com/

上海山达电子科技有限公司/江苏山达智能科技有限公司
电话：153 6563 8155
网址：http://www.cnshanda.com/

上海东升焊接集团有限公司
电话：021-5746 9111
网址：http://www.sh-donsun.com/

宏犇实业（上海）有限公司
电话：400 8008 257
网址：http://www.chinaguhan.com/

上海奥剑激光设备有限公司
电话：159 0218 3694
网址：http://www.shajlaser.com/

上海超领激光科技有限公司
电话：021-6766 2527
网址：http://www.chelornlaser.com/

上海骏腾发智能设备有限公司
电话：400 8565 786
网址：http://www.china-welding.com/

上海镭凌自动化科技有限公司
电话：021-5766 1699
网址：http://www.levinlaser.com/

上海铭琢激光科技有限公司
电话：021-6089 5250
网址：http://www.mingzhuojg.com/

上海三克激光科技有限公司
电话：400 0885 598
网址：http://www.3klaser.com/

上海三束实业有限公司
电话：021-3700 9238
网址：http://www.3s-laser.com/

上海生造机电设备有限公司
电话：400 8208 63
网址：https://www.shshengzao.net/

上海淘乐机械股份有限公司

电话：021-6414 0658
网址：https://www.taole.com.cn/

上海壹晨机械设备有限公司
电话：021-6788 1165
网址：http://www.ycjgcn.com/

天田焊接技术（上海）有限公司
电话：021-6448 6000
网址：http://www.amadaweldtech.com.cn/

中科光绘（上海）科技有限公司
电话：185 1628 7751
网址：http://www.shzkgh.com/

上海多木实业有限公司
电话：021-6608 0902
网址：https://www.shduomu.com/

嘉强（上海）智能科技股份公司
电话：400 6701 510
网址：https://www.empower.cn/

四川省

四川思创激光科技有限公司
电话：400 8851 889
网址：https://www.strlaser.com/

四川智龙激光科技有限公司
电话：400 9903 218
网址：https://www.sczljg.com/

成都迈锐捷激光技术有限公司
电话：028-8754 6345
网址：http://www.mrj-lasermark.cn/

天津市

天津大族天成光电技术有限公司
电话：022-2687 6901
网址：https://www.hansme.com/

天津世纪星泽光电科技有限公司
电话：022-8370 9800
网址：https://www.senzed.com

浙江省

浙江肯得机电股份有限公司
电话：0576-8243 1568
网址：https://cn.kende.com.cn/

宁波镭速激光科技有限公司
电话：0574-8208 6828
网址：http://www.leisulaser.com/

浙江劳士顿科技股份有限公司
电话：400 1863 888
网址：https://www.lastontechnology.com/

浙江热刺激光技术有限公司
电话：400 0020 565
网址：http://www.recilaser.com/

奔腾激光（浙江）股份有限公司
电话：400 1019 606
网址：http://www.penta666.com/

杭州海容激光技术有限公司
电话：400 7653 898
网址：http://www.haironglaser.cn/

骏镭（宁波）激光技术有限公司
电话：186 5820 9122
网址：http://www.junleilaser.com/

宁波海曙思铭电子设备有限公司
电话：0574-6305 0955

网址：http://nbzhgp.com/

宁波昊想激光科技有限公司
电话：0574-8688 2300
网址：https://haotianlaser.com/

宁波欣睿激光智能装备有限公司
电话：400 6392 889
网址：http://www.tirilaser.com/

齐迈激光科技（杭州）有限公司
电话：0571-8225 0336
网址：http://www.qmlaser.cn/

温州聚合激光科技有限公司
电话：137 3695 7592
网址：http://www.laserl.com/

浙江广旭数控设备有限公司
电话：0571-8720 9818
网址：https://www.gx-cnc.com/

浙江骏屹激光设备有限公司
电话：400 8801 353
网址：http://www.junyilaser.com/

浙江雷拉激光科技有限公司
电话：400 9962 026
网址：http://www.laseruna.com/

浙江圣石激光科技股份有限公司
电话：0579-8543 2119
网址：http://www.holylaser.com/

浙江泰好科技股份有限公司
电话：0572-6200 669
网址：http://www.tihi.vip/

浙江格兰堡激光科技有限公司
电话：0577-6225 0001
网址：http://www.glblaser.com/

浙江铭泰激光科技有限公司
电话：400 0400 648
网址：http://www.mtslaser.com/

武汉锐科光纤激光技术股份有限公司

电话：027-8133 8818
网址：http://www.raycuslaser.com/
邮箱：sales@raycuslaser.com
传真：+86-27-81338810
地址：湖北省武汉市东湖新技术开发区未来科技城龙山南街一号

近年来，手持焊激光器成为激光应用领域的一匹黑马，国内中低功率激光器的市场规模持续增长，产能 5 年间增长 5075%。市场竞争激烈，当前该领域需求痛点主要包括 4 大方面：①薄板差，厚板慢，加工效率低。②整机体积大，不便携。③界面复杂，难操作。④价高质劣，易报警。锐科激光针对这些痛点专为市场打造了锐科激光手持焊专用激光器及一站式解决方案，可广泛应用于汽车、家装、广告、家电、门窗等行业。

（1）激光风冷手持焊专用激光器　该激光器（见图 A-1）具有以下优点。

1）体积最小，重量最轻：锐科激光风冷 1200W 手持焊专用激光器较友商体积小 10%～20%，重量轻 9%，锐科激光风冷 2000W 手持焊专用激光器较友商体积小 5%～

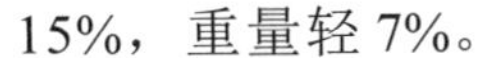
15%，重量轻 7%。

2）光缆侧向输出，设计紧凑，进一步缩小客户整机集成空间。

3）常规工况工作不停机，高可靠性，适配环境温度-10～40℃，高温条件下功率衰减<5%。

4）标配蓝牙，外置 1m 控制线接线端子，适配焊接接线+通信场景。

图 A-1　激光风冷手持焊专用激光器

（2）激光水冷手持焊专用激光器　该激光器（见图 A-2）具有以下优点。

1）行业体积最小，相比之前，体积减少 64%～81%，重量减轻 37%～63%输出光缆、水冷接口、电源线、控制线同侧输出，符合焊机模块化设计。

2）锐科激光 1200W 水冷手持焊专用激光器单手可托，外置 AC 电源，集成焊机更高效。

3）锐科激光 1500～2000W 水冷手持焊专用激光器单手可提，无惧距离更便携。

4）光缆锁紧头适配、铠装管径缩小，降低手持焊拖拽感。

5）取消网口、串口，标配蓝牙，自带 1.5m 控制线接线端子，适配焊接接线+通信场景。

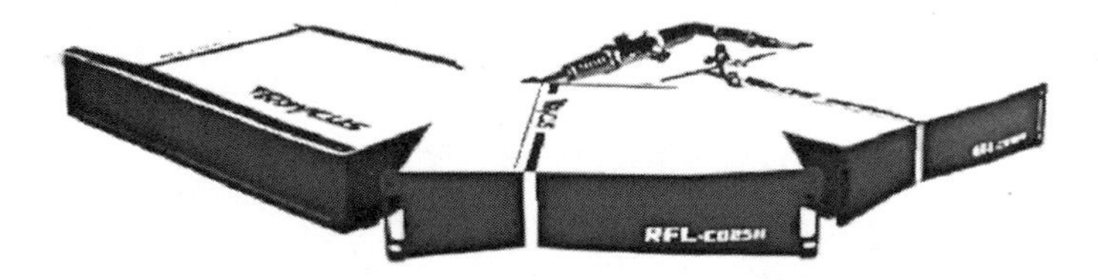

图 A-2　激光水冷手持焊专用激光器

（3）风冷 1200W 激光手持焊机解决方案　该解决方案含盖风冷 1200W 激光器、控制+屏幕、手持焊枪，如图 A-3 所示。

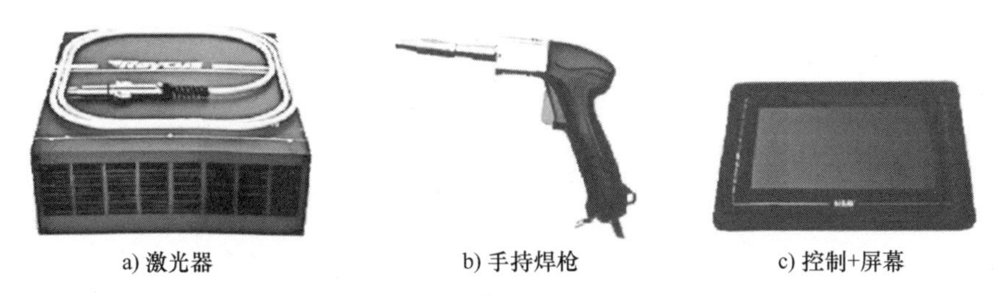

a) 激光器　　b) 手持焊枪　　c) 控制+屏幕

图 A-3　风冷 1200W 激光手持焊机解决方案

1）焊接更佳：首创 PSO 功能，能量均匀，焊接效果好。
2）兼容性强：刻度管防飞溅，兼容通用喷嘴。
3）使用便捷：双保护镜片易换，工艺在线修改保存。
4）抗干扰强：振镜电机数字化，氩弧焊与激光焊互不干扰。
5）运维高效：驱动高效，长时间运行不发热，电机位置实时追踪。
6）高集成：集成振镜、激光、送丝机驱动，减少线路扰乱。
7）功能全：一键切换 7 种工艺模式，含焊接、清洗、切割等。

光惠（上海）激光科技有限公司

电话：400-0111-976
网址：http://www.gwlaser.tech
邮箱：sales@gwlaser.tech
地址：上海市青浦区徐泾镇双联路 398 号 5-1 号楼

GW 光惠激光成立于 2015 年 11 月，以光纤激光器及其配套解决方案为主营业务，是全球高亮度光纤激光器领先者，以 976nm 高效能双向泵浦技术为核心技术，以“让激光成为普惠的通用化工具”为使命，通过持续不断的研发努力，光惠激光成功实现了从水冷 976nm 到风冷 976nm 的技术突破，为激光行业带来了崭新的发展方向。

在手持焊机市场，光惠激光不断深化产品线，在水冷手持焊机市场坚持扎根，提供市场需要的各种激光器，在风冷手持焊市场，光惠激光则以出色的智能手持激光焊机不断引领着行业潮流，为用户带来了焊接体验的全新革命。

（1）焊接升级，风冷智能激光手持焊机（见图 A-4） 主动式空调直冷智能激光手持焊机采用主动式空调直冷散热技术，可以在−20～50℃满功率稳定运行 24h，当运行环境温度过高或者过低时，智能控温系统会控制冷媒的流向，从而实现制冷或制热的效果，以达到激光器内部的运行温度在最适合激光器运行的环境。

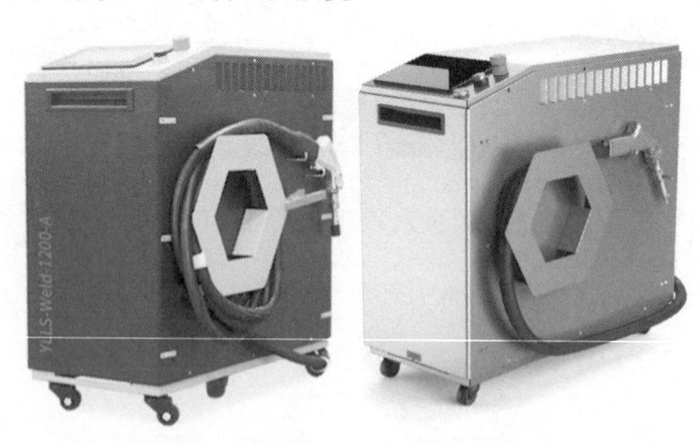

图 A-4 风冷智能激光手持焊机

（2）强制风冷手持焊机强势领跑 与传统风冷手持焊的停机加工方式不同，GW 光惠激光强制风冷手持焊机（见图 A-5）可以持续焊接，无需停机，在−10～40℃的环境温度中实现连续工作。全新一代的“桌面式”一体化外观，搭配 26kg 轻量化设计，携带方便，轻松移动，强调在操作过程中噪声的最小化。

此外，新增国际认证版风冷焊机，拥有 ISO 国际体系认证、ROHS 认证、FDA 认证

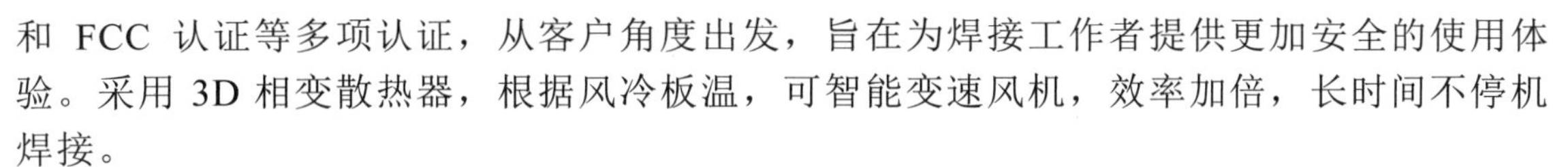

和 FCC 认证等多项认证，从客户角度出发，旨在为焊接工作者提供更加安全的使用体验。采用 3D 相变散热器，根据风冷板温，可智能变速风机，效率加倍，长时间不停机焊接。

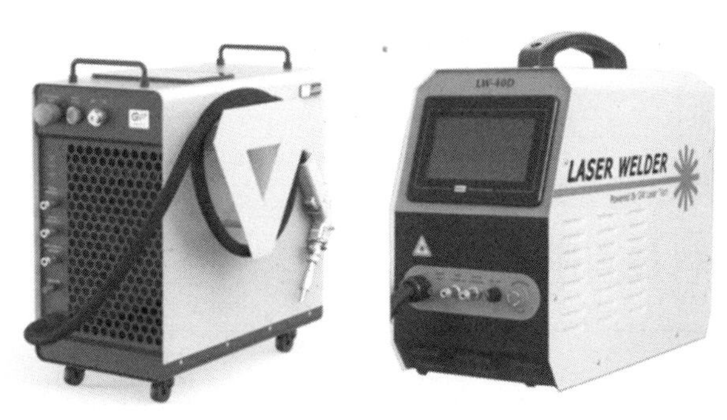

图 A-5　强制风冷手持焊机

（3）轻薄强悍，专为焊接而生　YLLS-D40-1200-W 激光器（见图 A-6）专为焊接应用而设计，采用全新外观设计，一体化铝板散热模块，重量＜18kg，体积＜0.01m³，为焊接领域带来了全新的轻量级解决方案。采用水冷散热，支持与市面上常用的水冷机柜相匹配，可进行长时间的连续焊接工作，保证激光焊的长时间批量制造工作。

图 A-6　YLLS-D40-1200-W 激光器

在水冷手持焊市场，光惠激光一直以来都坚守在技术的前沿，致力于为用户提供卓越的激光器解决方案。企业深知市场的需要，并且努力满足客户的期望，不断优化产品性能，提高稳定性和可靠性。与此同时，光惠激光将继续引领行业潮流，积极投入研发，推出风冷技术的发展和更具创新性的手持激光焊产品。

广东镱宝电机有限公司

电话：133 0225 8863（李经理）

网址：http://www.epowermotor.com/

地址：鹤山市鹤城镇工业大道南 156、158 号

广东镱宝电机有限公司新落成的厂房项目，总投资超 10000 万元，占地面积 17000 多 m^2，建筑面积 22000 多 m^2，已经形成了一个集生产、办公、生活于一体的综合型工业园。

作为一家专注于焊接行业的公司，广东镱宝电机专业致力于焊接送丝机构、焊接填丝机、直流有刷、无刷电机等产品的研制、生产和销售，产品系列丰富，种类繁多，能满足不同客户的需求。

该公司的实力不仅体现在产品的多样性，更在于其制造工艺和产能输出。公司引进了大量的现代化高科技生产设备、检测设备和自动化仓储设备，这使其在制造工艺上更加精湛，在产能输出上更加高效。

该公司已经稳健经营了 20 载，在焊接行业中建立了良好的知名度和美誉度，产品和服务已经赢得了广大客户的认可和信赖。

下面介绍最新的产品：激光焊送丝机（见图 A-7），其技术参数见表 A-1。

表 A-1 技术参数

项目	技术参数
电源	220V AC/110V AC 50Hz/60Hz 或者 24V DC（不同配置可以选择）
电机	直流有刷电机，无刷电机，步进电机可按客户要求选配
送丝速度/（mm/s）	5～100
延时时间/ms	0～800 连续可调
回抽速度/（mm/s）	100
回抽长度/mm	0～100 连续可调
补偿时间/ms	0～800 连续可调
补偿长度/mm	0～100 连续可调

1）双丝送丝机特点：①同轴驱动，双丝同步。②PID 闭环调速稳定性强。③带装填焊丝感应灯（方便装填丝）。④一机多用（单送丝/双送丝随意切换）。⑤体积小，带拉杆脚轮方便移动。

2）机器手用填丝机：①采用无刷电机。②透明可视。③小巧玲珑。④性能卓越。

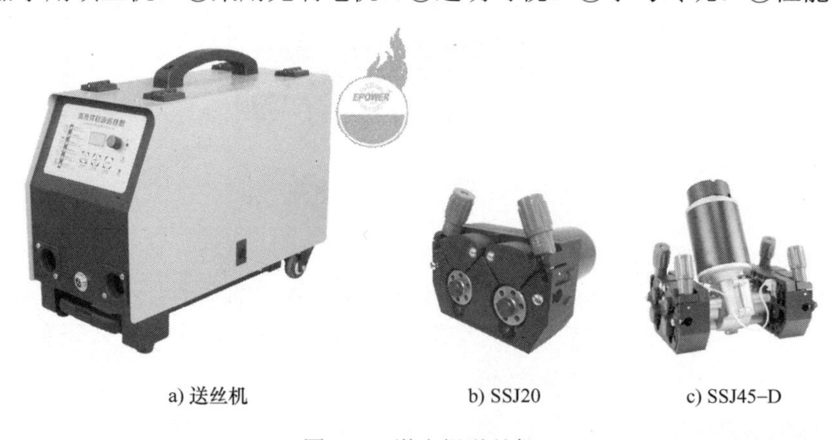

a) 送丝机　　b) SSJ20　　c) SSJ45–D

图 A-7 激光焊送丝机

四川思创激光科技有限公司

电话：400-8851 889

地址：四川省成都市双流区空港四路浩朗科技园 11 区 302 号

公众号

官网

该公司致力于以高功率光纤激光技术为核心，开展面向增材制造、激光焊接（包括特种激光复合焊接）、安防装备、精密切割等应用方向的技术研究及其设备生产，是一家集研发、生产、销售、服务于一体的国家高新技术企业。

坚持以市场需求、国家发展战略新兴产业和产业化支持为引导，突出核心技术、关键部件、主营产品的综合竞争力，逐步建立高端工业应用、国防应用等产业体系。

多年来累计服务企业用户超过 10000 家、专业服务超过 100000 次，销售网络覆盖全国 30 余个省、市、地区，产品远销美国、欧洲及东南亚等全球 500 多个地区。

思创激光激光焊接应用方向包含多类产品组合：STR-HW 系列手持激光焊、激光焊接机+自动化设备、激光复合焊。

手持焊产品是业内唯一采用双回路冷媒恒温智能系统的设备，极端条件-30～60℃可焊接，7 天×24h 连续工作，小体积高熔深，0.2～6mm 轻松驾驭单面焊透。

激光焊自动化集成定制研发服务及激光复合焊服务，针对用户不同行业需求，覆盖更多应用场景。

目前，思创激光焊接系列产品已通过欧盟 CE 认证、美国 FCC 认证、美国 FDA 认证、加拿大 IC 认证、日本 PSE 认证及国际激光等级报告认证，在家居、工业制造、电子、医疗等领域广泛应用，并获得国内外广大客户认可。

湖南中南智能激光科技有限公司

电话：0731-899 280 10/137 5515 4725

网址：http://www.zeqp.net/

地址：湖南省长沙市雨花区智新路 4 号

湖南中南智能激光科技有限公司是专业从事激光扫描振镜、高端激光焊接装备、激光清洗装备、激光标记追溯系统、三维激光切割、便携激光蚀刻机等系列激光产品研发、生产和销售的国家高新技术企业。其依托母公司中南智能在数字孪生、工业机器人和工业互联网方面十余年积累的技术与应用场景优势，为各行业客户提供全套激光智能制造解决方案，产品已广泛应用于航天航空、轨道交通、汽车及零部件、冶金铸造、工程机械、军工电子、3C 制造等行业。

（1）激光扫描振镜　广泛应用于不同材料的加工处理，如激光标刻、激光焊接、激光切割、激光清洗、3D 打印等，如图 A-8 所示。

1）精度高：控制、结构、光路及加工精益求精，具有与行业高端产品相匹敌的质量，能满足大多数工业加工精度要求。

2）通用性好：产品可适配多种 F-theta 场镜，入出光配置标准安装接口，适用 XY2-100 标准协议，满足各种工业应用需求。

3）维护成本低：产品抗干扰能力强，性能稳定，结构采用模块化设计，安装维护便捷。

（2）便携激光蚀刻机

1）高标准：通过国网计量检测中心 A 级产品检测认证，如图 A-9 所示。

图 A-8　激光扫描振镜

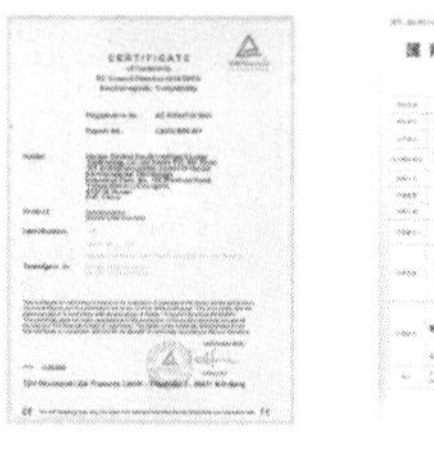

a) CE认证国际证书

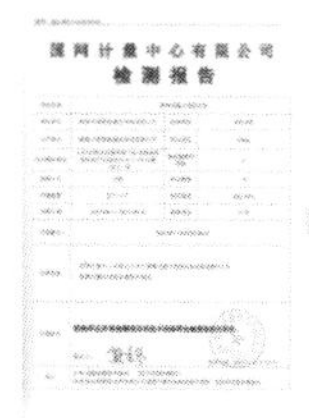

b) 国网认证书

图 A-9　证书

2）功能全：支持 QR 码、DM 码等多种类型二维码蚀刻。

3）速度快：打标非金属 20s 内，金属 30s 内。

4）高安全：电网安全加率模块。

5）更高效：界面简洁明了，有模板导入导出功能，方便快捷。

6）长续航：14.5Ah 电池容量，激光器采用即用即开工作模式，延长使用时间。

7）快网络：支持 802.11a/b/g/n/ac 协议 WIFI；4.0 标准及以上蓝牙，有效通信距离不小于 10m（空旷环境）。

8）高配置：1.2GHz4 核处理器。

广东省鑫全利激光智能装备有限公司

电话：400 030 8885

网址：http://www.xqllaser.com/

邮箱：simon@xqllaser.com

地址：广东省佛山市顺德区容桂街道高黎社区高新区（容桂）新宝路 8 号首层之十二

广东省鑫全利激光智能装备有限公司（以下简称“鑫全利激光”）始创于 2006 年，位于广东省佛山市顺德区（国家高新区），是一家覆盖激光切割机（见图 A-10）、激光焊机（见图 A-11）、机器人自动化三大业务板块为一体的国家高新技术企业，投产面积 20000 多 m^2，专注为全球用户提供从产品设计到交付的整体解决方案及服务。

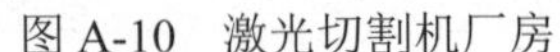

图 A-10　激光切割机厂房

图 A-11　激光焊机厂房

作为行业领先的激光装备提供商，鑫全利激光具有行业领先自主知识产权的产品技术，建立并通过了 ISO 9001：2015 质量管理体系、欧盟 CE 认证，累计参与制修订国家、团体标准 2 项，50 余项发明专利和实用性专利，荣获“专精特新中小企业”“创新型中小企业”称号，并连续多年被评为“重合同守信用企业”和“AAA 诚信企业”。

鑫全利激光聚焦激光装备定制化、专业化和智能化发展，产品广泛应用于航天航空、轨道建设、新能源汽车、光伏发电、工程机械、机械制造、船舶制造等众多行业，营销网络遍布超 26 个省市和 50 多个海外国家和地区，每年为全球超过 10000 多家用户及各领域的重要客户与战略合作伙伴提供满意的产品和服务，旨在为用户提供更贴近市场的生产方案和设备，助力客户提升生产力。

附录B

手持激光焊接相关专利

目前国内外激光焊专利众多，为方便读者了解手持激光焊机相关的国内授权发明专利情况，作者以“手持激光焊/手持式激光焊”为关键词，在“国家知识产权局专利业务办理系统”网站进行了授权公告号查询，截至 2025 年 01 月 31 日，共收集到有效授权发明专利 34 项，现将其摘要内容整理如下，供大家参考。

1.一种双摆手持激光焊接头光路

本发明涉及激光焊接技术领域，具体为一种双摆手持激光焊接头光路，包括激光焊接枪，激光焊接枪的内部固定设置有焊接系统，焊接系统包括聚焦机构和镜片固定支架以及第二振镜机构、第一振镜机构和准直镜，第二振镜机构包括第二振镜以及设第二旋转电动机，第一振镜机构包括第一振镜以及第一振镜电动机，第一振镜和第二振镜的中部设置有准直镜。本发明在焊接系统上设置有两个振镜，并使光线的方向发生一定的改变，达到改变不同形状的目的，投射的任意形状，配合准直镜以及聚焦镜 5 个镜片，降低损耗，节省成本，提高效率，阻尼器对振镜能够起到一定的支撑和固定作用，防止振镜发生抖动，提升振镜的稳定性。

专利申请人：无锡超强伟业科技有限公司

授权公告号：CN118789102B

授权公开日：2025-01-17

2. 一种分体式手持激光焊接成套设备及连接方法

本发明涉及焊枪设备技术领域，具体涉及一种分体式手持激光焊接成套设备及连接方法。本发明提供了一种分体式手持激光焊接成套设备，包括：焊机本体；焊机小车，所述焊机小车可拆卸的设置在所述焊机本体下端；送丝支架，所述送丝支架固定在所述焊机本体上，所述送丝支架适于固定送丝机；连接密封部，所述连接密封部可转动的设置在所述焊机本体上，所述连接密封部适于将电源线固定在焊机本体上；其中，电源线穿过连接密封部后，所述连接密封部的转动筒周向转动，以驱动电源线水平插入焊机本体内。

专利申请人：常州特尔玛科技股份有限公司

授权公告号：CN118385730B

授权公开日：2024-10-22

3. 一种可调节参数的手持激光焊枪及其调节方法

本发明涉及激光焊枪技术领域，具体涉及一种可调节参数的手持激光焊枪及其调节方法；本发明提供了一种可调节参数的手持激光焊枪，焊枪本体、定位片、刮除件、调节组件和清理件，所述焊枪本体上开设有一放置槽，所述定位片滑动设置在所述放置槽内，所述定位片适于固定保护镜；所述刮除件固定在所述放置槽一侧，所述刮除件适于刮除保护镜上的杂质；所述调节组件固定在所述焊枪本体内，且所述调节组件与所述定位片联动；所述清理件水平固定在所述调节组件的活动端；其中，定位片正向插入焊枪本体内时，定位片适于挤压调节组件的活动端竖直向下移动；调节组件适于从两侧挤压刮除件收缩形变，所述刮除件适于刮除保护镜上的杂质。

专利申请人：常州特尔玛科技股份有限公司

授权公告号：CN118371847B

授权公开日：2024-09-17

4. 一种速度反馈式小型激光焊接机

本发明公开了一种速度反馈式小型激光焊接机，属于激光焊接领域，通过在现有手持式激光焊接机基础上增设反馈套管，反馈套管对焊接机的移动速度进行实时反馈，以此来为工人调节提供方便，有效提高焊接质量，通过线速度传感器来监控焊接机移动速度，并以监测数据为依据控制不同颜色的发光反馈球发光，从而让工人通过颜色来知晓焊接速度的快慢，并以此为基础进行速度的调节，套在焊接头外部的反馈套管能削弱焊接点发出的强烈光，有效防止眼睛灼伤，还省去了工人需时刻穿戴防护眼镜的麻烦，除此之外反馈套管还能有效阻止焊接时火花迸溅，防止溅到人的皮肤上而造成伤害。

专利申请人：重庆米特科技有限公司

授权公告号：CN114434000B

授权公开日：2024-09-03

5. 一种手持式激光焊机及其焊接方法

本发明属于焊接技术领域，尤其公开了一种手持式激光焊机及其焊接方法，该手持式激光焊机包括焊枪，所述焊枪外接焊机本体，所述焊枪包括握把和焊接头，所述焊枪两侧面均内嵌有侧杆，所述焊枪外侧滑动套接有滑架，滑架的整体外形设置为“凹”字形结构，且滑架两端端部分别滑动套接与两个侧杆表面。本发明通过夹持结构的夹持使得焊件并列贴合设置，同时通过下移的滑套推动推板挤压焊件侧边，通过两个推板的挤压降低两个焊件之间的缝隙，保证焊件在焊接过程中稳定性；通过升降结构限定滑架底面与底板顶面的相对距离，避免焊接头底端直接贴合在焊件顶面，方便在压板顶部夹持不同厚度的焊件。

专利申请人：苏州思萃熔接技术研究所有限公司

授权公告号：CN118002919B

授权公开日：2024-07-23

6. 一种手持激光焊接一体设备

本发明公开了一种手持激光焊接一体设备，涉及激光焊接技术领域，一种手持激光焊接一体设备，包括设置在移动底座上的激光焊箱与送丝机，所述激光焊箱上连接有焊接头，还包括设置在送丝机内部的用于焊丝卷设的送丝盘，所述送丝盘在送丝机的内部横向排列设置有多组，且各组送丝盘上的焊丝呈不同外径尺寸设置。本发明的手持激光焊接一体设备，手持激光焊接一体设备使用时，既能灵活的对卷设有不同外径尺寸焊丝的送丝盘进行安装定位，也能在手持激光焊接一体设备使用时，快速自动的切换不同外径尺寸的焊丝进行焊接作业，便于手持激光焊接一体设备的连续高效焊接作业操作。

专利申请人：江苏奥龙电气科技有限公司

授权公告号：CN118046083B

授权公开日：2024-07-09

7. 一种可设焊接密度的手持激光焊机

本发明属于手持激光焊机技术领域，公开了一种可设焊接密度的手持激光焊机，包括激光焊机，激光焊机底端设置有握把，握把一侧设置有开关，握把上端设置有焊机外框，焊机外框内设置有控制电路，焊机外框上端设置有电压、电流大小调节按钮，焊机外框的一侧转动设置有封套，封套一侧设置有焊接头，焊接头远离手持激光焊机一侧设置有焊接嘴，封套一侧且位于焊接头外表面固定安装有安装环，安装环内部设置有伸缩杆。通过将焊接嘴固定在焊接点，并且能够在焊接嘴对焊缝移动时，使得焊接嘴与坡口保持在同一直线位置上，防止手臂抖动，导致焊接嘴抖动，不易与坡口对准，导致坡口焊接歪斜，从而影响焊接效果。

专利申请人：苏州思萃熔接技术研究所有限公司

授权公告号：CN117921169B

授权公开日：2024-07-09

8. 一种防金属飞溅的手持激光焊接机

一种防金属飞溅的手持激光焊接机，为了解决目前的手持激光焊接机在焊接过程中，如果金属表面带有氧化物、污染物等杂质，这些杂质会在高温下还原、挥发和燃烧，导致金属飞溅，并且在焊接过程中，如果周围气体中含有大量氧气、水分等，它们会在高温下分解，产生气体泡沫，妨碍金属熔化和流动，从而增加金属飞溅的可能性的问题，本发明通过向后拉动手持激光焊接机主体，使打磨轮优先与金属表面接触对其进行打磨操作，再使手持激光焊接机主体的焊头与打磨后的金属表面接触进行焊接操作，通过打磨金属表面以一定程度的去除金属表面的氧化物，从而防止金属表面带有的氧化物、污染物等杂质在高温下还原、挥发和燃烧，导致金属飞溅。

专利申请人：南通思凯光电有限公司

授权公告号：CN117102675B

授权公开日：2024-04-05

9. 一种光斑可调的手持激光焊接头

本发明提出了一种光斑可调的手持激光焊接头，其包括顺次连接的准直组件、反射组件、调节组件及出射组件，调节组件包括壳体及设置在壳体内的云台电动机、转接盘、镜盒及聚焦镜，云台电动机中心处开设有通光孔，云台电动机包括定子和转子，转接盘的一端与转子同轴固定连接，转接盘上偏心开设有通孔，通孔中心轴到通光孔中心轴的距离为第一预定值，镜盒转动设置在转接盘的另一端，镜盒上偏心开设有通槽，聚焦镜同轴固定设置在通槽内，通槽中心轴到通孔中心轴的距离为第二预定值，第二预定值小于或等于第一预定值，通过转动镜盒，使镜盒绕转接盘上的通孔中心旋转，从而使得聚焦镜的相对位置可调，进而使得出射激光以转子中心为中心轴转动，从而形成可调圆形光斑。

专利申请人：武汉奥森迪科智能科技股份有限公司

授权公告号：CN114160963B

授权公开日：2024-04-05

10. 一种焊枪枪口自清理功能的手持式激光焊接设备

本发明公开了一种焊枪枪口自清理功能的手持式激光焊接设备，属于焊接设备技术领域，包括焊机、焊接头、壳体和清洁装置，所述壳体包括：外壳和内壳，所述内壳与外壳内壁滑动连接，所述清洁装置包括：清洁环；当需要对工件进行焊接的时候，控制器控制内壳向靠近外壳的一侧移动，使得内壳伸入外壳内，内壳移动时，焊接头从壳体中露出，在内壳移动的过程中，控制器控制清洁装置启动，清洁装置随即对焊接头进行清洁，清洁装置将焊接头表面的灰尘清理干净，避免有灰尘残留在焊接头的表面，从而导致在焊接过程中，焊接工件出现质量问题，从而提高了焊接的质量，保障了焊接设备的洁净度，延长了焊接设备的维护周期，进而减轻了工作人员的工作量。

专利申请人：无锡沃德工业智能科技有限公司

授权公告号：CN116689999B

授权公开日：2024-02-20

11. 一种手持式激光焊接设备

本申请涉及焊接设备技术领域，尤其是涉及手持式激光焊接设备，一种手持式激光焊接设备，包括机体，所述机体上具有连接管，所述连接管端部具有焊接头，所述连接管靠近焊接头的一端上设置有旋转组件，所述旋转组件包括同轴固定在连接管外壁上的配合套、套设并转动连接在配合套上的旋转套，所述旋转套上活动设置有用于卡接并周向固定于配合套上的收紧。本申请具有以下效果：在拉扯的过程中，配合套将会相对于旋转套进行转动，而操作人员可握住旋转套进行运动，这样既不会影响出线，也不会导致连接管发生扭转，在拉扯完毕后通过收紧件将旋转套和配合套进行固定，整个过程中连接管几乎不会扭转，便于操作。

专利申请人：浙江创新激光设备有限公司

授权公告号：CN114749798B

授权公开日：2024-01-23

12. 一种不锈钢灶台台面的手持式激光焊接设备及方法

本发明涉及一种不锈钢灶台台面的手持式激光焊接设备及方法，其中，所述手持式激光焊接设备包括移动车体、真空吸附装置和手持式激光焊接装置；所述真空吸附装置包括真空吸附履带和真空吸附机构；所述真空吸附履带环绕在位于所述移动车体左侧或右侧的前车轮和后车轮上；所述前车轮和所述后车轮上均设置有与所述真空吸附履带配合的卡槽；所述真空吸附履带上设置有多个吸附腔体；多个吸附腔体沿着所述真空吸附履带的长度方向等距排列；当所述移动车体移动时，所述后车轮掀开所述真空吸附履带中已吸附的吸附腔体，使得所述真空吸附履带循环运动，本发明的手持式激光焊接设备不仅可以实现对不锈钢灶台的台面进行焊接，而且焊接精度更高。

专利申请人：广东百能家居有限公司

授权公告号：CN116652377B

授权公开日：2023-11-14

13. 手持式激光焊接设备的振镜调节机构

本发明提供了一种手持式激光焊接设备的振镜调节机构，包括：壳体，其具有电动机安装孔；振镜电动机，其一端连接至振镜，振镜电动机安装在电动机安装孔内；关节套，其套设在振镜电动机的外侧，关节套的外表面具有突起的关节部和位于关节部两侧的前部和后部，所述关节部接触电动机安装孔的内壁，所述前部和后部不接触电动机安装孔的内壁，使得所述关节部形成振镜电动机相对于壳体转动的转动支承部位；调节螺钉，其可移动地安装在壳体的螺钉孔内，调节螺钉的末端能够接触关节套的前部或后部，从而在振镜电动机上施加作用力。通过调节调节螺钉的位置可调节振镜电动机的位置和取向，实现对振镜的位置调节，这一调节方式简单可靠，在现场即可操作。

专利申请人：常州特尔玛科技股份有限公司

授权公告号：CN114367736B

授权公开日：2023-10-24

14. 便携式激光焊接装置

本发明揭示了一种便携式激光焊接装置，包括具有收容空间的机柜，一挡板固设在机柜内用以将收容空间分隔呈上容置腔和下容置腔，下容置腔内设有一冷水机，上容置腔内设置有激光发生器以及固设在激光发生器上方的电源；激光发生器还通过光缆与手持式激光焊接头连接，手持式激光焊接头至少包括主体以及设置在主体内的中空腔，中空腔内容置有用以对经激光发生器发射出的光束进行准直聚焦的准直聚焦组件和用以对主体进行降温的降温组件。本发明的有益效果主要体现在：结构合理、设计新颖，冷水机放置在下容置腔中，电源和激光发生器放置在上容置腔中并由容置盒隔开，做到了水电的完全隔离，杜绝一切安全隐患，同时，节约占地面积。

专利申请人：苏州市镭极激光技术有限公司

授权公告号：CN109848555B

授权公开日：2023-09-22

15. 协同控制激光位置和功率的手持式激光焊接设备及方法

本发明提供一种协同控制激光位置和功率的手持式激光焊接设备及方法。该手持式激光焊接设备包括：激光光源，其被配置为在光源控制器的控制下发出激光束；振镜，其反射激光束，并连接至振镜电动机，振镜电动机在电动机控制器的控制下驱动振镜往复摆动，被反射的激光束在一摆动范围内往复摆动；中央控制器，其被配置为控制光源控制器和电动机控制器，使得当激光束处于距离摆动中心更远的第一位置处时具有第一功率，当激光束处于距离摆动中心更近的第二位置处时具有第二功率，第一功率低于第二功率。通过该方案，可以沿着激光束的摆动轨迹在工件上获得相对均匀的能量分布，克服摆动轨迹两侧边缘能量过高的问题，获得均匀焊缝和更佳焊接质量。

专利申请人：常州特尔玛科技股份有限公司

授权公告号：CN113977078B

授权公开日：2023-09-12

16. 一种手持式激光焊接机

本发明公开了一种手持式激光焊接机，其包括焊枪本体，所述焊枪本体具有焊枪身、焊枪头和手持部，还包括：安装在焊枪身上的装夹，所述装夹上安装有可调节角度的调节架，所述调节架具有两个呈分叉设置的支脚，所述焊枪头与支脚的两个支点共同对焊枪本体起到三点支撑的作用，且所述焊枪头的指点位置位于两个支脚连接线的中垂线上。本发明利用焊枪头与支脚的两个支点共同对焊枪本体起到三点支撑的作用，从而提高焊枪头在焊接时的稳定性，使用者只需握着手持部对其施加超向焊缝方向的作用力，即可提高手臂及焊枪的稳定性，提高焊缝的精度和质量。

专利申请人：广东昊胜智能设备有限公司

授权公告号：CN116441725B

授权公开日：2023-08-29

17. 一种用于检测手持激光焊枪焦点对中装置及检测方法

本发明涉及激光焊枪检测技术领域，具体涉及一种用于检测手持激光焊枪焦点对中装置及检测方法。本发明提供了一种用于检测手持激光焊枪焦点对中装置，焊枪喷管固定在焊枪本体端部，焊枪本体内的激光适于通过焊枪喷管向外射出；检测定位盘可拆卸的设置在焊枪喷管端部；标靶底座与检测定位盘相对设置，且检测定位盘向标靶底座移动适于夹紧固定标靶纸张；两定位部可滑动的对称设置在标靶底座上，且定位部与检测定位盘联动；其中，从两侧向中间推动标靶纸张，并将标靶纸张放置在标靶底座上，以使每个定位部均贯穿标靶纸张；检测定位盘向标靶底座移动，检测定位盘适于推动两定位部沿标靶底座的径向方向相离滑动，以拉伸并铺平标靶纸张。

专利申请人：常州特尔玛科技股份有限公司

授权公告号：CN116393857B

授权公开日：2023-08-15

18. 一种防金属飞溅的手持激光焊接机及使用方法

本发明涉及激光焊接技术领域，具体涉及一种防金属飞溅的手持激光焊接机及使用方法。本发明提供了一种防金属飞溅的手持激光焊接机，焊枪本体以及固定在所述焊枪本体上的调节喷嘴，所述调节喷嘴沿周向可滑动的设置有若干开度调节件，所述开度调节件适于引导焊枪本体内部的保护气体流向调节喷嘴的外壁；通过调节喷嘴和若干开度调节件的设置，

在保护气体自内套筒向外喷射时，开度调节件能够根据焊枪本体内部流动的保护气体的压力，来引导部分保护气体通过所述开度调节进而向外保护筒外部喷射，能够避免焊接时金属蒸气和液体熔滴的溅射到外保护筒的外壁，避免了外保护筒外壁被液体熔滴的溅射腐蚀，提高了调节喷嘴的使用寿命。

专利申请人：常州特尔玛科技股份有限公司

授权公告号：CN116275473B

授权公开日：2023-08-01

19. 半自动手持激光焊辅助小车

本发明涉及半自动手持激光焊辅助小车，包括三维导向组件；以及固定连接在所述三维导向组件上的夹持机构，所述夹持机构包括安装杆，所述安装杆包括固定部，与所述固定部固定连接的转动部，与所述转动部固定连接的安装部；所述转动部与所述三维导向组件电联；所述夹持机构还包括转动套设在所述安装部上的连接件，所述连接件上可拆卸连接有激光焊枪；所述安装部上设置有抑制气孔机构，所述抑制气孔机构包括固定套设在所述安装杆上的安装件，所述安装件远离所述安装杆的一侧设置有清洁构件，通过所述抑制气孔机构的设置，使得焊枪在进行焊接时，所述抑制气孔机构能够对焊接处进行处理，减少焊缝气孔的产生。

专利申请人：奔腾激光（浙江）股份有限公司

授权公告号：CN113458589B

授权公开日：2023-04-11

20. 一种用于薄板焊接的手持激光焊接一体机

本发明属于激光焊接技术领域，即是一种用于薄板焊接的手持激光焊接一体机，包括箱体和手持焊接枪；所述箱体内设有激光控制器、电源控制模块和激光器；所述箱体包括上箱体和下箱体；所述下箱体为端盖的箱体，下箱体内安置激光器，且激光器由220V电压驱动，下箱体宽度方向的侧壁上开设通风槽，通风槽的内槽口处设有排气风扇，下箱体上方为上箱体；所述上箱体的长度方向一侧壁下端面铰接下箱体的长度方向一侧壁上端面，上箱体内部安置激光控制器和电源控制模块，上箱体宽度方向的侧壁上也开设通风槽，该通风槽的内槽口处也设有排气风扇。

专利申请人：湖北品壹光电科技有限公司

授权公告号：CN112743233B

授权公开日：2023-04-07

21. 一种焊接头用光路调节装置及其调节方法

本发明公开了一种焊接头用光路调节装置及其调节方法，包括壳底，壳体底部设有激光源通道，壳体内设有调整装置，调整装置包括位于壳体内的支撑架，位于支撑架上转动设有的振镜，位于壳体内壁上与振镜连接的转动电动机。壳体一侧设有激光出口，激光出口上设有与振镜联动的出口管，出口管上下两端设有连接弹簧、连接弹簧底部设有连接块，连接块上铰接设有连接杆，连接杆顶端与振镜顶端铰接，连接杆上设有透光槽。调节后可以有效对激光在传输过程中进行角度的调整以及偏转，保证出口管不会影响到激光的传输，并通过联动的方式针对安装以及角度偏转统一进行操控，整体较为方便简单，便于在手持激光焊接机上进行使用，通过微调更符合使用者的操作。

专利申请人：无锡超强伟业科技有限公司

授权公告号：CN115229366B

授权公开日：2022-12-13

22. 一种小型风冷手持激光焊接设备

本发明公开一种小型风冷手持激光焊接设备，涉及激光焊接技术领域，该设备公开了包括焊箱，所述焊箱内固定安装有伸缩组件，所述伸缩组件用于驱动进出架水平移动，所述进出架上转动安装有定位套，所述定位套内开设有若干凹槽，所述凹槽内固定安装有安装架，所述安装架上转动安装有进出皮带，所述凹槽内还固定安装有夹持组件，所述夹持组件用于推动夹持块移动，所述夹持块用于夹持衔接把，所述进出皮带用于输送光纤，本发明通过伸缩组件、进出架以及定位套的配合设置，可以满足定位套的旋转以及水平移动，同时配合定位套的内部结构，可以切换焊头的使用方式。

专利申请人：苏州铭匠激光科技有限公司

授权公告号：CN114734145B

授权公开日：2022-11-29

23. 一种手持式激光焊接枪

本发明公开了一种手持式激光焊接枪，包括枪头部和把持部，枪头部和把持部连接，且枪头部和把持部的内部共同形成有激光通路，激光通路内依次设置有第一聚光镜、折射镜、第二聚光镜，且把持部远离枪头部的一端设置有激光发射头，激光发射头发射出的激光依次通过第一聚光镜、折射镜、第二聚光镜射出枪头部外，且激光发射头与把持部之间通过快接结构连接。该发明公开的一种手持式激光焊接枪，可将激光发射头快速接入，相比于传统的光纤 QBH 接头，其具有接入方便、防尘等效果，且本手持式激光焊接枪公开的调节结构可以通过调节折射镜的来控制激光束的宽度，以适应不同宽度的焊缝，适用范围更广。

专利申请人：常州市海宝焊割有限公司

授权公告号：CN113953666B

授权公开日：2022-10-04

24. 一种可变摆动频率和幅度的手持激光焊接头

本发明设计一种可变摆动频率和幅度的手持激光焊接头，包括准直单元、摇摆和反射单元、驱动控制单元、可变摆动幅度单元、聚焦单元、手持焊接头外壳、电气通路单元。准直单元用于实现光纤头输入的激光到手持激光焊接头的耦合；摇摆和反射单元通过摇摆电动机驱动反射镜可在一定频率和角度下摆动，实现出射光束轨迹为圆或椭圆的摆动。驱动控制单元包括嵌入式 CPU，用于控制摆动频率和激光出射。可变摆动幅度单元用于调节摆动幅度。各单元集成于手持焊接头外壳内；本发明可同时实现摆动频率和幅度的连续调节，适应性强，散热好，可防止光路污染，结构紧凑、使用舒适、操作灵活、工艺适应性强、安全可靠。

专利申请人：湖北大学

授权公告号：CN112828442B

授权公开日：2022-09-09

25. 一种适配性高的智能手持式激光焊接机

本发明公开了一种适配性高的智能手持式激光焊接机，包括焊接机座，所述焊接机座的顶部转动连接有内转台，所述内转台的顶部固定连接有拉伸线，所述拉伸线远离内转台的一端固定连接有激光光纤夹持块，所述拉伸线的内部固定连接有内卷装置，所述激光光纤夹持块的两侧均固定连接有内操作夹，所述内操作夹的外表面固定连接有外降温套环，所述内操作夹的两侧固定连接有操作把手，所述激光光纤夹持块的底部固定连接有焊接机构。该适配性高的智能手持式激光焊接机，拉伸线与内转台的可旋转效果，可以扩大激光焊接机的适配范围，便于操作者对复杂焊接位置进行焊接作业，同时外降温套环可以对内部合理降温隔热，防止操作人员操作不慎烫伤。

专利申请人：铭镭激光智能装备（河源）有限公司

授权公告号：CN113996925B

授权公开日：2022-06-24

26. 一种手持式激光填丝焊接装置及焊接方法

本发明公开了一种手持式激光填丝焊接装置及焊接方法，其包括：激光器，其用于产生激光；具有控制开关的手持式激光焊接枪，其连接所述激光器，且激光通过所述手持式激光焊接枪射出；控制器和送丝机构，所述控制器分别与所述控制开关，以及激光器和/或送丝机构连接，通过触发控制开关产生控制信号，使得控制器根据控制信号控制激光器产生激光和/或控制送丝机构输送焊丝。本发明其设计简单、安全性高，并且可匹配不同的焊缝结构和材料，以及可实现精确剪丝以及快速功率测试，以满足不同工况的加工、质量要求。

专利申请人：华工法利莱切焊系统工程有限公司

授权公告号：CN111266685B

授权公开日：2022-04-15

27. 一种手持式激光焊接设备的控制方法、装置及系统

本发明公开了一种手持式激光焊接设备的控制方法、装置及系统，所述方法包括：分别获取用户输入的设定参数和所述激光焊枪的状态参数；根据所述设定参数控制所述激光电源输出激光至所述振镜电动机，以及根据所述设定参数生成正弦波形，以所述正弦波形控制所述振镜电动机反射激光至所述激光焊枪；根据所述状态参数确定调整所述激光电源所需的变化功率值，并控制所述激光电源根据所述变化功率值，调整输出激光的功率，再将调整后的激光传输给所述振镜电动机，并由所述振镜电动机反射调整后的激光。

本发明可以缓和形成的直线能量输出，使激光的直线能量分布更均匀，增强激光输出的稳定性；同时也可以实现激光能量的反馈控制，提高激光输出精度。

专利申请人：广东省科学院中乌焊接研究所，阳江市中乌巴顿技术研究院

授权公告号：CN112548319B

授权公开日：2022-04-05

28. 一种手持式激光焊接设备

本发明涉及一种手持式激光焊接设备，包括焊枪，所述焊枪后端固定有焊头，焊枪上套设固定有手柄，手柄底部贯穿固定有控制开关，焊枪一侧通过螺栓固定有固定块和导向板，固定块另一侧铰接有连接架，连接架另一侧通过螺栓固定有定向板，定向板截面设置成J形，导向板前端开设有导向槽，导向槽截面设置成弧形，导向槽内滑动连接有导向块，导向块和导向槽内壁之间通过螺栓固定有导向弹簧，导向块和连接架之间通过螺栓固定有同一个连接杆；本发明利用定向板的底部和工作台面或桌面进行接触，即可通过焊头与焊缝部位的接触受力和定向板与工作台面之间的接触受力，对手部进行稳定支撑，从而有效避免手部发生晃动，导致角度偏移。

专利申请人：江阴市金祥机械有限公司

授权公告号：CN113560715B

授权公开日：2022-02-22

29. 一种带有辅助定位轨道的手持式激光焊接装置

一种手持激光熔覆焊接装置，包括激光焊机、保护反馈线、手持激光熔覆焊枪和焊粉输送机构；激光焊机包括控制器和激光发生器；控制器与保护反馈线电连接，还分别与激光发生器、手持激光熔覆焊枪和焊粉输送机构通过控制线电连接；控制器根据手持激光熔覆焊枪发出的开关电信号控制激光发生器和焊粉输送机构工作；激光发生器通过光纤向手持激光熔覆焊枪输送激光束，手持激光熔覆焊枪对焊接工件发射激光束，激光束在焊接工件上形成熔池；焊粉输送机构包括送粉器、粉嘴和送粉管；粉嘴设置在手持激光熔覆焊枪上，送粉器通过送粉管向粉嘴发送焊粉，并通过粉嘴向熔池内投送焊粉，实现激光熔覆焊。本发明可实现手持激光熔覆堆焊，填补了现有技术的不足。

专利申请人：温州大学激光与光电智能制造研究院

授权公告号：CN111843189B

授权公开日：2022-02-15

30. 一种基于水冷却的便于精确对接的激光焊接机

本发明公开了一种基于水冷却的便于精确对接的激光焊接机，包括工作主体、控制面板、导线、手持式激光焊枪、中控元器件、焊接装置主体、水泵、气泵、控制开关、喷水头、吹风头和固定螺栓，所述工作主体的外侧连接有通水管、通气管和导线，且通水管、通气管和导线上固定有固定扣，所述导线的前端连接有手持式激光焊枪，且手持式激光焊枪的上侧固定有控制件，所述焊接装置主体固定在隔板，且隔板分布在工作主体内部的中间位置，所述

控制件内部安装有控制开关。该基于水冷却的便于精确对接的激光焊接机，在装置上水泵、气泵、通水管和通气管，可以为装置提供风冷和水冷功能，有效地提高该装置对焊接后的不锈钢的冷却效率，从而提高该装置的使用价值。

专利申请人：重庆茂和兴科技有限公司

授权公告号：CN110548993B

授权公开日：2024-04-23

31. 一种手持激光焊接枪

本发明提供了一种手持激光摆动焊接枪，包含有准直单元、光路单元和控制单元，准直单元设有准直镜片以及用于固定准直镜片的准直连接筒，准直连接筒两端相对设有激光入射端和激光出射端；光路单元用于调整从准直单元出射激光的方向并形成光斑可调激光射出；光路单元包括光路主体和摆动主体；光路主体的光路出射端呈向上折弯状并与焊接头连接，光路主体的光路入射端与准直单元激光出射端连接；摆动主体沿背离光路主体的光路入射端外端面的方向向上延伸设置；控制单元用于控制焊接头出射激光。本发明的优点是：光斑可调出，能适应不同的焊缝大小，满足各种复杂的工艺，结构紧凑，自重轻，光损小，焊接效率高。

专利申请人：武汉市春天光电科技有限公司

授权公告号：CN110919170B

授权公开日：2020-12-25

32. 一种手持式激光焊嘴头

本发明涉及一种手持式激光焊嘴头，包括固定框体，固体框体的前端设置有握把机构，固定框体上安装有角度调节机构，角度调节机构上安装有转动调节机构，转动调节机构的下端安装有焊接嘴。本发明可以解决现有手持激光焊枪在使用过程中存在的以下难题：①传统的激光焊枪在使用时针对不同角度的焊接位置，需要作业人员凭借工作经验控制焊枪的倾斜角度。②现有常规焊头只有一个触点，在焊接接头行程方向，在焊接过程中极容易跑偏，极大影响焊接效率及焊接品质，常规接头选用金属材料，导热性能强，施工过程中人员容易被烫伤，安全性差，焊枪上焊嘴的进风口采用单流道降温工艺，玻璃镜片被保护的不够，寿命较短。

专利申请人：深圳市恒川激光技术有限公司

授权公告号：CN111451636B

授权公开日：2020-11-17

33. 一种手持激光焊接设备

本发明公开了一种手持激光焊接设备，包括焊机开关，散热开关，焊接机柜，U 形移动座，带刹车片万向轮、焊机、柜盖、散热电动机、风叶、镂空罩、拉钩、光纤、可调节手持式焊枪结构、可调节防飞溅护罩结构和可吸附式废屑暂时收集置放桶结构。本发明枪帽、焊枪体、固定管、枪头、U 形手持杆、防滑套和调节螺栓的设置，有利于通过放松调节螺栓，进行调节焊枪体在固定管内部的位置，以便更好地进行焊接工作，同时可便于进行手持该设备，以便更好地进行使用；支撑座、连接座、旋转杆、防飞溅罩、连接轴和可调节伸缩杆的设置，有利于根据焊接需求进行调节防飞溅罩的倾斜角度，以便更好地进行防飞溅工作。

专利申请人：宁波海天增材科技有限公司

授权公告号：CN109332887B

授权公开日：2020-07-28

34. 一种手持式激光焊接装置

本发明公开了一种手持式激光焊接装置，包括：机架，其具有一容纳腔，所述机架的上端面开设一贯通孔；激光产生构件，其包括容置在所述容纳腔内的激光发生组件、穿过所述贯通孔与所述激光发生组件连接的导光臂以及与所述导光臂连接的焊接笔；支撑构件，其包括固定在所述机架一侧的立柱、与所述立柱轴接的水平导轨以及与所述水平导轨连接且可沿所述水平导轨移动的平衡吊，所述平衡吊与所述导光臂连接，以将所述导光臂悬挂支撑在所述导轨上；控制构件，其设置在所述容纳腔内，并控制所述激光产生构件。本发明提供的焊接装置可根据焊接位置调节其角度和高度，操作灵活，方便耐用，同时具有轻便小巧、收放简便的优点，可适用于多种焊接场合。

专利申请人：嘉强（上海）智能科技股份公司

授权公告号：CN106271072B

授权公开日：2018-04-24

附录C

《手持激光焊机》团体标准

本文摘录至中国焊接协会归口发布的团体标准。标准号为：T/CWAN 0064—2022||T/CEEIA 585—2022。

1. 范围

本文件适用于激光额定输出功率≤3000W，由人工手持操控手持激光焊枪实施焊接作业的设备。

本文件规定了手持激光焊机的术语和定义、产品分类、环境条件、试验、防触电保护、热性能要求、热保护、供电电源的连接、激光输出、控制回路、安全控制、机械要求、辐射安全的防护要求、铭牌、使用说明书和标记。

2. 规范性引用文件

下列文件中的内容通过文中的规范性引用而构成本文件必不可少的条款。其中，注日期的引用文件，仅该日期对应的版本适用于本文件；不注日期的引用文件，其最新版本（包括所有的修改单）适用于本文件。

GB 7247.1—2012　《激光产品的安全　第1部分：设备分类、要求》
GB/T 5226.1—2019　《机械电气安全　机械电气设备 第1部分：通用技术条件》
GB/T 15175—2012　《固体激光器主要参数测量方法》
GB/T 15313—2008　《激光术语》
GB/T 15579.1—2013　《弧焊设备　第1部分：焊接电源》
GB/T 16855.1—2018　《机械安全　控制系统安全相关部件　第1部分：设计通则》
GB/T 16935.1—2008　《低压系统内设备的绝缘配合　第1部分：原理、要求和试验》
GBZ 2.2—2007　《工作场所有害因素职业接触限值　第2部分：物理因素》

3. 术语和定义

GB 7247.1—2012、GB/T 15313—2008、GB/T 15579.1—2013、GB/T 16935.1—2008 界定的以及下列术语和定义适用于本文件。

3.1　手持激光焊机 Handheld Laser Welding Machine

由自带激光器提供激光能量，操作人员手持并操控手持激光焊枪实施焊接作业的设备。

3.2　手持激光焊枪 Handheld Laser Welding Gun

由操作人员手持并手动导向移动，且能提供焊接作业所需的激光束、气体、冷却介质、焊丝等必要条件的激光输出装置。

4. 产品分类

4.1 按激光器工作介质类型

按激光器工作介质类型的不同，可分为固体激光器（如 YAG 激光器、光纤激光器等）手持激光焊机、半导体激光器手持激光焊机等。

4.2 按冷却方式

按手持激光焊机采用冷却方式的不同，可分为风冷式手持激光焊机、液冷式（如水冷、冷凝器等）手持激光焊机等。

5. 环境条件

手持激光焊机应能在下述环境条件下正常工作。

1）周围环境空气温度范围：

a）在焊接期间：-10～40℃。

b）在运输和存储过程中：-20～55℃。

2）空气相对湿度：

a）40℃时，不超过 70%。

b）20℃时，不超过 90%。

3）周围空气中的灰尘、酸、腐蚀性气体或物质等不超过正常含量，由于焊接过程而产生的这些物质除外。

4）海拔高度不应超过 1000m。

5）设备的倾斜度不应超过 10°。

6）无明显振动和冲击。

注：制造厂和用户之间可以商定不同的环境条件，如不同温度、高湿度，异常的腐蚀性烟雾、蒸汽，过量的油蒸汽，不正常的振动或冲击，过量的灰尘，恶劣的气候条件，海岸或船甲板的非正常条件，以及有助于霉菌增大的虫害及大气条件等。

6. 试验

6.1 试验条件

应在 10～40℃的环境温度下，对新的、干燥的、完整的设备进行试验。热性能测试推荐在 40℃条件下进行。测量装置只允许经由带盖板的孔道、观察窗或制造厂设置的易于拆卸的板上放置。测试地点的通风以及所采用的测量装置，不能妨碍设备的正常通风或使热交换异常。

采用液体冷却的设备，应在制造厂规定的液体冷却条件下进行试验。

6.2 测试仪器

测量仪器的准确度或精度要求：

1）电气测量仪表：1.0 级（满量程±1.0%），绝缘电阻和介电强度测量时例外，对于测量绝缘电阻和介电强度的仪器的精度没有规定，但测量时应考虑精度问题。

2）温度计：±2K。

3）激光功率计：不确定度≤5%。

4）光谱仪：光学分辨率≤0.5nm。

6.3 组件的符合性

6.3.1 一般要求

设备使用的组件，应符合本部分或相关标准的要求。

组件的评估和测试按下列方法进行。

1）经认可的检测机构确认符合相关标准的组件，应在其额定值范围内正确应用。组件作为设备的一个部分，应承受本部分的相关试验，除非相关的标准中已包含了这些试验。

2）没有按上述要求确认符合相关标准的组件，应检查其是否在额定值范围内正确应用。组件作为设备的一个部分，应承受本部分的相关试验，并且在设备的使用条件下承受组件标准的相关试验。

3）当没有相关的组件标准，或组件在回路中没有按规定的额定值使用时，组件应在设备的使用条件下进行试验。样品的数量通常与相应标准的要求一致。

6.3.2 激光功率衰减要求

激光发生器累计使用 5000h 后，最大输出功率衰减应＜10%。

6.4 型式检验

手持激光焊机应同与其配套的、可能影响试验结果的辅助设备一起进行检验。

除非规定了某项试验可以在另外一台手持激光焊机上进行，否则所有型式检验都应在同一台设备上进行。

应按下列顺序进行型式检验，在 4）项、5）项与 6）项试验之间不需干燥时间。

1）一般目测检验。

2）绝缘电阻（初步检验）（见下文 7）。

3）外壳（见下文 14.2）。

4）外壳防护等级（见下文 7）。

5）绝缘电阻（见下文 7）。

6）介电强度（见下文 7）。

7）热试验（见下文 8）。

8）输出特性试验（见下文 11）。

9）一般目测检验（测试后恢复）。

本部分中上述未提及的其他试验项目可按任何方便的顺序进行。

6.5 例行检验

每台手持激光焊机都应依次通过下列检验：

1）一般目测检验。

2）保护性线路的连通性（见下文 10）。

3）介电强度（见下文 7）。

4）输出功率（见下文 11）。

5）一般目测检验（测试后恢复）。

7. 防触电保护

应符合 GB/T 15579.1—2013 中 6 防触电保护的要求。

焊接回路和输出端不适用。

8. 热性能要求

8.1 通用要求

设备在正常或故障条件下工作时，任何部件的温度，均不应造成设备出现着火危险。

对设备进行热试验，温度升高不应超过表 C-1 的规定。如果有热限制装置，熔断器或熔断电阻对温度起限制作用，则应在其限温装置动作 2min 后再测量温度。

8.2 发热试验

8.2.1 试验条件

设备应按照额定负载持续率以恒定输出功率运行，周期为（10±0.2）min，以达到最大发热的运行条件或位置做试验。

8.2.2 试验参数的允差

输出功率：额定输出功率。

8.2.3 发热试验的持续时间

发热试验应进行到设备任何部件温度上升速率不超过 2K/h，试验时间不少于 60min。

8.3 温度测量方法

按照 GB/T 15579.1—2013 中 7.2 温度测量方法的规定测量。

8.4 温升限值

不管采用何种测量方法进行测量，设备任何部件的温升不应超过表 C-1 的规定限值。

任何部件都不应达到损坏其他部件的温度，尽管该部件的温升符合表 C-1 的要求。

表 C-1 温升限值

设备部件	允许温升/℃
外部部件： 金属部件：	
金属旋钮、把手等	30
金属机壳	40
金属焊枪握持部位	20
非金属部件：	
非金属旋钮、把手等	40
非金属机壳	50
非金属焊枪握持部位	30
木质或绝缘材料机壳里面	50
绕组：	
由非浸渍丝或纱等绝缘的软线	55
由浸渍丝或纱等绝缘的软线	70
树脂漆包线	70
聚乙烯醇缩甲醛漆包线或聚氨基甲酸（乙）	85
铁心	与相应绕组相同
电源线和引线的绝缘： 普通聚氯乙烯绝缘：	
——无机械应力下	60
——有机械应力下	45
天然橡胶绝缘	45
其他部件的最高温度不应超过其相关标准规定的额定最高温度	

关于手柄、操作钮、握持部分及类似部位的温升，要考虑正常使用中所有要握持的部分，如果是绝缘材料制成的，还要考虑那些与热的金属接触的部分。

按 8.3 测量，检查其合格与否。

如果发热试验不是在温度 40℃条件下进行，则根据 8.2 的要求进行发热试验时测得的最高温度应通过加上 40℃与环境温度的差值加以修正。

9. 热保护

应符合 GB/T 15579.1—2013 中 9 热保护的要求。

手持激光焊枪应具备热保护装置，防止过热造成伤害。

10. 供电电源的连接

应符合 GB/T 15579.1—2013 中 10 供电电源的连接的要求。

11. 激光输出

11.1 激光输出性能要求

1）激光最大平均输出功率≥额定输出功率。

2）激光平均输出功率不稳定度≤±5%。

3）峰值波长：额定中心波长±10nm。

4）指示光（如红光）功率：0.5mW≤P≤1mW。

11.2 激光参数测量方法

11.2.1 激光功率

按照 GB/T 15175—2012 中 5.2 连续功率的规定测量。

11.2.2 激光波长

按照 GB/T 15175—2012 中 5.1 峰值波长的规定测量。

12. 控制回路

应符合 GB/T 15579.1—2013 中 12 控制回路的要求。

13. 安全控制

13.1 紧急停机控制

紧急停机控制是必要的。紧急停机控制应符合 GB/T 5226.1—2019 中 10.7 和 10.8 部分要求。

紧急停机控制应：

1）停止激光束产生，并置位自锁激光器以防止发射激光，急停开关复位后激光器不得直接出光。

2）使手持激光焊机不能工作，即按照紧急停机的要求，在规定的时间极限内关断执行机构的电源，同时关闭气源和水源。

人工复位：紧急停机后不能够自动复位，每个激光系统应安装人工复位装置，以使中断后人工复位才能恢复激光发射功能。

13.2 激光出光控制

该控制装置应符合以下要求：

1）具备安全地锁功能，当手持激光焊枪触点接触工件时，才具备出光条件。

2）手持激光焊枪应具有符合 GB/T 16855.1—2018 规定的 3 级安全级别要求的触发按钮；

3）手持激光焊枪触发按钮应具有自动复位控制装置，一旦被激活则保持设备工作状态。解除时，它应将激光关闭。如果手持激光焊机由该控制装置控制，所有的进给运动和激光束的发射应只能由该装置控制。

设备应提供正常工作、异常等状态指示装置，如指示灯、蜂鸣器等。

13.3 联锁和激光防护屏控制

设备必须提供防护屏联锁控制接口。

设备应具备激光防护屏联锁控制功能；当激光防护屏已打开或拆除，或者安全联锁失效，手持激光焊机不得工作。

14. 机械要求

14.1 基本要求

手持激光焊机的结构和装配应具有在正常使用条件下所需的强度和刚度，保证在最小电气间隙的情况下不出现电击或其他危险。设备应有外壳，以装入所有带电部件和有危险性的运动部件（如滑轮、皮带、风扇和齿轮等）。输入电缆、控制电缆、光纤和安全锁连接线不需完全装入。

经下述试验后，设备应符合本部分要求。试验后，允许结构件或外壳有些变形，但不能增加触电等危险性。

易接近部件应无可能伤人的锐边、粗糙表面或凸出的部分。

经 14.2、14.3 试验后，目测检查其合格与否。

14.2 外壳

应符合 GB/T 15579.1—2013 中 14.2 外壳的要求。

14.3 倾斜稳定

应符合 GB/T 15579.1—2013 中 14.5 倾斜稳定的要求。

15. 辐射安全的防护要求

15.1 激光辐射安全

手持激光焊机属于 4 类激光产品，输出功率高，对眼睛和皮肤都会造成很大的危害，应按照 GB 7247.1—2012 对该类级别激光产品规定采取的工程控制措施，防止人员直接接触激光辐射危害。当保护措施未达到此类级别的要求时，可采用合理可行的方式，如封闭加工区域和提供联锁保护等，使人员接触到的激光辐射危害和其他危害限制在一定的程度。在任何情况下，人员受到的激光辐射的照射量应避免超过 GB 7247.1—2012 规定的 3×10^4 s 照射持续时间内的最大允许照射量和 GBZ 2.2—2007 限值要求的可能性。

注：4 类激光产品的光辐射危害，不仅当人眼无意受到激光照射时会导致人眼视网膜的损伤，造成不可逆的伤害，而且该类激光辐射会引起火灾和烟雾的危害。

安全工程控制措施应包含：

1）工程控制：由制造商或用户整合在激光设备周围的工程防护措施（如封闭工作间、安全防护围栏等）。

2）管理控制：全面的管理方针、程序性问题，以及危害警告标记的使用和显示、培训和指导、工作职责和禁令。

3）个人防护装备：个人穿戴的防护物，主要指激光防护镜，但也包括用以保护皮肤的专用防护服、防护手套等，以及防护金属蒸汽、粉尘和烟雾的呼吸保护器具和防护过度噪声的耳塞。

设备制造商应提供符合设备激光波长特性、满足要求透光率的防护眼镜、防护屏和/或防护服等防护用品，或提供完备的防护用品规格说明和使用要求，并要求用户正确使用。经过这些防护措施，人员可能接触的激光束辐射水平应不超过 GB 7247.1—2012 附录 A 规定的最大允许照射量和 GBZ 2.2—2007 的限值要求。

15.2 场地防护

设备制造商应按照 GB 7247.1—2012 和相关要求告知用户作业场地防护要求、建立激光受控区、设置防护围栏。

激光受控区是一个存在激光光束危害的区域，同时在这个区域内又存在某种程度的有效的危害控制，只有经过充分安全培训的指定人员和本区域的受控人员可以进入。

作业场地应按照危害等级，设置防护围栏分隔作业区域，这些围栏不需人员干预就应能承受激光辐射，并防止人员意外接触高于 1 类激光产品辐射的水平。

作业场地内不得出现易燃易爆物品。

15.3 激光安全员

设备制造商应按照 GB 7247.1—2012 和相关要求对用户进行指导和培训，所有相关员工必须知道在激光设备使用过程中他们可能面临的危害和必要的防护措施。用户应任命激光安全员，管理企业的日常激光安全事务。

激光安全员职责至少包括：

1）知道所有具有潜在危害性的激光产品（包括鉴定书、说明书、激光产品的分类和用途；激光产品的位置；与激光产品使用相关的任何特殊要求和限制）的信息，并保留其记录。

2）负责监管确保激光产品安全使用的组织机构规程是否被遵守、保留适当的书面记录、在任何违反规程和明显不符合安全规程的情况下，立即制止和采取适当的行动。

16. 铭牌

每台手持激光焊机上都应可靠地安装或印制标记清晰且不易擦除的铭牌。

用浸过水的布摩擦铭牌 15s，再用浸过汽油的布摩擦 15s，目测其合格与否。

经上述试验后，标记仍应清晰可辨，且铭牌应不易移动也无卷曲。

注：铭牌的用途是向用户说明设备特性，以便于正确选择设备。

铭牌应注明：

1）制造厂、销售商或进口商的名称和地址。

2）由制造厂提供的产品型号（标记）。

3）设计序号及制造信息。

4）能量输入（包含交流供电电源相数及额定频率、额定输入电压、额定输入电流、输入容量等）。

5）焊接输出的主要参数（包含激光波长、功率、光纤芯径、光斑尺寸、焊枪焦距、额定负载持续率等）。

17. 使用说明书

除 GB 7247.1—2012 的要求外，手持激光焊机制造商应向用户提供含有下列信息（若适用）的说明书：

1）概述。

2）激光安全知识（激光辐射危险、激光安全员、建立激光安全管理制度、划定激光安全管理区域、危险区和加工区的安全控制、急救等）。

3）手持激光焊机及各种附件的重量、正确的提升方式以及对气瓶、送丝装置等的防护。

4）各种指示标记和图示符号说明。

5）输入电源的选择和连接的有关信息，如额定功率、输入电缆的规格、连接装置或附加插头，包括熔断器和/或断路器额定容量。

6）正确使用设备的有关说明（如冷却要求、安装、控制装置、指示器、熔断器型号等）。

7）焊接能力、负载持续率限制和有关的热限制说明。

8）所提供的防护等级的使用限制说明（如设备不适宜在雨中或雪中使用等）。

9）对操作者和工作区域的人员人身防护的要求（如热辐射、触电、焊接烟尘、气体、光照辐射、加热的金属、火花以及噪声等）。

10）焊接时应特别关注的工作条件（如触电危险性较大的环境、易燃环境、易燃物、封闭的容器、高处焊接等）。

11）手持激光焊机的正确维护规程（如清洁等）。

12）可预见的错误使用的信息。

13）发生故障时需要采用的措施。

14）有关的线路图和基本备件清单。

15）压力、流量、保护气类型、有关的冷却气体或冷却液体的信息。

通过阅读使用说明书，检查其合格与否。

18. 标记

18.1　一般要求

在每台激光产品的使用、维护和检修期间，标记按其目的必须耐用，永久固定，字迹清楚，明显可见。标记应放置在人员不受到超过 1 类可达发射极限（AEL）的激光辐射照射就能看到的位置。标记的边框及符号应在黄底面上涂成黑色。

标记需符合 GB 7247.1—2012 中 5 标记的要求。

本章节的说明标记用词是推荐的而不是强制的，可以用表达同样意思的其他用词替代。

18.2　警告标记——危险符号

1）激光警示标记（见图 C-1）。

图 C-1 激光警示标记

2）2M 类激光产品警告标记（见图 C-2）。

激光器指示光为 2M 类激光，应使用 2M 类激光产品警告标记。

图 C-2 2M 类激光产品警告标记

3）4 类激光产品警告标记（见图 C-3）。

手持激光焊机为 4 类激光产品，应使用 4 类激光产品警告标记。

图 C-3 4 类激光产品警告标记

18.3 说明标记

按照 GB 7247.1—2012 激光产品分类要求（1 类、1M 类、2 类、2M 类、3B 类、3R 类、4 类），手持激光焊机应具有对应的说明标记（见图 C-4）。

18.4 防护标记

在设备表面张贴防护注意事项的标记（见图 C-5）。

图 C-4 说明标记

图 C-5 防护标记

参考文献

[1] 张屹，李力钧，金湘中，等．激光熔深焊接小孔效应的传热性研究[J]．中国激光，2004，12（31）：1538-1542．

[2] 杜路鹏．激光焊接技术的研究现状与应用[J]．中国高新科技，2022（4）：82-83．

[3] 冯燕柱．不锈钢激光焊接熔池匙孔瞬态行为数值模拟研究[D]．广州：广东工业大学，2020．

[4] 刘顺洪．激光制造技术[M]．武汉：华中科技大学出版社，2011：98-104．

[5] 刘继长，李力钧．激光复合焊接的探讨[J]．焊接技术，2002，31（4）：6-8．

[6] 刘其斌．激光加工技术及其应用[M]．北京：冶金工业出版社，2007．

[7] STEEN W M．Arc augmented laser processing of materials[J]．Journal of Applied Physics，1980，51（11）：5636-5641．

[8] TUSEK J，SUBAN M．Hybrid welding with arc and laser beam[J]．Science and Technology of Welding & Joining，1999，4（5）：308-311．

[9] EBOO G M．Arc augmented laser welding[D]．London：Imperial College London （University of London），1979．

[10] 樊浩，惠媛媛，崔珊，等．TC4 钛合金激光-TIG 复合焊焊缝成形与组织研究[J]．热加工工艺，2023（19）：123-127．

[11] 王治宇．激光-MIG 电弧复合焊接基础研究及应用[D]．武汉：华中科技大学，2006．

[12] PAGE C J，DEVERMANN T，BIFFIN J，et al．Plasma augmented laser welding and its applications[J]．Science and Technology of Welding & Joining，2002，7（1）：1-10．

[13] 王豪．激光加工技术探讨[J]．机械管理开发，2016，31（10）：59-61．

[14] 尹杰．高强钢双光束热丝多层焊工艺及接头组织性能研究[D]．哈尔滨：哈尔滨工业大学，2009．

[15] 杨文广，刘春，陈武柱，等．激光填丝焊接焊缝成形质量控制系统研究[J]．激光技术，2003（3）：193-196．

[16] 毛亮，马照伟，袁博，等．TA5 钛合金激光填丝焊接工艺研究[J]．材料开发与应用，2022，37（1）：66-71，76．

[17] 李庆福．钛合金激光填粉焊接粉末烧损研究[D]．长沙：湖南大学，2015．

[18] 李镇，石岩，刘佳，等．铜镀层对铝/钢异种金属激光填粉焊接质量的影响[J]．应用激光，2016，36（2）：176-180．

[19] 赵燕春，张培磊，顾俊杰．双束激光焊接的研究现状[J]．材料导报，2018，32（S1）：345-349．

[20] 尹燕，张潇，肖梦智，等．双光束能量比对 Q355ND 钢激光 MAG 复合焊接头组织性能的影响[J]．激光与光电子学进展，2022，59（17）：219-226．

[21] 陈钦涛．负压激光焊接焊缝成形及等离子蒸气羽烟行为研究[D]．上海：上海交通大学，2015．

[22] 王天鸽，唐新华．负压激光焊接技术研究进展[J]．航空制造技术，2018，61（8）：48-54，66．

[23] 罗燕．负压激光焊接过程蒸气羽烟及熔池行为研究[D]．上海：上海交通大学，2015．

[24] 罗燕，唐新华，芦凤桂，等．局部负压激光焊缝成形特点及其影响因素[J]．中国激光，2014，41（6）：102-107．

[25] 张成禹．活性激光焊接等离子体及熔池形态分析[D]．哈尔滨：哈尔滨理工大学，2017．

[26] 梅丽芳，秦建红，严东兵．活性激光焊接 304 不锈钢温度场的数值与试验研究[J]．激光技术，2020，44（4）：492-496．

[27] 陈辉．激光焊接关键技术的研究[D]．济南：山东大学，2012．

[28] 吉沐园．薄不锈钢板激光焊接变形分析及控制[D]．无锡：江南大学，2011．

[29] 张阳．CO_2 激光烧蚀 PMMA 传热仿真与工艺研究[D]．武汉：武汉轻工大学，2022．

[30] 方乃文．TC4 钛合金厚板窄间隙激光填丝焊及组织性能调控[D]．哈尔滨：哈尔滨理工大学，2022．

[31] 郝雨．铝合金摆动激光焊熔池热场与流场研究[D]．哈尔滨：哈尔滨工业大学，2018．

[32] 陈君，张群莉，姚建华，等．材料表面粗糙度对激光吸收率影响的研究[J]．激光技术，2008，32（6）：624-627．

[33] 胡绳荪，李顺华，孙栋，等．CO_2 焊接超声传感焊缝跟踪控制规则与参数[J]．焊接学报，2003，24（2）：5．

[34] 杨永斌．激光焊接质量实时监测系统研究[D]．武汉：华中科技大学，2004．

[35] 王云萍，黄建余，乔广林．高能激光光束质量的评价方法[J]．光电子激光，2001（10）：1029-1033．

[36] MAIMAN T H．Stimulated optical radiation in ruby[J]．Nature，1960，187（4736）：493-494．

[37] JEONG Y，SAHU J，PAYNE D，et al. Ytterbium-doped large-core fiber laser with 1.36 kW continuous-wave output power[J]．Opt Express，2004，12（25）：6088-6092．

[38] MARTINEZ O E，FORK R L，GORDON J P．Theory of passively mode-locked lasers including self-phase modulation and group-velocity dispersion[J]．Optics Letters，1984，9（5）：156．

[39] III I N．All-fiber ring soliton laser mode locked with a nonlinear mirror[J]．Optics Letters，1991，16（8）：539-541．

[40] LIMPERT J，SCHREIBER T，NOLTE S，et al．High-power air-clad large-mode-area photonic crystal fiber laser[J]．Optics Express，2003，11（7）：818-823．

[41] CHONG A，BUCKLEY J，RENNINGER W，et al．All-normal-dispersion femtosecond fiber laser[J]．Optics Express，2006，14（21）：10095-10100．

[42] OKTEM B，ÜLGÜDÜR C，ILDAY F Ö．Soliton–similariton fibre laser[J]．Nature Photonics，2010，4（5）：307-311．

[43] 宁永强，王立军，陈泳屹，等．大功率半导体激光器发展及相关技术概述[J]．光学学报，2021（1）：191-200．

[44] 马骁宇，张娜玲，仲莉，等．高功率半导体激光泵浦源研究进展[J]．强激光与粒子束，2020，32（12）：120-129．

[45] 王立军，宁永强，秦莉，等．大功率半导体激光器研究进展[J]．发光学报，2015（1）：1-19．

[46] 徐国建，钟立明，杭争翔，等．光纤耦合半导体激光的焊接性能[J]．激光与光电子学进展，2014，51（6）：142-146．

[47] 张汉伟，洪哲健，奚小明，等．准连续光纤激光器实现高亮度 8kW 峰值功率输出[J]．中国激光，2021，48（21）：190-191．

[48] SHI W，FAN G Q，TIAN X，et al．300-W-average-power monolithic actively Q-switched fiber laser at 1064 nm[J]．Laser Physics，2014，24（6）．

[49] ZHOU C，LIU Y，ZHU R，et al．High-energy nanosecond all-fiber Yb-doped amplifier[J]．Chinese Optics Letters，2013，11（8）．

[50] 刘双，陈丹平．稀土掺杂石英光纤预制棒制备工艺最新进展[J]．激光与光电子学进展，2013，50（11）：5-15．
[51] DRAGIC P D，CAVILLON M，BALLATO J．Materials for optical fiber lasers: A review[J]．Applied Physics Reviews，2018，5（4）．
[52] 陈子伦，周旋风，王泽锋，等．高功率光纤激光器功率合束器的研究进展[J]．红外与激光工程，2018，47（1）：65-71．
[53] ZHOU H，CHEN Z，ZHOU X，et al．All-fiber 7×1 signal combiner for high power fiber lasers[J]．Applied Optics，2015，54（11）：3090-3094．
[54] 付敏，李智贤，王泽锋，等．高光束质量 3×1 光纤功率合束器的研制[J]．红外与激光工程，2022，51（5）：167-173．
[55] 王义平，唐剑，尹国路，等．光纤光栅制作方法及传感应用[J]．振动．测试与诊断，2015，35（5）：809-819，987．
[56] 孙伟，严勇虎，郭洁，等．基于国产传能光纤的高功率包层光滤除器实验研究[J]．中国激光，2022，49（18）：19-26．
[57] BOYD K，REES S，SIMAKOV N，et al．Advances in CO_2 laser fabrication for high power fibre laser devices：Fiber Lasers XIII: Technology，Systems，and Applications [C]．USA：SPIE，2016：546-552．
[58] 周旋风，陈子伦，侯静，等．高功率光纤端帽实现 6kW 激光输出[J]．强激光与粒子束，2015，27（12）：7-8．
[59] 安毓英，刘继芳，曹长庆．激光原理与技术[M]．北京：科学技术出版社，2010．
[60] 阎吉祥．激光原理与技术[M]．北京：高等教育出版社，2011．
[61] 陈海燕，罗江华，黄春雄．激光原理与技术[M]．武汉：武汉大学出版社，2011．
[62] 杜路鹏．激光焊接技术的研究现状与应用[J]．中国高新科技，2022（4）：82-83．
[63] 张世凭，唐先春，丁义超．特种加工技术[M]．重庆：重庆大学出版社，2014：147-152．
[64] MUHAMMAD N K，SYED K H，MOHSIN J，et al．Electronic signals and systems：analysis，design and applications[M]．Denmark：River Publishers，2022：85-93．
[65] 王晓琳．人机交互技术及应用[M]．北京：国防工业出版社，2017．
[66] VOLDMAN S H．Analog electronics with labview[M]．USA：McGraw-Hill Education，2011．
[67] 苏剑林，赵合文，冯艳华，等．上位机与自动化设备通信技术[M]．北京：化学工业出版社，2014．
[68] 李亚江，李嘉宁，高华兵，等．激光焊接切割熔覆技术[M]．3 版．北京：化学工业出版社，2019．
[69] 宋天民．先进焊接方法[M]．北京：中国石化出版社，2022．
[70] 陈彦宾．现代激光焊接技术[M]．北京：科学出版社，2005．
[71] 巩水利，庞盛永，王宏，等．激光焊接熔池动力学行为[M]．北京：北京航空工业出版社，2018．
[72] 陈彦斌．现代激光焊接技术[M]．北京：科学出版社，2005．
[73] 张光先，等．逆变焊机原理与设计[M]．北京：机械工业出版社，2008．
[74] 中国焊接协会焊接设备分会．逆变焊机选用手册[M]．北京：机械工业出版社，2012．
[75] 陈祝年，陈茂爱．焊接工程师手册[M]．3 版．北京：机械工业出版社，2018．

后 记

由中国焊接协会焊接设备分会组织，编审专家历时 1 年多时间完成的本书，今天终于与大家见面了。

本书在内容上力图体现“功能为主、原理为辅、应用导向、通俗易懂”的编撰原则，重点介绍手持激光焊机及其关键部件的功能和特点、手持激光焊接的典型焊接工艺、最新应用案例、设备制造企业信息和国内已授权的相关发明专利等内容。

本书凝聚了各位编审专家的辛勤工作，他们认真负责、无私奉献的精神，为本书的顺利出版打下了坚实的基础。第 1 章由朱加雷编写，焦向东审稿；第 2 章由张鹏程、雷洪波和陈晓磊编写，张心贲审稿；第 3 章由张先明、邓金荣、张衍编写，曹柏林审稿；第 4 章由沈国新编写，刘江审稿；第 5 章由王靖雯、陈尚、李咏梅编写，刘俊审稿；第 6 章由李咏梅、晋俊超编写，刘明峰审稿；第 7 章由柴勇凯、王科海编写，周文峰审稿；第 8 章由陈虹、晋俊超、余惠春编写，汤莹莹审稿；第 9 章由王洋、柴勇凯编写，韩晓辉、焦向东审稿；第 10 章由柴勇凯、周文峰编写，韩晓辉、焦向东审稿；第 11 章由柴勇凯编写，周文峰审稿；附录 A、B 由黄钰珊、李新松编写，朱加雷审稿。蒋峰参与了部分章节的总审。

深圳创鑫激光股份有限公司给予了编审工作和出版经费的大力支持。

本书的高质量出版也离不开机械工业出版社相关编辑人员的辛勤付出。

在此对以上单位和个人一并致以诚挚谢意！

本书作为当前唯一的一本手持激光焊机及手持激光焊接工艺类知识与工具图书，可供企业、科研院所、大专院校和培训机构的有关人员在设备研制、商品选购和教学培训时作为参考，本书也是中国焊接协会焊接设备分会会员读物。我们相信，本书的出版必将有利于推动手持激光焊接技术实现快速的发展和应用，为企业与院校，企业与用户之间搭建起一座沟通的桥梁和窗口。

手持激光焊接和手持激光焊机是近几年发展起来的，发展也比较快，相关的名词术语及其定义目前没有行业标准，本书作者来自不同企业（或单位），一些术语表述不一。术语表述及定义的统一不是本书能力所达，后续再版时结合相关标准的出台修改相关内容。本书出现频率较多的术语：摆动幅度、扫描宽度、扫描幅度、激光束摆动宽度，属于激光束摆动长度的不同表述；摆动频率、扫描频率、扫描速度，属于激光束摆动时间（或摆动周期）的不同表述。

由于本书涉及内容较多较广，疏漏在所难免，欢迎读者批评指正。

主编：李宪政